JN192215

シッカリ学べる！

スイッチング電源回路の設計入門

落合政司［著］

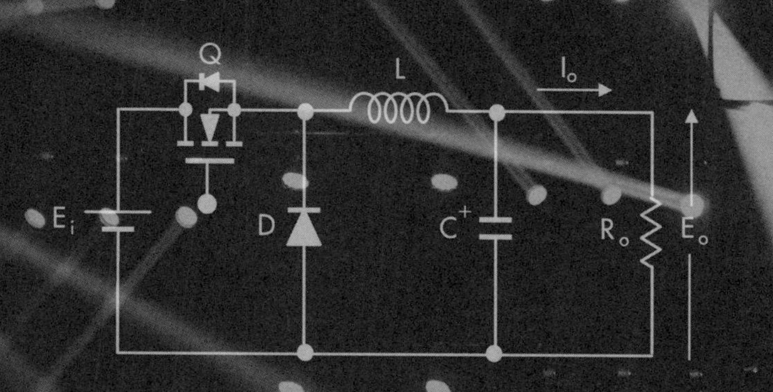

日刊工業新聞社

はじめに

スイッチングレギュレータは、1960 年代初頭に米国宇宙局（NASA）で開発されました。それまで、ロケット用電源にはシリーズレギュレータが使われていました。シリーズレギュレータは効率が悪く損失が大きいために、大きな冷却装置が必要でしたが、スイッチングレギュレータの導入により、これらの問題が解消されました。日本では、1980 年代からテレビジョン受信機などの民生機器にも使われるようになりました。映像・音声の入出力端子などが付属され、絶縁する必要が生じたためと、画面が大形化し負荷が増えたためです。現在では、さらに効率を高めたさまざまなスイッチング電源が開発され、いろいろな電気・電子機器に使われています。

スイッチングレギュレータは、矩形波コンバータと共振形コンバータに大きく分けることができます。また、矩形波コンバータは、非絶縁形チョッパ方式コン
ト絶縁形コンバータに分類することができます。非絶縁形チョッパ方式コ
降圧形、昇圧形、昇降圧形があります。絶縁形コンバータは、リン
フライバック形、フォワード形、プッシュプル形、ハーフブ
ッジ形などがあります。共振形コンバータは電流共振形、電
ありま す。本書では、これらの回路構成、動作原理、静
て解説します。また、シリーズレギュレータとの比較

接続されると、負荷電流がひずみ、高調波電流
電源周波数の整数倍の周波数を持つ電流を意
です。その結果、高調波電流が送配電系
ンデンサとその付属品である直列リア
ています。また、交流電圧がひずん
発生する高調波電流を抑制する
値–高調波電流発生限度値）
メカニズムから対策方法ま

高専の学生に贈ります。スイッチン

グ電源はパワーエレクトロニクスの基礎となる回路であり、その基本原理や周辺技術を学ぶことは、電気・電子工学を専攻する学生にとって重要かつ有意義です。企業の若い技術者にも役に立ち、有益です。ぜひ、ご活用ください。

2018 年　2 月　　　落合政司

目　次

第4章　いろいろなスイッチングコンバータとその動作原理

第5章　高調波電流を抑制するためにはどうしたらよいか

第１章

電源回路の役目と構成

1-1　電源回路は交流電圧から安定化した直流電圧を作る

日本では三相交流電圧による送電をしています。発電所から送られた三相交流電圧は、超高圧変電所、一次変電所、配電用変電所、柱上変圧器を経て低電圧に変電され、単相二線式 100 V および単相三線式 100 V/200 V が一般家庭に供給されます。

一方、電気・電子機器は一般的に直流電源で動作します。**表 1** は電子機器の直流電源電圧と負荷回路の例を示しています。したがって、交流を直流に変換する回路が必要になります。これが電源回路です。交流電圧を整流・平滑し、安定した直流電圧を負荷回路に供給する役目を果たしています。

表 1　電子機器の直流電源電圧と負荷回路の例

	電　圧	負荷回路	備　考
液晶テレビ	5 V	マイコン、デジタル信号処理回路	18 V は音声出力により異なります。
	12 V	映像信号処理回路	
	18 V	音声出力回路	
	24 V	バックライト（冷陰極管）用インバータ	
	32 V	チューナー用電源	
プロジェクタ	5 V	マイコン、デジタル信号処理回路	18 V は付いていないものもあります。
	12 V	信号処理回路	
	18 V	音声出力回路	
	20 V～90 V	ランプ用電圧	

1-2　どんな構成になっているのか

電源回路は、交流電圧から安定化された直流電圧を作り、負荷回路に供給します。ほとんどの電気・電子機器はリモートコントロールが付いているために、メイン電源とは別に待機電源を備えています。**図1**にリモートコントロール機能を備えた電子機器の電源回路構成を示しています。主電源スイッチを入れると待機電源が働き、マイコンとリモートコントロール受光回路に電力を供給し、電子機器は待機状態になります。ここで、リモートコントロール受光回路がオンの指令を受けると、マイコンにより電磁リレーが閉じられ、メイン電源回路に交流電源が供給され動作状態に入ります。一般的にメイン電源と待機電源は、どちらもコンデンサインプット形ブリッジ整流回路とスイッチングレギュレータで構成されています。以前は出力電圧の安定化のための定電圧回路にはシリーズレギュレータが使われたことがありましたが、現在では小型・軽量で効率が高く、絶縁が容

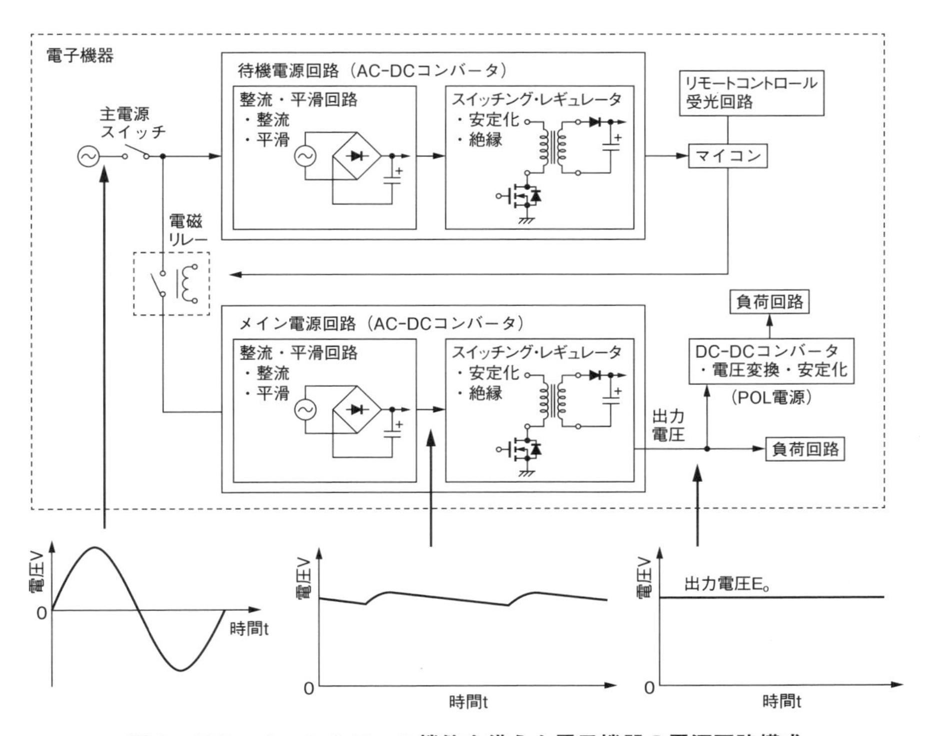

図1　リモートコントロール機能を備えた電子機器の電源回路構成

易であることからスイッチングレギュレータが使われています。図1の中で「POL電源」のPOLとは“Point of load”の頭文字を取ったものです。ICの動作電圧が年々低下しており、配線などの電圧降下を考慮して、DC–DCコンバータをICのすぐ近くに置くようになっています。POL電源とはDC–DCコンバータのことを指しています。ICを構成するMOSFET（metal–oxide–transistor field effect transistor；MOS型電界効果トランジスタ）などを微細化するときには、電界一定の比例縮小則に基づいて微細化します。したがって、縮小率に比例して電圧がどんどん下がることになります。なお、ムーアの法則によると、ICの集積度は約3年で4倍になっています。

交流電圧がコンデンサインプット形ブリッジ整流回路で整流・平滑され直流となりスイッチングレギュレータに供給されますが、その出力電圧には電源周波数の2倍の周波数を持つリプル電圧が乗っています。しかし、スイッチングレギュレータ（DC–DCコンバータ）からはリプル電圧のない一定の電圧が出力され負荷回路に供給されます。

図2はテレビジョン受信機の実際の電源回路図です。1.3節以降で、主な回路および部品について説明いたします。

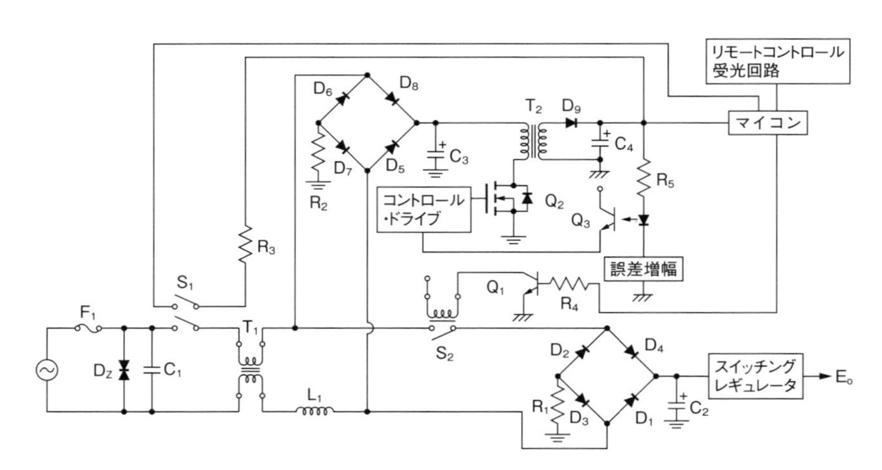

図2　リモートコントロール機能を備えた電子機器の電源回路構成

1-3　待機電源は軽負荷のときは間欠モードで動作する

待機電源は消費電力の削減のために、間欠動作機能を備えたスイッチングレギュレータが一般的に使われています。待機時に負荷が軽くなると間欠動作になり、スイッチング損失を減らし効率の低下を防止します（**図1**参照）。

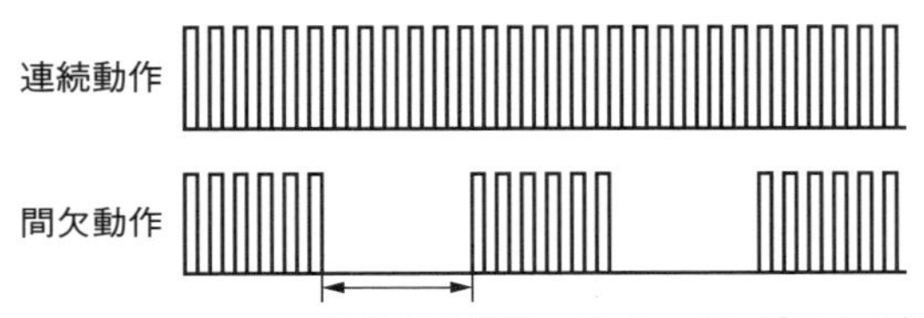

図1　連続動作と間欠動作

図2は、間欠動作機能を備えたスイッチングレギュレータと商用電源トランスを用いた待機電源のAC-DC効率を比較したものです。なお、図2の中に示しているTA1307PとMIP280はスイッチングレギュレータのコントロールICの型名を示したもので、両方とも、軽負荷になると間欠発振になり固定損失を減らす機能を備えています。たとえばTA1307Pの場合は通常25 kHzで動作していますが、出力が2 W以下になると間欠動作に入り、2 kHzの周波数で間欠発振をします。図2に示すように、商用電源トランスだと励磁電力が大きいために効率が悪く、出力が50 mW付近だと約20 %しかありません。これに対して、間欠動作機能を備えたスイッチングレギュレータだと効率を50 %以上にすることができます。

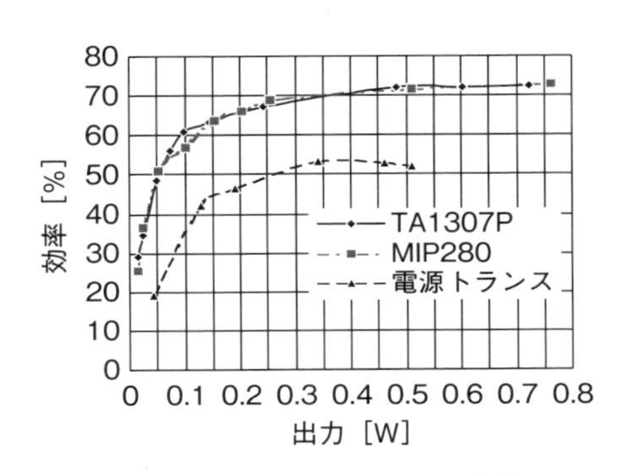

図2　待機電源のAC-DC効率

1-4　サージ電圧から電源回路を保護する

1.2節の図2に示すD_Zはバリスタ（varistor）と呼ばれ、交流電源の両極間に入ってくる雷などのサージ電圧から電源回路を保護します。サージ電圧が入ると動作電圧でクリップし、動作電圧以上のサージ電圧が後段の電源回路に加わらないようにしています。バリスタの動作特性と、サージ電圧が加わったときの動作を**図1**および**図2**に示します。

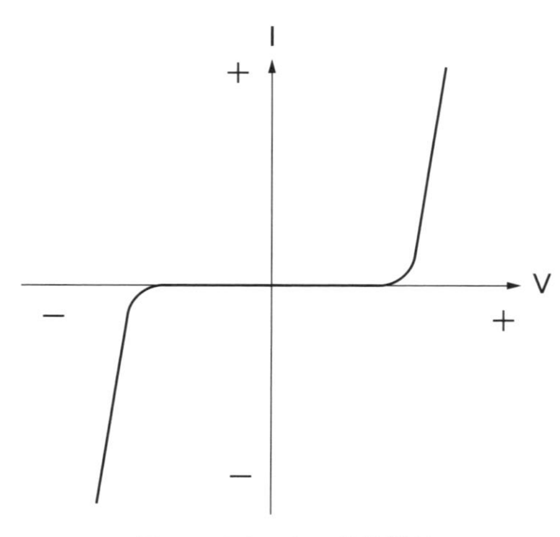

図1　バリスタの動作特性

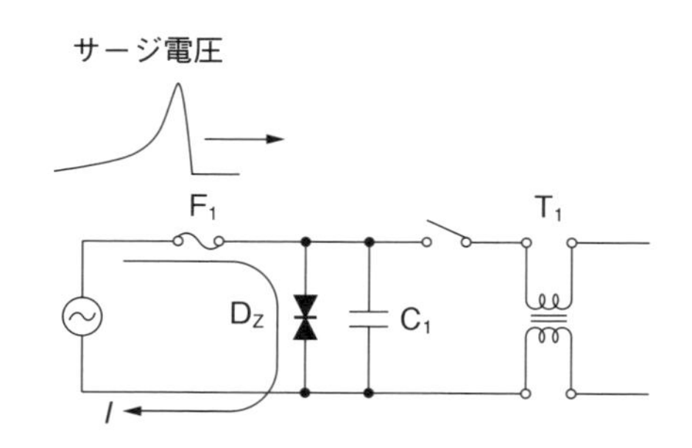

図2　サージ電圧が加わったときのバリスタの動作

1-5　伝導ノイズとラインフィルタ回路

ラインフィルタ（1.2 節、図 2 の T_1）は、電源回路から交流電源に帰る不要輻射（伝導ノイズ）を阻止し、電気用品安全法で定めた基準（電気用品の技術上の基準を定める省令で定めた基準）に入るようにします。特にコモンモードのノイズを阻止します。一例として、テレビジョン受信機の電源端子に誘起される高周波電圧の許容値を、**表 1** に示しています。(a) は以前からある規格、(b) は国際規格に整合した規格です。現在は、いずれかの規格に適合すれば良いことになっています。

表 1　電源端子に誘起される高周波電圧の許容値

<table>
<tr><th colspan="2"></th><th>(a) 別表第八の 3</th><th colspan="3">(b) J55013</th></tr>
<tr><td colspan="2">擬似電源回路網</td><td>Δ結線　150 Ω</td><td colspan="3">V 結線　50 Ω–50 μH</td></tr>
<tr><td rowspan="4">規格値</td><td rowspan="2">平衡電圧</td><td rowspan="2">526.5 kHz～30 MHz
46 dBμV（準尖頭値）</td><td></td><td>準尖頭値</td><td>平均値</td></tr>
<tr><td>150 kHz
～500 kHz</td><td>66～
56 dBμV</td><td>56～
46 dBμV</td></tr>
<tr><td rowspan="2">不平衡電圧</td><td rowspan="2">526.5 kHz～30 MHz
52 dBμV（準尖頭値）</td><td>500 kHz
～5 MHz</td><td>56 dBμV</td><td>46 dBμV</td></tr>
<tr><td>5 MHz
～30 MHz</td><td>60 dBμV</td><td>50 dBμV</td></tr>
</table>

伝導雑音には**図 1** に示すように 2 種類のノイズがあります。大地アースを基準としたときの AC 両極間のノイズの差 V_1、すなわちノーマルモードノイズ（平衡ノイズ）と、AC 両極間のノイズを加算した AC 両極のノイズ V_2、すなわち

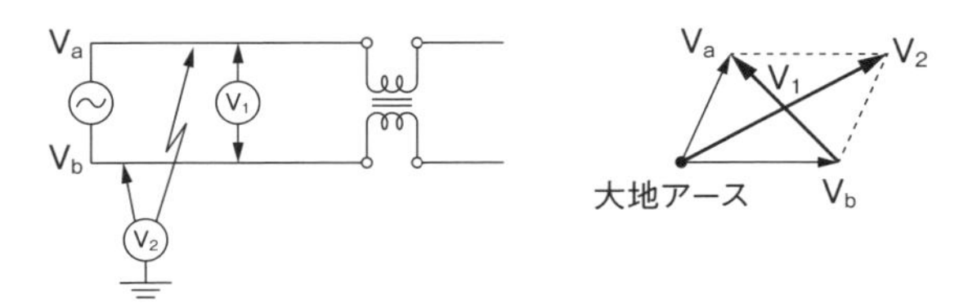

V_1：ノーマルモードノイズ（$V_1 = V_a - V_b$）、V_2：コモンモードノイズ（$V_2 = V_a + V_b$）
実際にはノーマルモードノイズは $V_1 = (V_a - V_b)/2$ を、
コモンモードノイズは $V_2 = (V_a + V_b)/2$ を測定しています。

図 1　ノーマルモードノイズとコモンモードノイズ

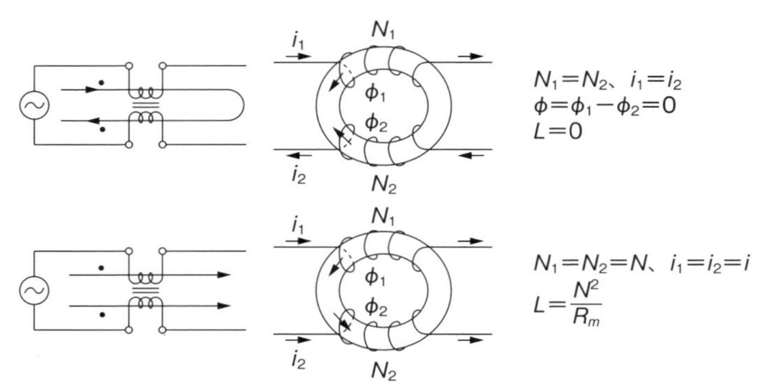

N_1、N_2、N：巻数、i_1、i_2、i：電流、ϕ_1、ϕ_2、ϕ：磁束、
L：インダクタンス、R_m：コアの磁気抵抗

図２　ラインフィルタの働き

コモンモードノイズ（不平衡ノイズ）です。ラインフィルタは、このうちのコモンモードノイズを抑制する働きを持っています。ノーマルモードノイズに対しては、ラインフィルタの磁束は打ち消され、インダクタンスはゼロになり短絡状態になります。しかし、コモンモードノイズに対しては、磁束が加算され、インダクタンスとして働き、ノイズを抑制します。ラインフィルタの働きを**図２**に示します。

また、コンデンサ C_1 はアクロス・ザ・ラインコンデンサ（X コンデンサともいいます）といい、交流電源の両極間の不要輻射（伝導ノイズ）であるノーマルモードのノイズを抑制します。特に低周波（1 MHz 以下の周波数）の領域のノイズに対して効果的です（**図３**参照）。

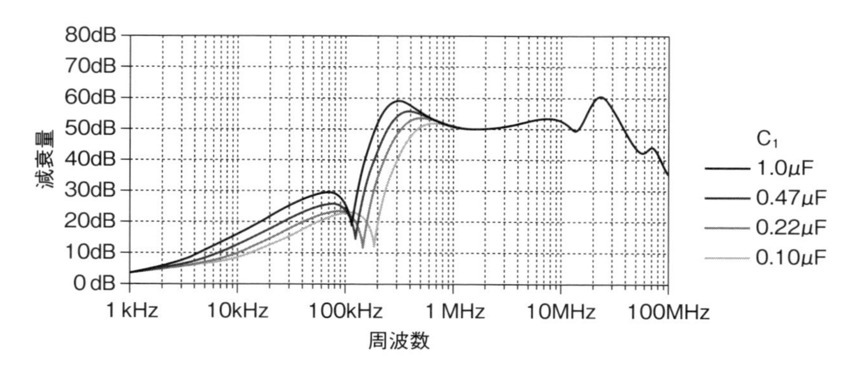

図３　X コンデンサとノーマルモードノイズの減衰量

1-6　交流チョークコイルで高調波電流を低減する

交流チョーク L_1 は高調波電流が交流電源に流入するのを阻止し、規制値以下に抑えます。純抵抗以外の負荷が交流電源に接続されると、交流電流がひずみ、商用電源周波数の整数倍の周波数を持つ電流が流れます。この電流を高調波電流といいます。欧州や中国では機器から発生する高調波電流が法規制されており、日本でも JIS（Japan Industrial Standards、日本工業規格）が制定されています。機器から発生する高調波電流を規定している JIS C 61000-3-2「電磁両立性-第 3-2 部：限度値-高調波電流発生限度値（1 相当たりの入力電流が 20 A 以下の機器)」では、電気・電子機器は 4 つのクラスに分類され、それぞれの限度値以下に高調波電流を抑えることが義務づけられています。詳細は 5.13 節を参照してください。

図 1 はコンデンサインプット形ブリッジ整流回路において、$R_1=1\,\Omega$、$C_2=1{,}000\,\mu F$、負荷に相当する抵抗 $R=176.5\,\Omega$、および入力電力 $P_i=104.9$ W のときの交流入力電流波形を示しています。平滑コンデンサに直流電圧が生じているために、交流電圧がこの電圧以上になった時間しか交流電流が流れず、電流は正弦波とは違ったひずんだ波形になってしまいます。このときの電流波形には、基本波電流のほかに、式(1)および**図 2** に示すような高調波電流が含まれています。

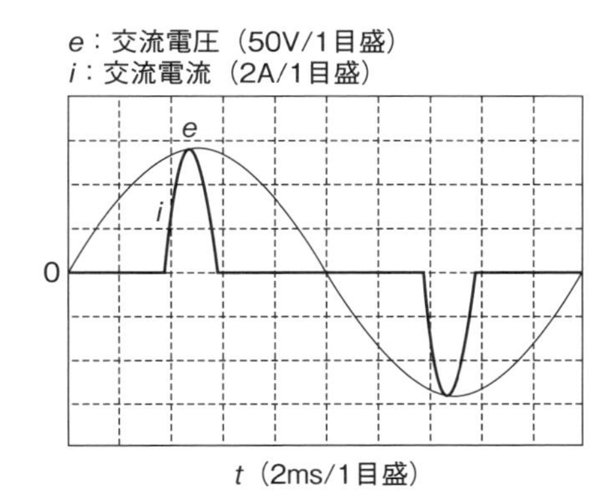

交流電圧：100V/50Hz、R_1=1 Ω、C_2=1,000μF、R=176.5Ω、交流入力電流：1.84Arms、入力電力：104.9W、力率：0.57

図 1　コンデンサインプット形ブリッジ整流回路の交流入力電流

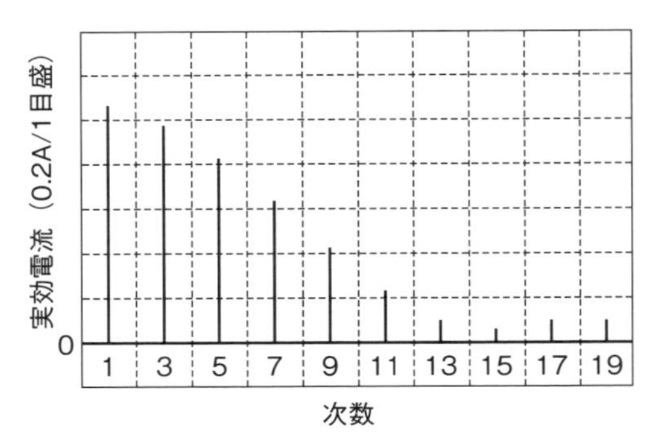

次数1：基本波電流
交流電圧：100V/50Hz、R_1=1Ω、C_2=1,000μF、R=176.5Ω、交流入力電流：1.84Arms、入力電力：104.9W、力率：0.57

図２　コンデンサインプット形ブリッジ整流回路の交流入力電流に含まれる高調波電流

$$i=1.49\sin(\omega t+0.085)-1.3745\sin(3\omega t+0.256)+1.161\sin(5\omega t+0.432)$$
$$-0.885\sin(7\omega t+0.6175)+0.591\sin(9\omega t+0.822)-0.321\sin(11\omega t+1.08)$$
$$+0.1146\sin(13\omega t+1.625)+0.0735\sin(15\omega t+0.384)+\cdots \quad (1)$$

交流チョークコイルを入れると、高調波電流に対する整流回路のインピーダンスが上がり、ダイオードの導通時間が伸びて、高調波電流の発生量が低下します。交流チョークコイルを入れる前のインピーダンスを Z_1、入れた後のインピーダンスを Z_2 とすると、それぞれは以下のようになります。ただし、負荷に相当する抵抗をＲとします。

$$Z_1=R_1+\frac{R}{1+j\omega C_2R}=R_1+\frac{R(1-j\omega C_2R)}{1+(\omega C_2R)^2}$$
$$=\left(R_1+\frac{R}{1+(\omega C_2R)^2}\right)-\frac{j\omega C_2R^2}{1+(\omega C_2R)^2}$$
$$|Z_1|=\sqrt{\left(R_1+\frac{R}{1+(\omega C_2R)^2}\right)^2+\left(\frac{\omega C_2R^2}{1+(\omega C_2R)^2}\right)^2} \quad (2)$$
$$Z_2=R_1+j\omega L+\frac{R}{1+j\omega C_2R}=\left(R_1+\frac{R}{1+(\omega C_2R)^2}\right)+j\left(\omega L-\frac{\omega C_2R^2}{1+(\omega C_2R)^2}\right)$$
$$|Z_2|=\sqrt{\left(R_1+\frac{R}{1+(\omega C_2R)^2}\right)^2+\left(\omega L-\frac{\omega C_2R^2}{1+(\omega C_2R)^2}\right)^2} \quad (3)$$

ここで Z_1 と Z_2 を R_1＝1Ω、C_2＝1,000μF、R＝150Ω、L_1＝8mH として周波数に対するインピーダンスを求めると**図３**となり、周波数が上がると Z_2 は高く

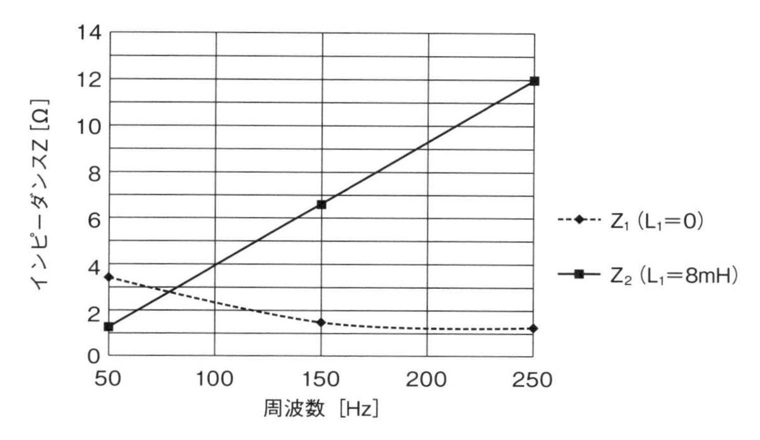

図 3　周波数に対する整流回路のインピーダンス

なります。その結果、高調波電流を減少させることができます。抑制効果などの詳細については、5.15 節で説明します。

第２章

整流回路の種類と知っておきたいこと

2-1　いろいろな整流回路と出力電圧

整流回路にはコンデンサインプット形整流回路（**図1～図5**）と、チョークインプット形整流回路（**図6**）があります。一般的にはコンデンサインプット形整流回路が使われますが、次のような欠点があります。

① 力率が悪く、交流入力電流の実効値が大きい。1.6節、図１の電流波形では力率は0.57しかなく、出力電力 P_o が100 Wのときの交流入力電流は、実効値で1.84 Aと大きい値になります。

② 交流入力電流がひずみ、基本波電流の他に、奇数次（基本波周波数の奇数倍の周波数を持つ次数。3次、5次、7次…）の高調波電流が発生します。これは整流ダイオードが交流電源の半周期ごとに導通し、交流入力電流が対称波になり、周期の前半（t＝0～T/2、T：一周期間）に発生する偶数次（基本波周波数の偶数倍の周波数を持つ次数。2次、4次、6次…）の高調波電

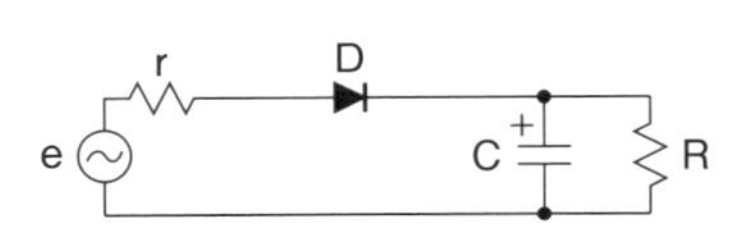

図１　半波整流回路

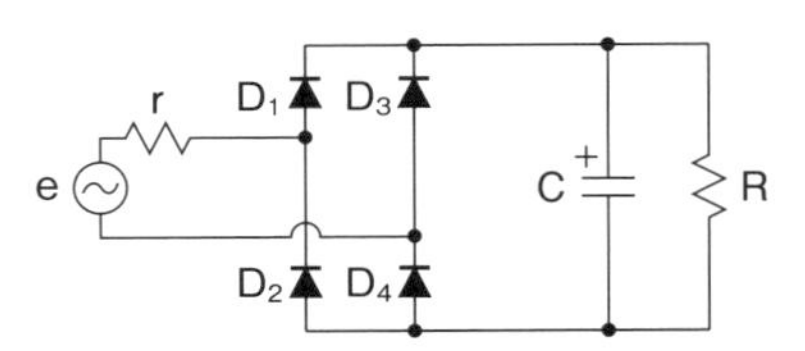

図２　ブリッジ整流（全波整流）回路

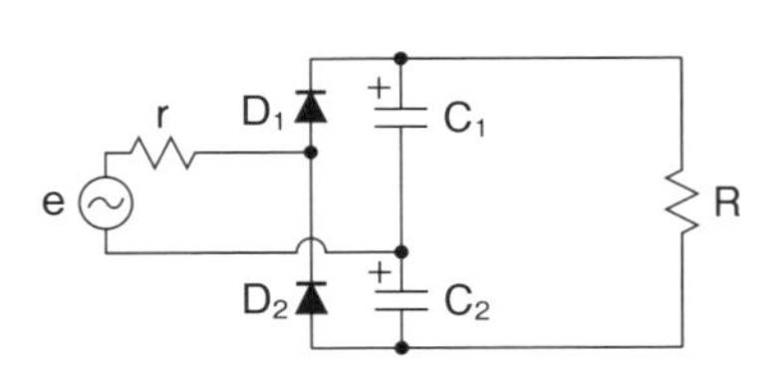

図３　倍電圧整流回路

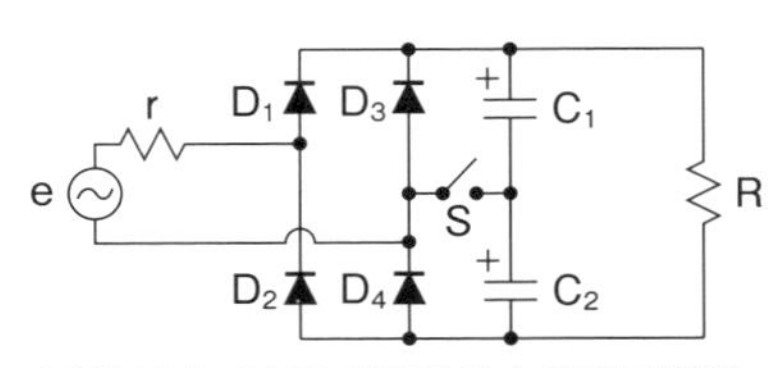

100VのときにSを閉じると倍電圧整流動作になります。

図４　100 V/200 V切替え付整流回路

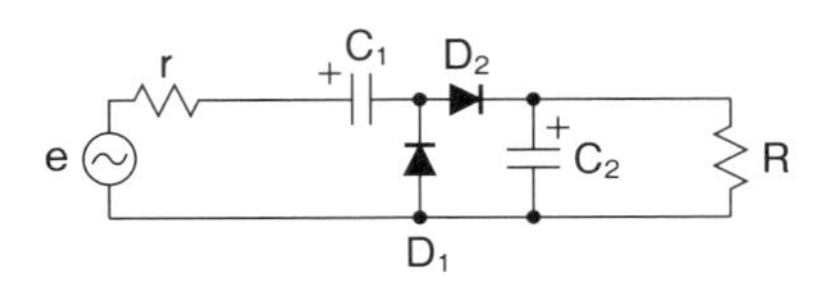

図５　半波倍電圧整流回路

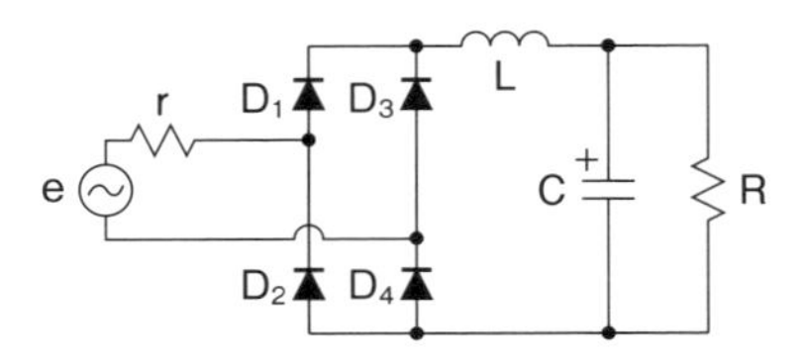

図６　チョークインプット形ブリッジ整流（全波整流）回路

流と、周期の後半（t＝T/2～T）に発生する偶数次の高調波電流の位相が180°ずれており極性が逆になるためであり、一周期間では偶数次の高調波電流はゼロになり、なくなります。その結果、奇数次の高調波電流だけが残ることになります。**図 7** を参照してください。なお、対称波とは、1.6 節の図 1 に示す交流入力電流のように、前半の周期の波形と、後半の周期の波形の極性を反転した波形が等しくなる波形をいい、以下の式に当てはまる波形を対称波と定義しています。

$$f(t) = -f\left(t + \frac{T}{2}\right) \tag{1}$$

③　突入電流が大きい。そのために、インラッシュ電流防止抵抗（1.2 節、図 2 の R_1、R_2）をコンデンサに直列に挿入し、突入電流が主電源スイッチ（同図の S_1）やブリッジ整流ダイオード（同図の D_1～D_4 および D_5～D_8）の最大定格電流以下になるようにしています。

チョークインプット形整流回路は、高調波電流を抑制する目的で直視形テレビジョン受信機などに使われていますが、以下のような欠点があります。

①　チョークコイルは低周波数の商用電源周波数（50 Hz/60 Hz）用のため、形状が大きく重い。日本向け、出力電力が 150～200 W 用で重さが 240～270 g 程度あります。

②　チョークコイルにより平滑コンデンサの充電電流である交流入力電流が制限されるために、同一負荷電流を引いたときの整流出力電圧が、コンデンサインプット形整流回路より低下します。

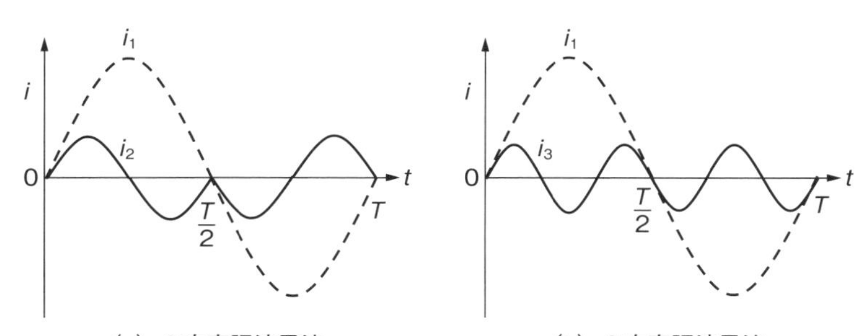

(a)　2 次高調波電流　　(b)　3 次高調波電流

i_1：基本波電流、i_2：2 次高調波電流、i_3：3 次高調波電流

図 7　コンデンサインプット形ブリッジ整流回路の高調波電流

チョークコイルのインダクタンスLが8mH、出力電力P_oが100Wで約8V程度低下します。

③ 負荷が大きく変化すると、チョークコイルの電流が不連続になり、整流出力電圧が大きく変動します。

コンデンサインプット形整流回路の中でも最も多く使われているのが、ブリッジ整流回路（全波整流回路）と倍電圧整流回路です。倍電圧整流回路を使うと、交流電圧が100Vもしくは120Vであっても、交流電圧が230Vのブリッジ整流回路の出力電圧と同じくらいの電圧を出せるために、後段のDC-DCコンバータ回路を共通化できるなどのメリットがあります。また、半波整流回路は以下のような問題があり、現在は使われていません。

① 入力に直流分が流れます。

② すべての次数の高調波電流が発生します。その中で、次数の最も低い2次の高調波電流が最大になります。**図8**を参照してください。

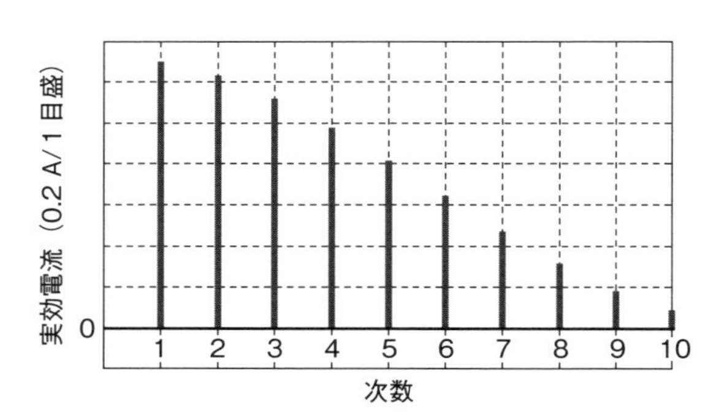

次数1：基本波電流。直流電流は表示していません。
R_1＝1Ω、C_2＝1,000μF、負荷：R＝164Ω、交流入力電流：2.64 Arms、
入力電力：128 W、力率：0.485

図8　半波整流回路の交流入力電流に含まれる高調波電流

それぞれの整流回路における無負荷時の出力電圧と整流ダイオードの平均電流を**表1**に示します。

表1　各整流回路における出力電圧と整流ダイオードの平均電流

	図番号	出力電圧	整流ダイオードの平均電流
半波整流回路	図1	$\sqrt{2}V_{AC}$	I_o
ブリッジ整流回路	図2	$\sqrt{2}V_{AC}$	$I_o/2$
全波倍電圧整流回路	図3	$2\sqrt{2}V_{AC}$	I_o
AC100／200 V切替え付整流回路	図4	$2\sqrt{2}V_{AC}/\sqrt{2}V_{AC}$	I_o／$I_o/2$
半波倍電圧整流回路	図5	$2\sqrt{2}V_{AC}$	I_o
チョークインプット形 ブリッジ整流回路	図6	$\sqrt{2}V_{AC}$	$I_o/2$

出力電圧は出力電流がゼロのときの電圧です。また、表中のI_oは出力電流を意味します。

2-2　コンデンサインプット形ブリッジ整流回路の電圧・電流

図１にコンデンサインプット形ブリッジ整流回路の電流を、**図２**に動作波形を示します。これらの図をもとに、コンデンサインプット形ブリッジ整流回路の入力電流、整流出力電圧、出力電流（負荷電流）をここで求めます。

整流ダイオードの順方向電圧降下を無視し、時刻 t_1 をゼロ時刻とすると、次式が成り立ちます。

$$\left.\begin{aligned} &ri_1+\frac{1}{C}\int(i_1-i_2)\,dt=E_m\sin(\omega t+\theta_1)\\ &\frac{1}{C}\int(i_1-i_2)\,dt=i_2R\\ &\frac{q(0)}{C}=V_C(0)=E_m\sin\theta_1 \end{aligned}\right\} \qquad (1)$$

上式から入力電流を求めると以下となります。

$$\begin{aligned} i_1=&\frac{\sqrt{(\omega^2C^2rR^2+r+R)^2+(\omega CR^2)^2}}{(r+R)^2+(\omega CrR)^2}E_m\left\{\sin(\omega t+\theta_1+\alpha)\right.\\ &\left.+\sin\alpha\left(\frac{r+R}{\omega CrR}\sin\theta_1-\cos\theta_1\right)\varepsilon^{-\frac{t}{\tau}}\right\}-\frac{E_m\sin\theta_1}{r}\varepsilon^{-\frac{t}{\tau}}\\ =&\frac{\sqrt{(\omega^2C^2rR^2+r+R)^2+(\omega CR^2)^2}}{(r+R)^2+(\omega CrR)^2}E_m\left\{\sin(\omega t+\theta_1+\alpha)\right.\\ &\left.+\sin\alpha\left(\frac{\sin\theta_1}{\omega\tau}-\cos\theta_1\right)\varepsilon^{-\frac{t}{\tau}}\right\}-\frac{E_m\sin\theta_1}{r}\varepsilon^{-\frac{t}{\tau}} \end{aligned} \qquad (2)$$

ここで、$\tau=C\left(\dfrac{rR}{r+R}\right)$、$\alpha=\tan^{-1}\left(\dfrac{\omega CR^2}{\omega^2C^2rR^2+r+R}\right)$ です。

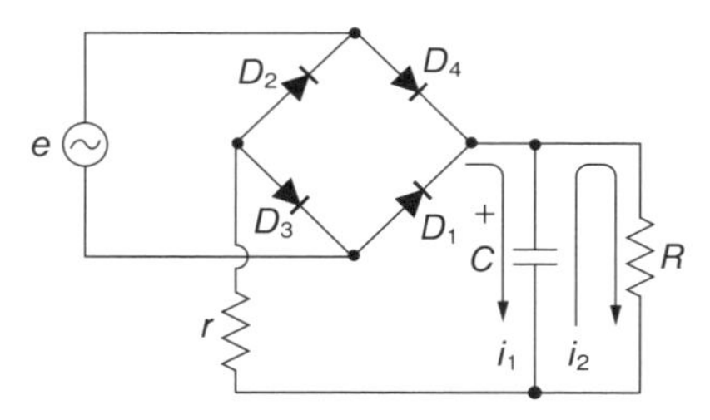

i_1：入力電流、i_2：出力電流（負荷電流）

図１　コンデンサインプット形ブリッジ整流回路の電流

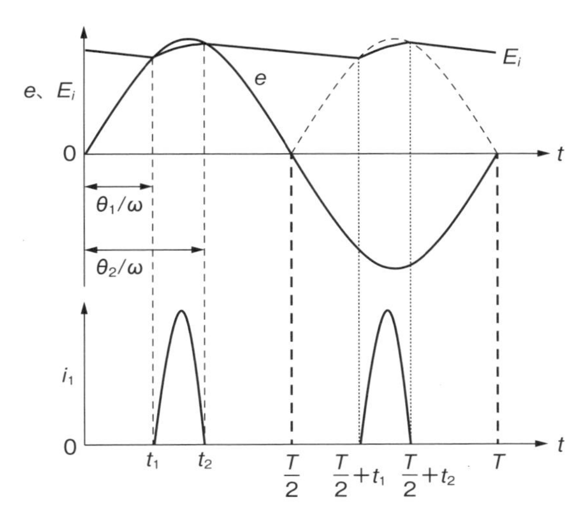

e：交流電圧、E_i：整流出力電圧（平滑コンデンサCの電圧）、i_1：入力電流

図２　コンデンサインプット形ブリッジ整流回路の動作波形

式(2)において、θ_1 は電流が流れ始める位相角であり、θ_2 は電流が流れ終わる消弧角です。それぞれは以下のように求めることができます。まず、t=0 をゼロ時刻として θ_2 の位相における入力電流 i_1 を求めると式(3)となります。

$$i_1=\frac{\sqrt{(\omega^2C^2rR^2+r+R)^2+(\omega CR^2)^2}}{(r+R)^2+(\omega CrR)^2}E_m\sin(\theta_2+\alpha) \tag{3}$$

式(3)において、$i_1=0$、$\sin(\theta_2+\alpha)=0$ とおくと、$\theta_2+\alpha=0$、π、2π となりますが、図２より θ_2 は第２象限の角度であるため $\theta_2+\alpha=\pi$ が正しく、したがって、θ_2 が式(4)として求められます。

$$\theta_2=\pi-\alpha \tag{4}$$

図３により消弧角 θ_2 を説明しましょう。コンデンサに流れる電流 i_C がゼロだと、電流は抵抗に流れる電流 i_R だけになり、電流の位相は交流電圧に同じになります。このときの消弧角 θ_2 は π になります。逆に、抵抗に流れる電流 i_R がゼロの場合、電流はコンデンサ電流 i_C だけになり、電流の位相は交流電圧より $\pi/2$ 進みます。このときの消弧角 θ_2 は $\pi/2$ になります。したがって、両方存在するときの消弧角 θ_2 は、$\pi/2$ から π の間の角度になり、式(4)となります。

次に、整流ダイオードが導通して入力電流が流れ始める位相角 θ_1 は、以下のように求めることができます。すなわち、$E_m\sin\theta_2$ は時刻 t_2 から時刻（T/

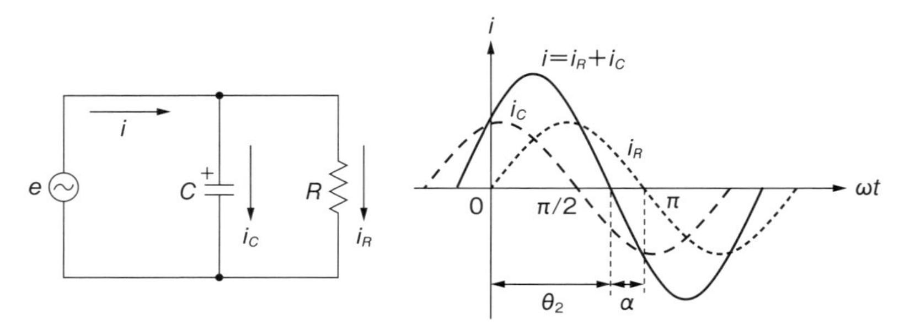

図３　交流入力電流と消弧角θ_2

2＋t₁）に至る期間に、時定数τ＝CRで減衰し、これにより次式が成り立ちます。ここから式(5)を導き出すことができます。

$$E_m \sin\theta_2 \exp\{-(\pi+\theta_1-\theta_2)/\omega CR\}=E_m \sin\theta_1$$

$$\sin\theta_1=\sin\theta_2 \exp\left(-\frac{\pi+\theta_1-\theta_2}{\omega CR}\right) \tag{5}$$

式(5)においてθ_1を変化させたときの左辺と右辺をグラフにし、両辺の値が同じになる点、すなわちグラフの交点としてθ_1を求めることができます。

出力電流（負荷電流）i_2とその平均値$\overline{i_2}$、整流出力電圧の平均値$\overline{E_i}$を求めると、次のようになります。

$$i_2=\frac{E_m}{(r+R)^2+(\omega CrR)^2}\left\{\cos(\theta_1+\beta)\varepsilon^{-\frac{t}{\tau}}-\cos(\omega t+\theta_1+\beta)\right\}+\frac{E_m\sin\theta_1}{R}\varepsilon^{-\frac{t}{\tau}} \tag{6}$$

ただし、$\beta=\tan^{-1}\left[\frac{1}{\omega C\{rR/(r+R)\}}\right]=\tan^{-1}\left(\frac{1}{\omega\tau}\right)$です。

$$\overline{E_i}=\frac{2}{T}\left(\int_0^{t_2-t_1} i_2 R dt+\int_{t_2}^{T/2+t_1} E_m \sin\omega t_2 \varepsilon^{-\frac{t-t_2}{cR}} dt\right)$$

$$=\frac{E_m}{\pi}\cdot\frac{R}{(r+R)^2+(\omega CrR)^2}\left\{\omega\tau\cos(\theta_1+\beta)\left(1-\varepsilon^{-\frac{\theta_2-\theta_1}{\omega\tau}}\right)-\sin(\theta_2+\beta)\right\}$$

$$+\frac{E_m}{\pi}\left\{\omega\tau\sin\theta_1\left(1-\varepsilon^{-\frac{\theta_2-\theta_1}{\omega\tau}}\right)+\omega CR(\sin\theta_2-\sin\theta_1)\right\} \tag{7}$$

$$\overline{i_2}=\frac{\overline{E_i}}{R}=\frac{E_m}{\pi}\frac{1}{(r+R)^2+(\omega CrR)^2}\left\{\omega\tau\cos(\theta_1+\beta)\left(1-\varepsilon^{-\frac{\theta_2-\theta_1}{\omega\tau}}\right)-\sin(\theta_2+\beta)\right\}$$

$$+\frac{E_m}{\pi}\left\{\frac{\omega\tau\sin\theta_1}{R}\left(1-\varepsilon^{-\frac{\theta_2-\theta_1}{\omega\tau}}\right)+\omega C(\sin\theta_2-\sin\theta_1)\right\} \qquad (8)$$

以上で求めた等式は、複雑であり計算に時間がかかります。そこで、コンデンサの入力電流 i_{Crms} も含めて必要なものについて近似式を求めておきます。近似式は入力電流を正弦波として扱います。また、整流出力電圧の平均値を求めるときは、インラッシュ電流防止抵抗（図１の r）は極めて小さい値のために、短絡として考えます。求めた結果を以下に示します。

$$\overline{i_1}=\frac{2(t_2-t_1)}{T}\cdot\frac{2}{\pi}\cdot I_m=\frac{4D_I I_m}{\pi}=I_i \qquad (9)$$

ただし、$\frac{t_2-t_1}{T}=D_I$ です。

$$i_{Crms}=\sqrt{\frac{2}{T}\int_0^{t_2-t_1}(I_m\sin\omega t-I_i)^2dt+\frac{2}{T}\int_{t_2}^{T/2-(t_2-t_1)}I_i^2dt}$$

$$=I_m\sqrt{D_I-\frac{16D_I^2}{\pi^2}}=I_i\sqrt{\frac{\pi^2}{16D_I}-1} \qquad (10)$$

$$\overline{E_i}=\frac{2}{T}\left(\int_{t_1}^{t_2}E_m\sin\omega t dt+\int_{t_2}^{T/2+t_1}E_m\sin\omega t_2\varepsilon^{-\frac{t-t_2}{cR}}dt\right)$$

$$=\frac{E_m}{\pi}\{\cos\theta_1-\cos\theta_2+\omega cR(\sin\theta_2-\sin\theta_1)\} \qquad (11)$$

$C=1{,}000\ \mu F$、$r=0\Omega$、$R=150\Omega$、$\theta_1=64.2°$（1.12 rad）、$\theta_2=108.5°$（1.893 rad）、$t_2-t_1=2.2$ ms として、それぞれを求めてみます。

$$\overline{E_i}=\frac{141.4}{\pi}\{\cos 1.12-\cos 1.893$$

$$+2\pi\times 50\times 1{,}000\times 10^{-6}\times 150\times(\sin 1.893-\sin 1.12)\}$$

$$=45.03\times\{0.43523+0.3173+47.12389\times(0.94832-0.900)\}=136.4\text{ V}$$

$$\overline{i_1}=I_i=\frac{\overline{E_i}}{R}=\frac{136.4}{150}=0.909\text{A}$$

$$i_{Crms}=I_i\sqrt{\frac{\pi^2}{16D_I}-1}=0.909\times\sqrt{\frac{\pi^2}{16\times 0.11}-1}=1.951\text{A}$$

整流出力電圧は r を短絡して求めているために、実測値より 2～3 %ほど高く出ます。電流値については、ほぼ実測値と合致します。

2-3　平滑コンデンサでリプル電圧の大きさが変わる

整流出力電圧に含まれるリプル電圧 ΔE_i は式(1)で与えられ、平滑コンデンサの容量を大きくすると、小さくすることができます。

$$\Delta E_i = E_m(\sin\theta_2 - \sin\theta_1) = E_m \sin\theta_2\left(1-\varepsilon^{-\frac{T/2+t_1-t_2}{CR}}\right)$$

$$= E_m \sin\theta_2\left(1-\varepsilon^{-\frac{\pi+\theta_1-\theta_2}{\omega CR}}\right) \qquad (1)$$

ここで、設計するときを考えて、平滑コンデンサの容量を変化させたときのリプル電圧 ΔE_i を求めておきます。計算結果を**図1**に示します。

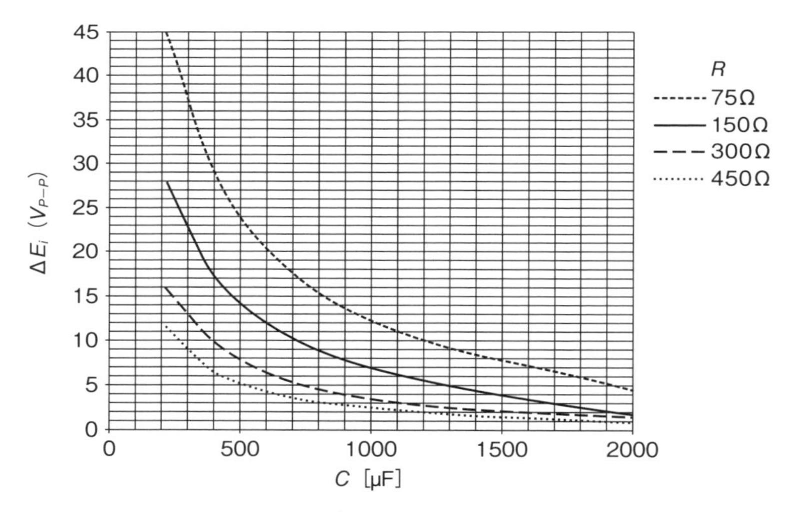

図1　平滑コンデンサの容量とリプル電圧ΔEi

2–4　交流電源が瞬時低下や瞬時停電したときは平滑コンデンサから電力を供給する

スイッチング電源は交流電源の供給が停止してから少しの時間、電力を供給することができます。交流電源が停止したときのエネルギーは、すべて平滑コンデンサから供給されます。

交流電源が停電した後に平滑コンデンサから供給されるエネルギーをW_C、スイッチング電源の出力電力をP_o、効率をη、保持時間をT_h、整流出力電圧（平滑コンデンサCの電圧）E_iの初期値をV_i、最低動作電圧をV_Sとすると、

$$W_C=\frac{C\left(V_i^2-V_S^2\right)}{2}=\frac{P_o T_h}{\eta}\,[\mathrm{J}]$$

が成り立ち、これより以下の式が求められます。

$$T_h=\frac{\eta W_C}{P_o}=\frac{\eta C\left(V_i^2-V_S^2\right)}{2P_o}\,[\mathrm{s}] \tag{1}$$

$$C=\frac{2P_o T_h}{\eta\left(V_i^2-V_S^2\right)}\,[\mathrm{F}] \tag{2}$$

$$V_S=\sqrt{V_i^2-\frac{2P_o T_h}{\eta C}}\,[\mathrm{V}] \tag{3}$$

図1に示すように時刻0で停電になった後、整流出力電圧（平滑コンデンサCの電圧）Eiが最低動作電圧V_Sに達するまでの時間T_hが保持時間になります。電気・電子機器に求められる保持時間は一般的に30 msです。このときの保持時間を求めるときは式(1)を使います。また、必要な保持時間と出力電力、入力電圧、最低動作電圧をV_Sが分かっているときは、式(2)より平滑コンデンサの必要な容量を求めることができます。

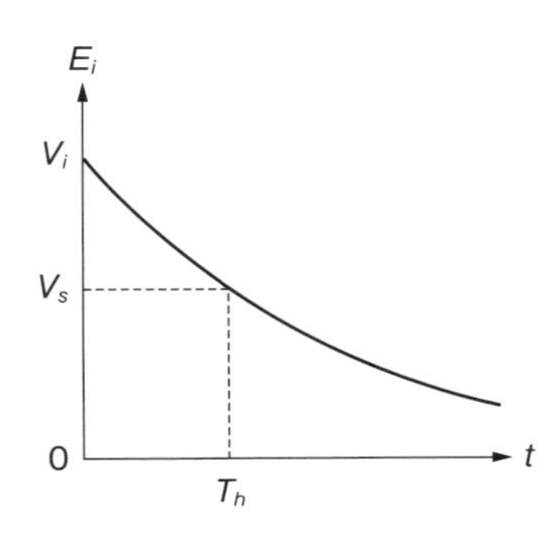

図1　停電時の整流出力電圧（平滑コンデンサCの電圧）と保持時間

2–5　平滑コンデンサについて知っておきたいこと

平滑コンデンサを使用する際は、以下のことを考慮します。中でも①～④が重要です。

①定格電流（リプル許容電流）を超えないこと。

②耐圧は使用する環境に対して十分であること。

③寿命が十分取れていること。

④交流入力電圧の供給が停止したときに保持時間がとれること。

⑤リプル電圧が後段の DC–DC コンバータに対して問題ないこと。

コンデンサに流れる電流は商用電源周波の 2 倍の周波数の電流の他に、スイッチング電源の動作周波数の高周波電流が流れていますので、両方を加味したリップル電流をもとに容量を決めなければなりません。2.2 節の式(10)にはスイッチング電源の動作周波数の高周波電流は含まれていませんので注意してください。

耐圧は、電気・電子機器が使われる環境を十分に考慮して決めてください。寿命についても、定格温度に対して使用温度を下げ、余裕をとることにより、必要な寿命時間を確保しなければなれません。これらについての注意点を下記(1)と(2)で説明します。

また、平滑コンデンサには、電解コンデンサが一般的に使われますが、その場合、再起電圧が発生します。これに対する配慮も必要です。電解コンデンサを一度充電し、その後、端子間を短絡させ放電させた後に端子を開放しておくと、しばらくして両方の端子間に電圧が発生します。この電圧を再起電圧といいます。耐圧 200 V、容量 680 μF の電解コンデンサで 10 V 弱の電圧が、非常に長い期間に渡って発生しています。電源ユニットの組立てラインにおいて、電解コンデンサが基板に装着され、その後はんだ槽を通ります。このときに、電解コンデンサの両極端子が短絡され再起電圧が放電されます。したがって、放電経路に耐圧の低いダイオードなどが配置されていると破壊する場合があります。基板配置には十分に注意してください。

なお、④の保持時間については前節を参照してください。⑤のリプル電圧は、許容値が分かれば 2.3 節の図 1 より必要な容量を求めることができます。

(1)　耐圧についての注意点

国土の広い国ですと、深夜に交流電源の負荷が小さくなると、フェランチ効果により受電端電圧が送電端電圧より上昇してしまうことがあります。この場合、平滑コンデンサの耐圧を超えることがあります。以前、中国で400 V耐圧の電解コンデンサに過電圧が加わり、コンデンサの電解液が吹き出したことがあります。交流電圧に換算すると、AC283 V以上の電圧が加わったことになります。公称電圧は220 Vですので、63 V（+28.6 %）以上の上昇です。現在では、テレビジョン受信機など一部の電子機器でこうした国に向けたものについては、450 V耐圧の電解コンデンサを使用し、このようなことが起きないようにしています。

送電線の一相当たりの等価回路を**図1**に示します。送電線には、負荷電流 $\dot{I}_L$ と大地間容量Cに流れる充電電流 $\dot{I}_C$ を合わせた電流 $\dot{I}$ が流れています。

$$\dot{I}=\dot{I}_L+\dot{I}_C \qquad (1)$$

ここで、充電電流 $\dot{I}_C$ は、受電端電圧より $\pi/2$ 進んでいます。負荷電流 $\dot{I}_L$ が大きいとき、電流 $\dot{I}$ は**図2(a)**に示すように、受電端電圧より遅れます。ほとんどの負荷が遅れ力率のためです。このとき、受電端電圧は送電端電圧より低くなります。しかし、深夜などに負荷電流 $\dot{I}_L$ が減少すると、相対的に大地間充電電流

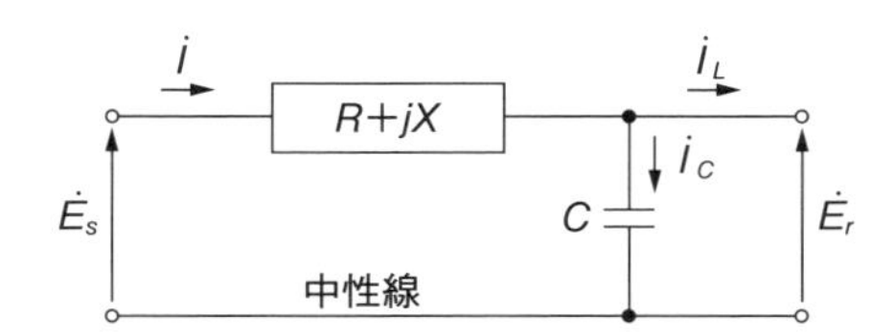

$\dot{E}_s$：送電端電圧、$\dot{E}_r$：受電端電圧、C：大地間容量、$\dot{I}$：電流、$\dot{I}_L$：負荷電流、$\dot{I}_C$：大地間容量の充電電流、φ：電圧と電流の位相角、$R+jX$：送電線の抵抗とリアクタンス

図1　送電線の一相当たりの等価回路

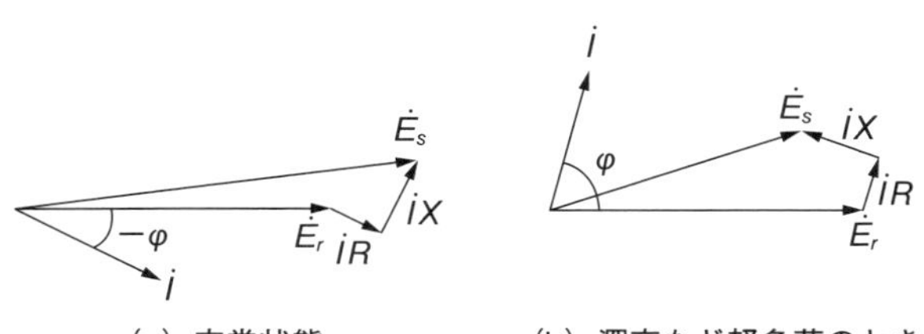

負荷が大きいとき電流は受電端電圧より遅れており、受電端電圧は送電端電圧より低くなります。負荷が軽くなると電流の位相が進み、受電端電圧は送電端電圧より高くなります。

図2　送電端電圧と受電端電圧の関係

$\dot{I}_C$ が大きくなり、電流 $\dot{I}$ の位相が受電端電圧より進んでしまいます。その結果、**図２(b)** に示すように、受電端電圧は送電端電圧より高くなってしまいます。この現象はフェランチ効果と呼ばれ、交流電源の送電距離が 300～400 km を超えると発生するといわれています。

このほかに、交流送電には、交流電流の波形がひずむと高調波電流が発生するなどの問題があり、最近では交流送電から直流送電に切り替える国が出てきています。

(2)　電解コンデンサの寿命

電解コンデンサの寿命もアレニウスの法則に従い、温度を下げて使うと寿命がその分伸びます。式(2)はアレニウスの加速式を示したものです。なお、式中の L は寿命、A は定数、E_a は活性化エネルギー（eV)、K はボルツマン係数（＝8.6159×10^{-5} eV/K)、T は絶対温度(K)を意味します。

$$L = A\exp\left(\frac{E_a}{KT}\right) \tag{2}$$

式(2)によると、周囲温度が 10 ℃下がると寿命が２倍に伸びることになります。たとえば定格温度が 105 ℃の電解コンデンサを周囲温度 65 ℃で使うと、$2^4=16$ 倍に寿命が伸びることになります。このように、定格温度に対して実際の周囲温度を下げて使うことにより、必要な寿命を確保するようにしなければなりません。

第３章

定電圧回路
（シリーズレギュレータと
スイッチングレギュレータ）
の動作

3-1　シリーズレギュレータはどう働くか

定電圧回路とは、入力電圧や出力電流が変動したときに出力電圧 E_o が変化するのを防止し一定にするための回路で、安定化された直流電圧（出力電圧 E_o）を負荷に供給する役割を果たしています。定電圧回路にはリニア方式とスイッチング方式があります。その内のリニア方式の代表が、シリーズレギュレータになります。**図１**はその原理を示したものです。

図１において、E_i が入力電圧、E_o が出力電圧、I_o が出力電流（負荷電流）、r が電源の内部抵抗、R が可変抵抗、R_o が出力抵抗を示しています。このときのシリーズレギュレータの出力電圧 E_o は式(1)で与えられます。

$$E_o = E_i - (r + R)I_o \qquad (1)$$

ここで、入力電圧 E_i もしくは出力電流 I_o が変化すると、出力電圧 E_o が変化してしまいます。このとき可変抵抗 R の値を変え、出力電圧 E_o を一定にします。たとえば、出力電圧 E_o が低下すると、これと連動して可変抵抗 R が減少します。このような動作で出力電圧 E_o の低下が補償されます。可変抵抗 R を変化させたときの出力電圧の変化を**図２**に示します。

図１に示すシリーズレギュレータは、実際には**図３**に示しているような構成に

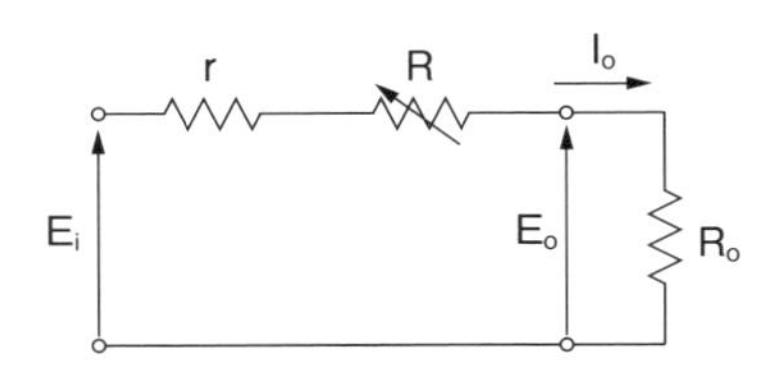

E_i：入力電圧、E_o：出力電圧、I_o：出力電流(負荷電流)、r：電源の内部抵抗、R：可変抵抗、R_o：出力抵抗(負荷抵抗)

図１　シリーズレギュレータの原理

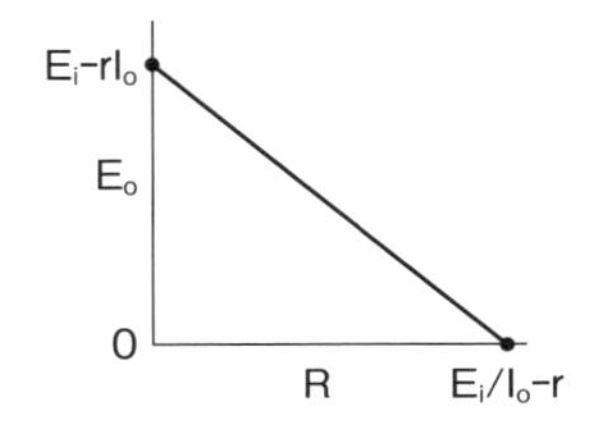

図２　シリーズレギュレータの動作特性

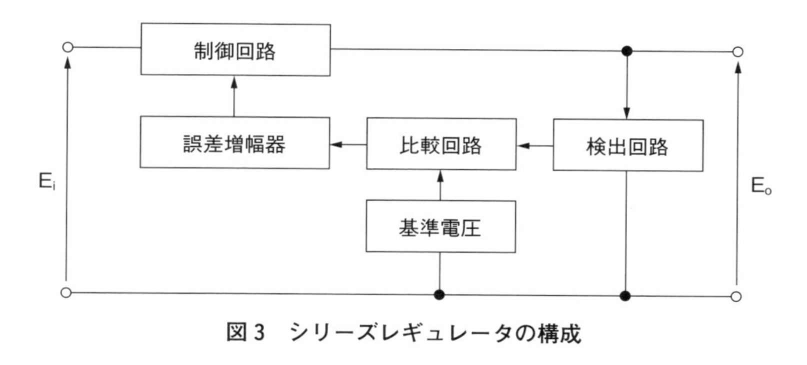

図 3　シリーズレギュレータの構成

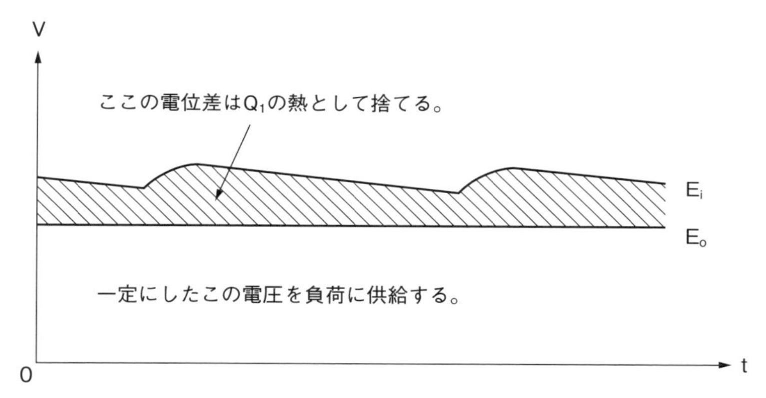

図 4　シリーズレギュレータの入出力電圧

なっています。出力電圧 E_o が基準電圧 V_{ref} と比較され、誤差があるときは増幅器で増幅された誤差により制御回路が制御され、出力電圧 E_o を一定にするように動作します。制御回路は一般的にはトランジスタが使用され、トランジスタの等価抵抗を変化させることにより、出力電圧 E_o をコントロールします。実際には、トランジスタのベース電流を調整して、コレクタ・エミッタ間電圧を変化させることにより、出力電圧 E_o を一定にします。このときの入力電圧と E_i と出力電圧 E_o の差は、トランジスタの損失 P_Q として消費されます。**図 4** を参照してください。

$$P_Q=(E_i-E_o-rI_o)I_o\fallingdotseq(E_i-E_o)I_o \qquad (2)$$

図 5 はシリーズレギュレータの実際の回路図を示したものです。この回路において出力電圧は、

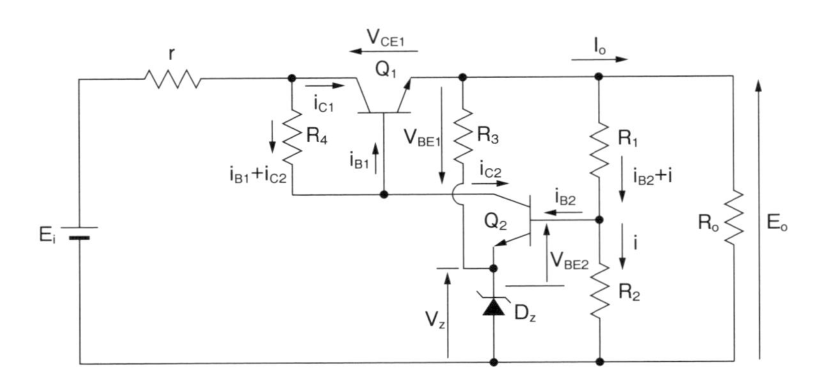

E_i：入力電圧、E_o：出力電圧、I_o：出力電流（負荷電流）、r：電源の内部抵抗、R_o：出力抵抗、Q_1：出力トランジスタ、Q_2：誤差増幅器、D_z：ツェナーダイオード（基準電圧）、R1およびR_2：分圧抵抗

図５　シリーズレギュレータの実際の回路図

$$E_o \cong \frac{R_1}{h_{fe2} R_4}(E_i - rI_o - V_{BE1}) + \left(\frac{R_1 + R_2}{R_2}\right)(V_{BE2} + V_Z) \tag{3}$$

となります。ただし、式(3)において、V_{BE1}とV_{BE2}はトランジスタQ_1とQ_2のベース・エミッタ間電圧、V_Zはツェナーダイオードの電圧です。また、式(3)より、入力電圧変動に対する出力電圧の変動率（安定指数）Sと負荷電流変動に対する出力電圧の変動率、つまり出力インピーダンスZを求めると、

$$S = \frac{\partial E_o}{\partial E_i} = \frac{R_1}{h_{fe2} R_4} \tag{4}$$

$$Z = \frac{\partial E_o}{\partial I_o} = \frac{R_1 r}{h_{fe2} R_4} \tag{5}$$

と表され、トランジスタQ_2のエミッタ接地の電流増幅率h_{fe2}が十分に大きいとすると、ともに小さい値になります。過去に家庭用電子機器に用いた出力電圧E_oが112 Vのシリーズレギュレータにおいて、R_1＝36 kΩ、R_4＝11 kΩであり、h_{fe2}＝200とすると、出力電圧の変動率（安定指数）Sと出力インピーダンスZは以下のように小さい値になります。

$$S = \frac{R_1}{h_{fe2} R_4} = \frac{36\text{k}\Omega}{200 \times 11\text{k}\Omega} = 0.0164$$

$$Z = \frac{R_1 r}{h_{fe2} R_4} = = 0.0164r$$

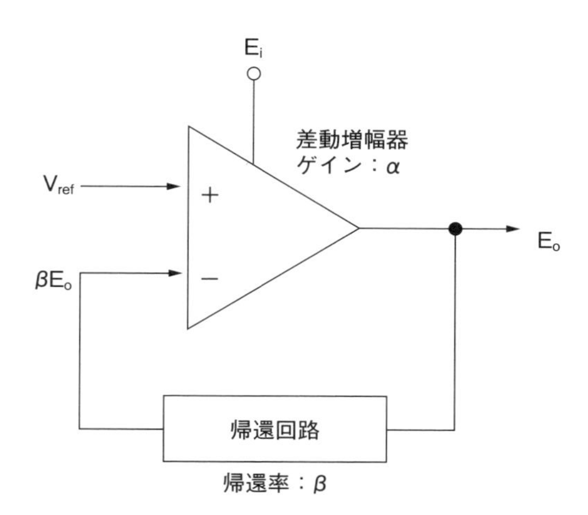

図6　シリーズレギュレータの等価回路

その結果、式(3)の第一項は無視することができ、出力電圧は分圧抵抗だけで決まる直流電圧となります。

$$E_o=\left(\frac{R_1+R_2}{R_2}\right)(V_{BE2}+V_Z)\cong\frac{R_1+R_2}{R_2}V_Z \tag{6}$$

シリーズレギュレータの等価回路は、**図6**のように差動増幅器と考えることができます。このときの出力電圧は、差動増幅器の増幅度が十分に大きいとすると、

$$\alpha(V_{ref}-\beta E_o)=E_o \quad \text{より} \quad E_o=\frac{\alpha}{1+\alpha\beta}V_{ref}$$

$\alpha\beta\gg1$ なら、

$$E_o\cong\frac{V_{ref}}{\beta}=\frac{R_1+R_2}{R_2}V_{ref}=\frac{R_1+R_2}{R_2}(V_{BE2}+V_Z)\cong\frac{R_1+R_2}{R_2}V_Z$$

となり、式(6)に一致します。ただし、β は帰還率であり、$\beta=R_2/(R_1+R_2)$ です。

3-2　スイッチングレギュレータはコイルを使う

スイッチングレギュレータの主回路であるDC-DCコンバータは、主にコイルやトランスを用いることで、電圧の大きさの変換を行います。コイルにはインダクタンス(※)という性質があり、電圧源と組み合わせることにより、無理なく電圧の変換を行うことができます（**図1**参照）。

図2はDC-DCコンバータの一例である降圧形コンバータを、**図3**は動作状態におけるコイルを流れる電流の波形を示したものです。スイッチがオンするとコ

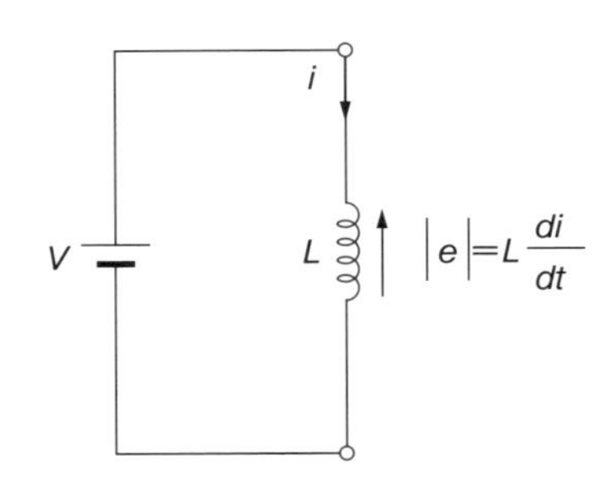

図1　コイルのインダクタンスと誘起起電力

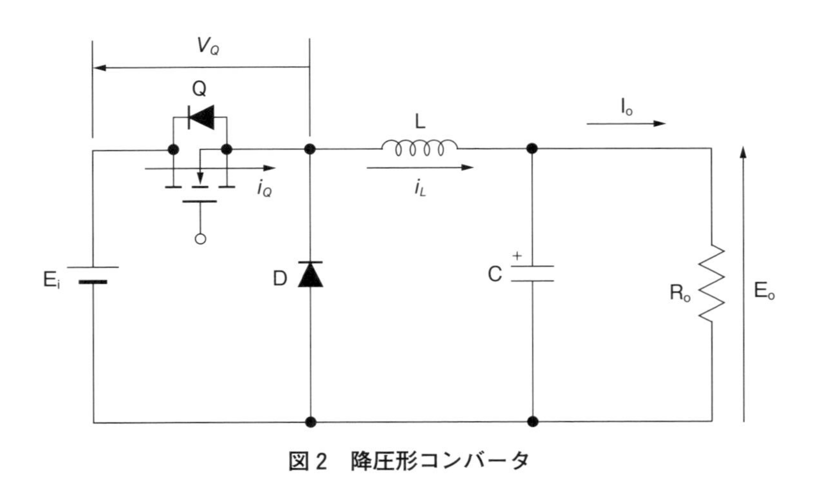

図2　降圧形コンバータ

※［インダクタンス］　コイルなどにおいて、流れている電流が時間に対して変化すると、電流と逆向きに誘導起電力が発生します。この性質をいいます。このときに、コイル両端に加えられた電圧Vと誘起起電力eの大きさは等しくなります。

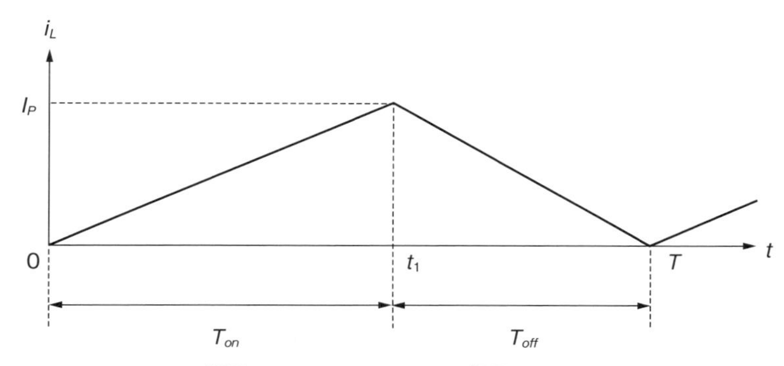

T_{on}：スイッチのオン期間、T_{off}：スイッチのオフ期間

図3　降圧形コンバータのコイル電流波形

イル両端に電圧が加わり、時間に対して直線的に増加する電流 i_L がコイルに流れます。その結果、時刻 t_1 にはコイルにエネルギー $LI_P{}^2/2$ が蓄積されます。オフすると、ダイオードDがオンし、コイルL→コンデンサC→ダイオードD→コイルLのループでコイル電流 i_L が流れ、先の動作でコイルに蓄えられたエネルギーをコンデンサに放出し、コンデンサCに出力電圧が発生します。このように、電圧源とコイルを組み合わせることにより、容易に電圧を変換することができます。コイルが抵抗分のない理想的なものであれば、この間にコイルに発生する損失はゼロであり、効率的な変換を行うことができます。

スイッチング電源では、DC-DCコンバータのスイッチをオン・オフさせることにより、一定の出力電圧を得ます。このとき、スイッチが理想的なもの、つまり、立上り時間と立下り時間がなく、導通したときのオン抵抗がゼロであればスイッチの損失はゼロになり、コンバータの変換効率は限りなく100％に近づけることができます。

① 図2において、スイッチがオンするとスイッチ電流 i_Q が流れます。このとき、スイッチの両端電圧 V_Q はゼロであり、スイッチの損失はゼロになります。

② スイッチがオフしているときは、V_Q はゼロではありませんが、i_Q がゼロのためにスイッチの損失はゼロになります。

以上のことより、DC-DCコンバータの損失は少なく、スイッチング電源を小型・軽量化することができます。

3-3　スイッチングレギュレータはどう働くか

スイッチングレギュレータはDC-DCコンバータと制御回路（基準電圧、比較回路、増幅回路、時比率制御回路もしくは周波数制御回路）から成り、DC-DCコンバータのスイッチQの時比率D（オン期間の一周期期間に対する比率$D=T_{on}/T$）（デューティレシオともいいます）もしくは周波数を制御し、出力電圧E_oを一定にします。**図1**に示すように、スイッチングレギュレータはパルス幅制御（PWM：pulse width modulation）方式と周波数制御（FM：frequency modulation）方式(※)に分かれます。スイッチングレギュレータの一例として、パルス幅制御方式である降圧形コンバータの構成を**図2**に示します。

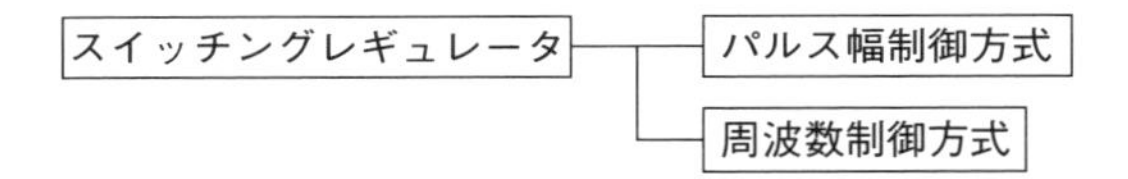

図1　制御方式によるスイッチングレギュレータの分類

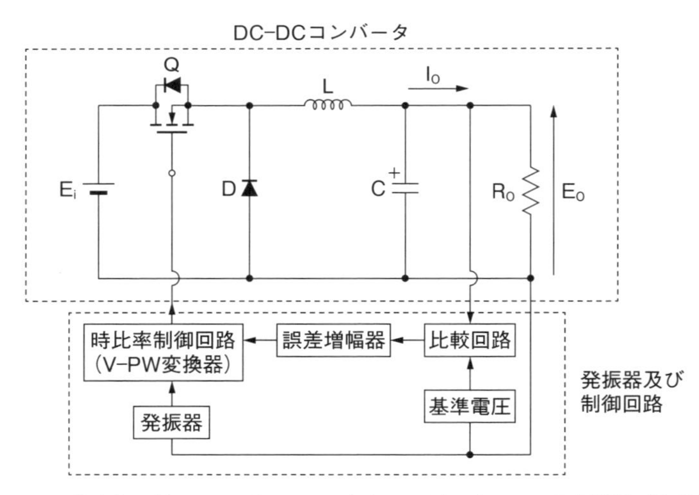

Q：スイッチ、D：ダイオード、L：コイル、C：出力コンデンサ、R_o：出力抵抗（負荷抵抗）、E_i：入力電圧、E_o：出力電圧、I_o：出力電流（負荷電流）

図2　スイッチングレギュレータの一例（降圧形コンバータの構成）

※周波数制御方式はスイッチング周波数制御方式やパルス周波数制御方式ともいいます。

図2の回路の動作および動作波形を、**図3**および**図4**に示します。図3において、スイッチQがオンすると、コイルLの両端には(E_i-E_o)なる電圧が加えられることになり、式(1)に示すように時間に対して直線的に増加する電流i_Lが流れます。

$$i_L(0\sim t_1)=\frac{E_i-E_o}{L}t \tag{1}$$

その後、コイルを流れる電流i_Lは、時刻t_1に最大値I_Pになり、コイルには$LI_P^2/2$なるエネルギーが蓄えられます。スイッチQがオフすると、コイル電流が同じ向きに流れ続けるようにダイオードDが導通し、コイル電流i_LはダイオードDを通って流れ、時間に対して直線的に減少し、時刻Tでゼロになります。

$$i_L(t_1\sim T)=I_P-\frac{E_o}{L}t \tag{2}$$

その結果、先の動作でコイルに蓄えられたエネルギーは出力コンデンサCに放出されます。一定の周波数でこの動作を繰り返すことで負荷に電力を供給します。

したがって、スイッチのオン期間にコイルに蓄えられるエネルギーはオフ期間に放出されるエネルギーに等しく、以下の式が成り立ちます。ただし、スイッチのオン期間をT_{on}、オフ期間をT_{off}、コイルを流れる電流の平均値（直流電流）をI_Lとします。

$$\left.\begin{aligned}&(E_i-E_o)I_LT_{on}=E_oI_LT_{off}\\&E_iI_LT_{on}=E_oI_L(T_{on}+T_{off})=E_oI_LT\end{aligned}\right\} \tag{3}$$

これより、出力電圧E_oを求めると、

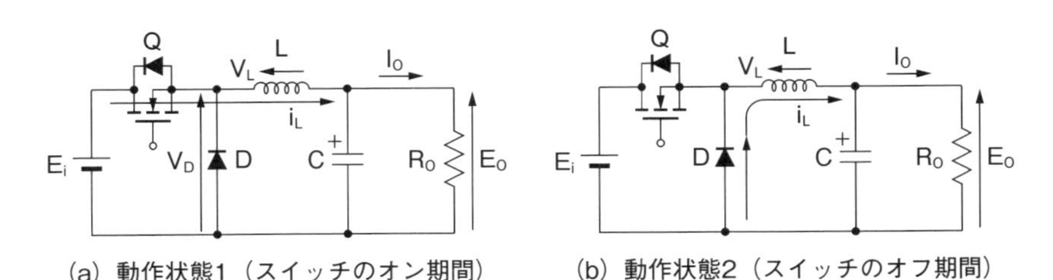

(a) 動作状態1（スイッチのオン期間）　(b) 動作状態2（スイッチのオフ期間）

i_L：コイル電流、V_L：コイル両端電圧、V_D：ダイオードの両端電圧、動作状態2におけるV_Lは図4に示すように負電圧であり、上図と逆向きの電圧になります。

図3　降圧形コンバータの動作

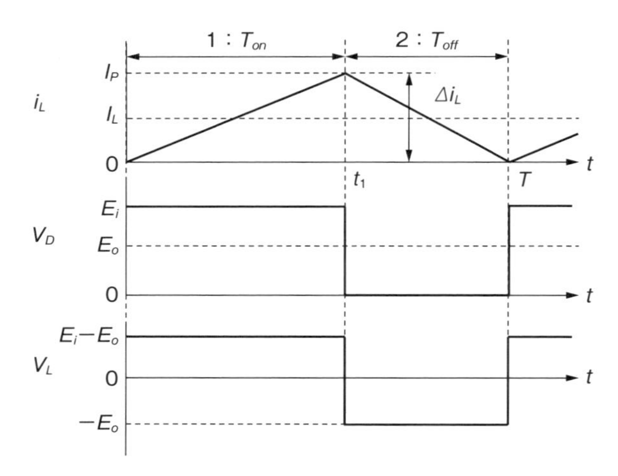

i_L：コイル電流、I_L：コイル電流の平均値（直流電流）、V_L：図3の向きのコイル両端電圧、V_D：図3の向きのダイオード両端電圧

図４　降圧形コンバータの動作波形

$$E_o = \frac{T_{on}}{T} E_i = D \cdot E_i \tag{4}$$

ただし、

$$D = \frac{T_{on}}{T} \tag{5}$$

です。図４より、スイッチがオン期間にコイル電流が増加する分（Δi_L）は、スイッチがオフ期間に減少する分に等しく、

$$\Delta i_L = \frac{E_i - E_o}{L} T_{on} = \frac{E_o}{L} T_{off} \tag{6}$$

が成り立ちます。この式からも、同様に式(4)を導くことができます。このときの出力電圧の入力電圧に対する比率、すなわち昇降圧比 $G=E_o/E_i$ は、一定の動作周波数のもとでは**図５**に示すように、時比率Ｄに比例して変化します。この特性を利用すれば、入力電圧や出力電流が変動しても時比率Ｄを制御することにより、出力電圧を一定に保つことができます。これがスイッチングレギュレータの原理です。スイッチＱがオンすると、ダイオードＤの両端に入力電圧 E_i が現れます。これがコイルＬと出力コンデンサＣで平滑され、その平均値が出力電圧 E_o になります。このときにオン期間が長いと、平均値が上がり出力電圧 E_o

は高くなります。逆にオン期間が短いと、平均値が下がり出力電圧 E_o は低くなります。**図6**は、これらの関係を図示したものです。なお、図2や図3に示したコンバータは、入力電圧より低い出力電圧しか出すことができないために、降圧形（buck形）コンバータと呼ばれています。

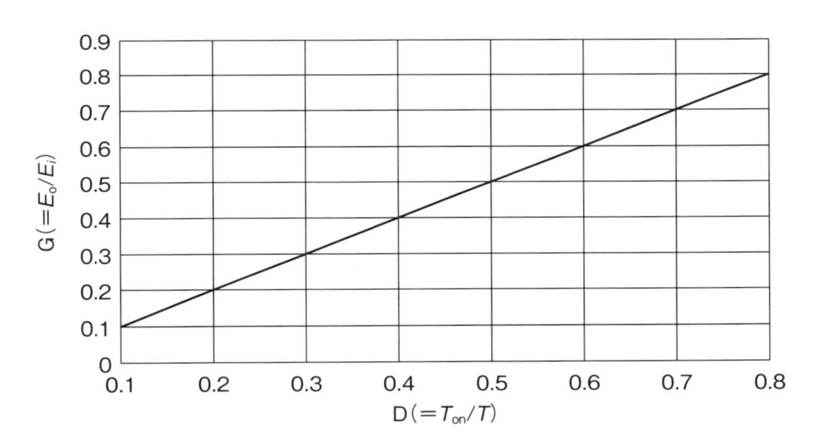

図5　降圧形コンバータの出力特性

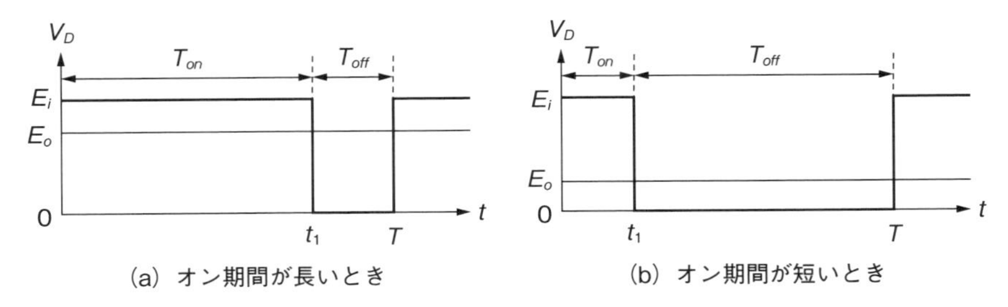

V_D：ダイオード両端電圧、Ei：入力電圧、E_o：出力電圧、T_{on}：スイッチのオン期間、T_{off}：オフ期間

図6　降圧形コンバータにおけるスイッチのオン期間と出力電圧

3-4 スイッチングレギュレータはどう分類できるか

前節で説明したのはパルス幅制御方式のスイッチングレギュレータですが、このほかに冒頭で述べた周波数制御方式があります。これらはともに発振器を持っており、他励式と呼ばれています。パルス幅制御方式では、固定周波数でスイッチの時比率を制御することで出力電圧を一定にします。周波数制御方式では、スイッチの動作周波数を制御し時比率を変え出力電圧を一定にします。この他にも一定の時比率で周波数を制御し出力電圧を一定にする方式があります。以下に、主な周波数の制御方式を示します。

①スイッチのオフ期間を一定にし、オン期間を変える（周波数と時比率が変化する）

②スイッチのオン期間を一定にし、オフ期間を変える（周波数と時比率が変化する）

③スイッチのオン期間とオフ期間の比率を一定にし、周波数を変える（時比率は変化しない）

①は電圧共振フライバック形コンバータに、③は電流共振形コンバータに使われています。

一方、これらの他励式とは違い、発振器を持たないスイッチングレギュレータがあります。これを自励式スイッチングレギュレータといい、後に説明するリンギングチョーク形コンバータがこれに該当します。入力電圧が変動すると周波数と時比率が変化し、出力電圧を一定にするよう制御します。発振器は付いていませんが、周波数制御方式になります。

以上より、スイッチングレギュレータを発振方式により分類すると**図１**になります。これらの実際の構成を以下で説明します。

図２は、他励式のパルス幅制御方式スイッチングレギュレータの構成を示した

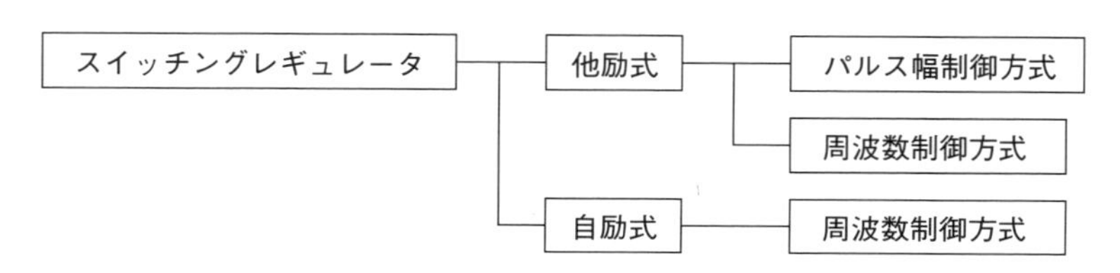

図１　発振方式によるスイッチングレギュレータの分類

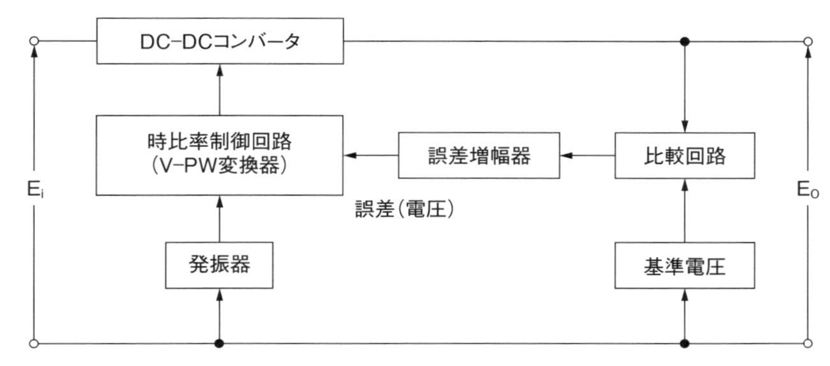

図2　他励式のパルス幅制御方式スイッチングレギュレータの構成

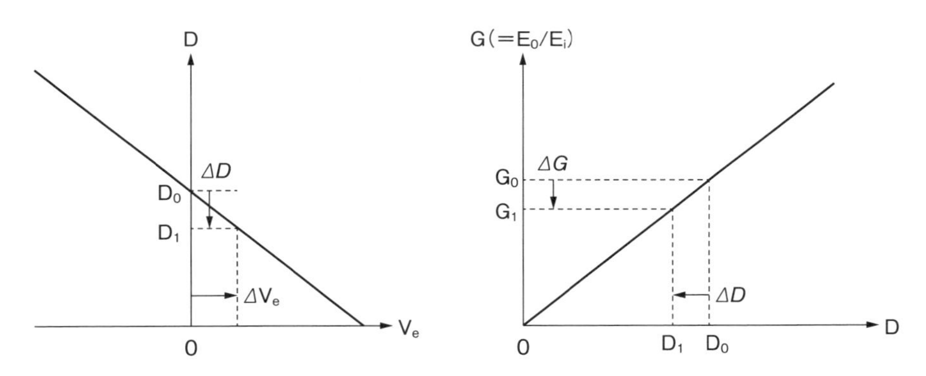

V_e：誤差電圧、D：時比率（デューティレシオ）、G：昇降圧比

図3　他励式のパルス幅制御方式スイッチングレギュレータの動作

図です。出力電圧が基準電圧と比較され、誤差があれば誤差電圧が時比率制御回路（電圧–パルス幅変換回路：V–PW 変換器）に送られます。その結果、DC–DC コンバータの時比率 D が誤差電圧に基づいて変化し、出力電圧を一定にします。**図3**に示すように、たとえば入力電圧が高くなり出力電圧が上昇すると、誤差電圧 $ΔV_e$ が時比率制御回路に送られ、時比率 D を D_0 から D_1 に小さくします。そうすると昇降圧比 G が G_0 から G_1 に小さくなり、出力電圧 E_0 がもとの値に戻ります。この動作により出力電圧が一定に制御されます。

図4は、他励式の周波数制御方式スイッチングレギュレータの構成を示した図ですが、パルス幅制御方式の時比率制御回路に相当するところが周波数制御回路（電圧–周波数変換回路：V–F 変換器）になっていて、誤差電圧に基づいて DC–

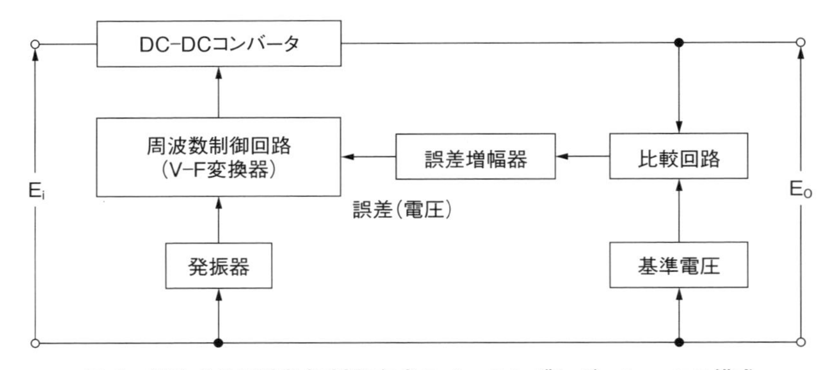

図4　他励式の周波数幅制御方式スイッチングレギュレータの構成

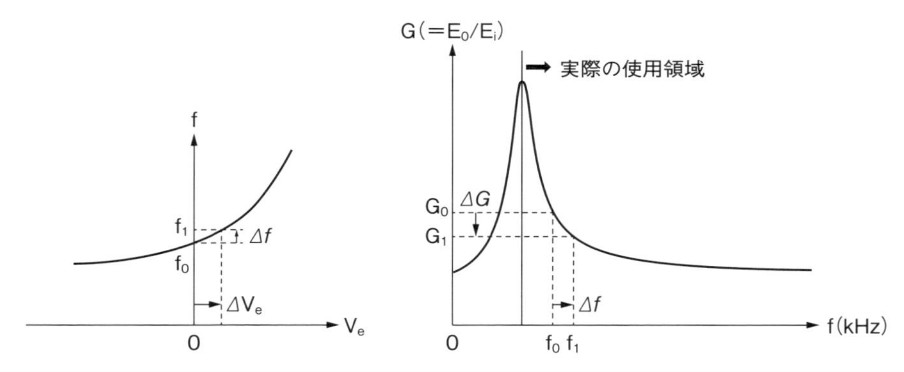

図5　他励式の周波数幅制御方式スイッチングレギュレータの動作

DCコンバータの周波数が変化し、出力電圧を一定にします。**図5**に示すように、たとえば、入力電圧が高くなり出力電圧が上昇すると、誤差電圧 ΔV_e が周波数制御回路に送られ、動作周波数 f を f_0 から f_1 に高くします。その結果、昇降圧比 G が G_0 から G_1 に小さくなり、出力電圧 E_o がもとの値に戻ります。この動作により、出力電圧が一定に制御されます。

図6は、自励式スイッチングレギュレータの構成を示した図です。発振器がなく、DC-DCコンバータは自励発振をしています。誤差があれば、誤差電圧に基づいてDC-DCコンバータの時比率が変化し、出力電圧を一定にします。この動作についてはパルス幅制御方式のスイッチングレギュレータと同じですが、動作

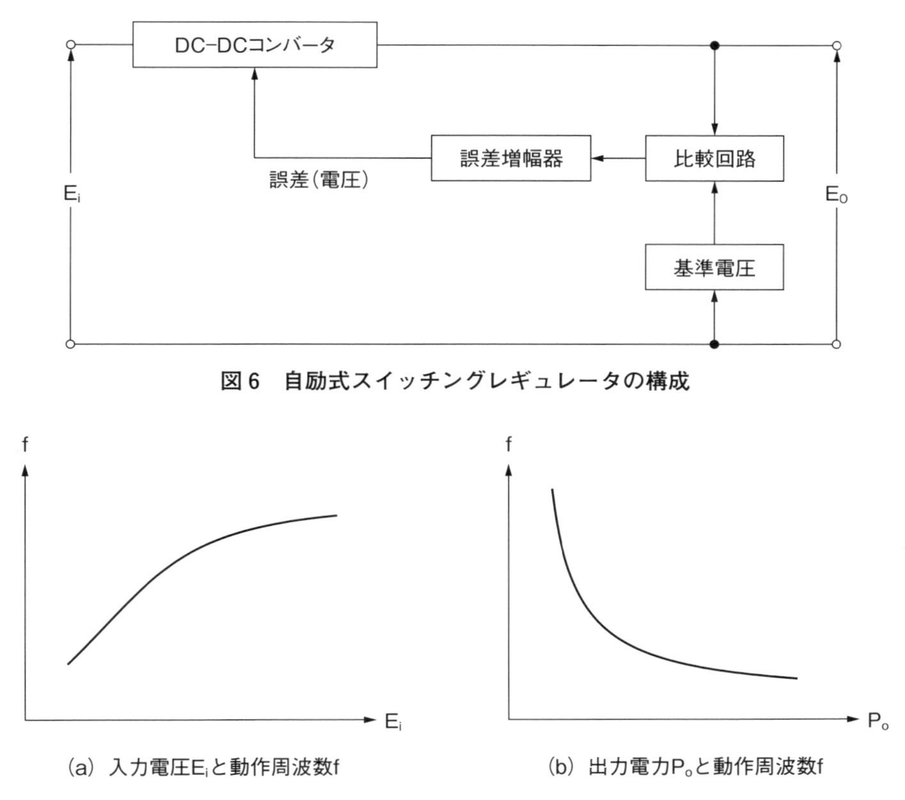

図 6　自励式スイッチングレギュレータの構成

（a）入力電圧E_iと動作周波数f　（b）出力電力P_oと動作周波数f

図 7　リンギングチョーク形コンバータの動作周波数 f

周波数が変化するところが異なります。たとえば、入力電圧が高くなると、時比率が小さくなり、出力電圧 E_o が一定に保たれますが、スイッチのオフ期間は一定でオン期間が短くなるために、動作周波数は高くなってしまいます。リンギングチョーク形コンバータが、この自励式スイッチングレギュレータに該当します。**図 7(a)**、**(b)** に、リンギングチョーク形コンバータの入力電圧 E_i と出力電力（負荷電力）P_o に対する動作周波数の変化を示します。なお、詳細については、第4.10 節で説明します。

3-5　スイッチングレギュレータの静特性

図1は実際の降圧形DC-DCコンバータの等価回路を示したものです。このように回路には抵抗が存在するために、実際の回路での出力電圧E_oは3.3節の式(4)とは違ってきます。以下で、抵抗を考慮したときの静特性（出力電圧E_oや出力インピーダンス）を求めます。

降圧形DC-DCコンバータの動作は、スイッチがオン期間している動作状態1とオフしている動作状態2に分けることができます。3.3節の式(4)を導出したときと同様に、スイッチのオン期間にコイルに蓄えられるエネルギーはオフ期間に放出されるエネルギーに等しく、以下の式が成り立ちます。

$$\left.\begin{array}{l}(E_i-E_o-I_Lr_1)I_LT_{on}=(E_o+I_Lr_2)I_LT_{off}\\ I_L=I_o\end{array}\right\} \tag{1}$$

これより、降圧形DC-DCコンバータの出力電圧E_oは、以下のように求められます。

$$E_oT=E_iT_{on}-I_o(r_1T_{on}+r_2T_{off})$$

$$E_o=\frac{E_iT_{on}-I_o(r_1T_{on}+r_2T_{off})}{T} \tag{2}$$

ここで、出力インピーダンスZ_oは、$Z_o=-\partial E_o/\partial I_o$より、

$$Z_o=-\frac{\partial E_o}{\partial I_o}=\frac{r_1T_{on}+r_2T_{off}}{T}=Dr_1+D'r_2=r \tag{3}$$

となります。ただし、$D=T_{on}/T$、$D'=T_{off}/T$であり、rを平均損失抵抗といいます。式(3)を式(2)に代入し整理すると、式(4)が得られます。

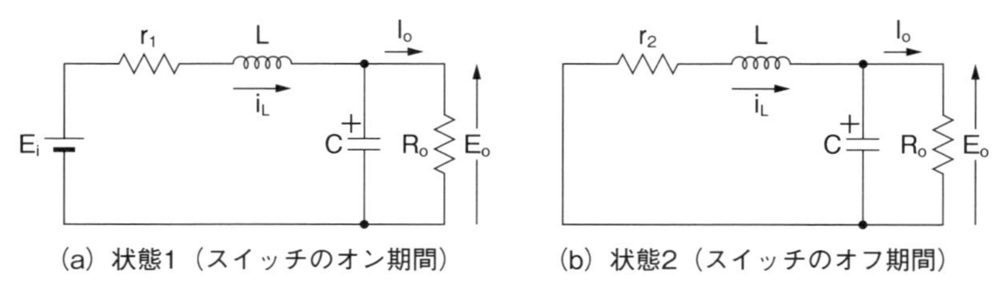

E_o：出力電圧、i_L：コイル電流、r_1：スイッチのオン期間における等価抵抗（入力電源の内部抵抗、スイッチのオン抵抗、コイルの抵抗などの損失抵抗）、r_2：スイッチのオフ期間における等価抵抗（ダイオードのオン抵抗、コイルの抵抗などの損失抵抗）

図1　降圧形DC-DCコンバータの各動作状態における実際の等価回路

$$E_o=\frac{E_i T_{on}-I_o(r_1 T_{on}+r_2 T_{off})}{T}=DE_i-I_o r=DE_i-I_o Z_o=DE_i\cdot\frac{1}{1+Z_o/R_o} \quad (4)$$

つまり、実際の回路では**図 2** に示す出力インピーダンス Z_o が存在するために、降圧形 DC–DC コンバータの出力電圧は式(4)の値に低下します。また、そのときの出力インピーダンスは、式(3)から求められます。

図 3 は出力インピーダンスに対する出力電圧の変化を示したものです。出力インピーダンスが大きくなるほど、出力電圧が低下します。

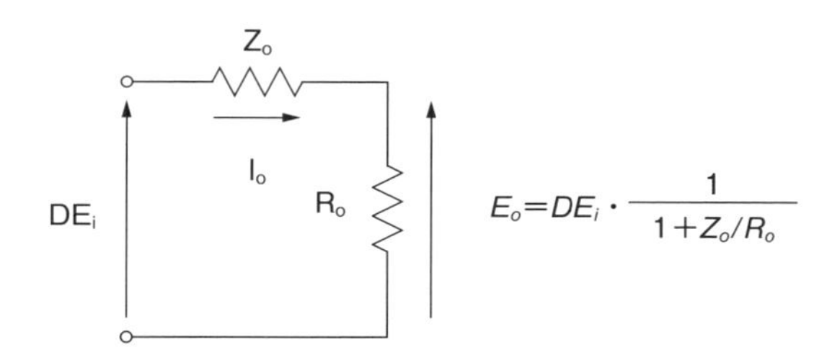

DEi：損失抵抗がないときの出力電圧、Zo：コンバータの出力インピーダンス、
Ro：出力抵抗（負荷抵抗）

図 2 出力インピーダンスと出力電圧の関係

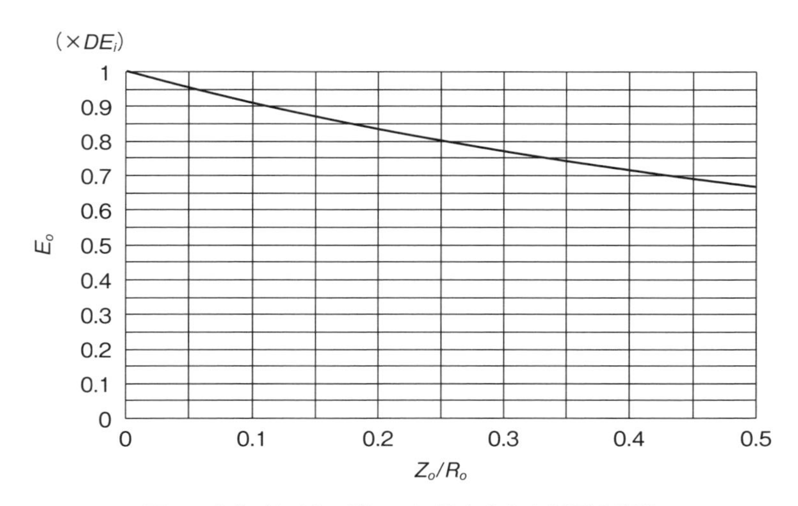

図 3 出力インピーダンスに対する出力電圧の変化

3-6　スイッチングレギュレータの動特性

ここでは、負帰還をかけて、出力電圧が一定になるように制御したときの動特性を求めます。DC–DC コンバータの出力電圧を検出し、基準電圧と比較し、その誤差を増幅し、時比率制御回路を通してスイッチのオン・オフ期間を制御することにより、出力電圧が一定になるように調整します。その直流に対するレギュレーション機構は、**図1(b)**のようになります。なお、図中の G_{vv}、G_{vr}、G_{vd} は、入力電圧、出力抵抗（負荷抵抗）、時比率の変化に対する出力電圧の変化の割合、つまりゲインであり、降圧形コンバータでは、式(1)～式(3)のようになります。

$$E_o=\frac{DE_i}{1+Z_o/R_o}=\frac{DR_oE_i}{Dr_1+(1-D)r_2+R_o}$$

$$G_{vv}=\frac{\partial E_o}{\partial E_i}=\frac{D}{1+Z_o/R_o} \tag{1}$$

$$G_{vd}=\frac{\partial E_o}{\partial D}=\frac{R_o(r_2+R_o)}{(Z_o+R_o)^2}E_i=\frac{E_o}{D}\cdot\frac{1+r_2/R_o}{1+Z_o/R_o} \tag{2}$$

$$G_{vr}=\frac{\partial E_o}{\partial R_o}=\frac{Z_oDE_i}{(Z_o+R_o)^2}=\frac{Z_oE_o}{R_o^2}\frac{1}{1+Z_o/R_o} \tag{3}$$

これより入力電圧 E_i、出力抵抗 R_o が変化したときの出力電圧の変動 ΔE_o を求めることができます。まず、入力電圧 E_i が変動したときに出力電圧の変動として、以下が求められます。

$G_{vv}\Delta E_i-\beta G_{vd}\Delta E_o=\Delta E_o$ より、

$$\Delta E_o=\frac{G_{vv}}{1+\beta G_{vd}}\Delta E_i \tag{4}$$

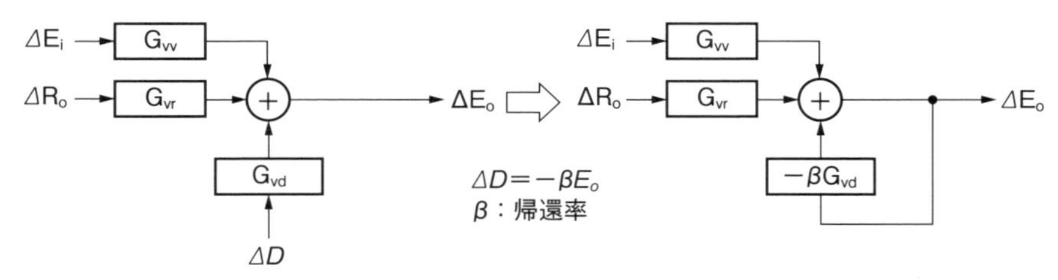

(a) 時比率の変化が独立しているとき　(b) 負帰還をかけ時比率を変化させたとき

図1　スイッチングコンバータの直流に対するレギュレーション機構

となります。

また、出力抵抗 R_o が変化したときの出力電圧の変動として、以下が求められます。

$$\Delta E_o = \frac{G_{vr}}{1+\beta G_{vd}} \Delta R_o \tag{5}$$

両者を加えて ΔE_o は次のようになります。

$$\Delta E_o = \frac{G_{vv}}{1+\beta G_{vd}} \Delta E_i + \frac{G_{vr}}{1+\beta G_{vd}} \Delta R_o = \frac{G_{vv} \Delta E_i + G_{vr} \Delta R_o}{1+\beta G_{vd}} \tag{6}$$

次に変動率 S を求めると、以下のようになります。

$$S = \frac{\partial E_o}{\partial E_i} = \frac{G_{vv}}{1+\beta G_{vd}} = \frac{D^2}{D(1+Z_o/R_o)+\beta E_o\left(1+\dfrac{r_2}{R_o}\right)} \tag{7}$$

ここで、$R_o \gg Z_o$、$R_o \gg r_2$ とすると次のようになります。

$$S \cong \frac{D^2}{D+\beta E_o} \tag{8}$$

降圧形コンバータにおいて、時比率を 0.5 としたときの、出力電圧に対する変動率 S の変化を**図 2** に示します。変動率はシリーズレギュレータよりも大きく、

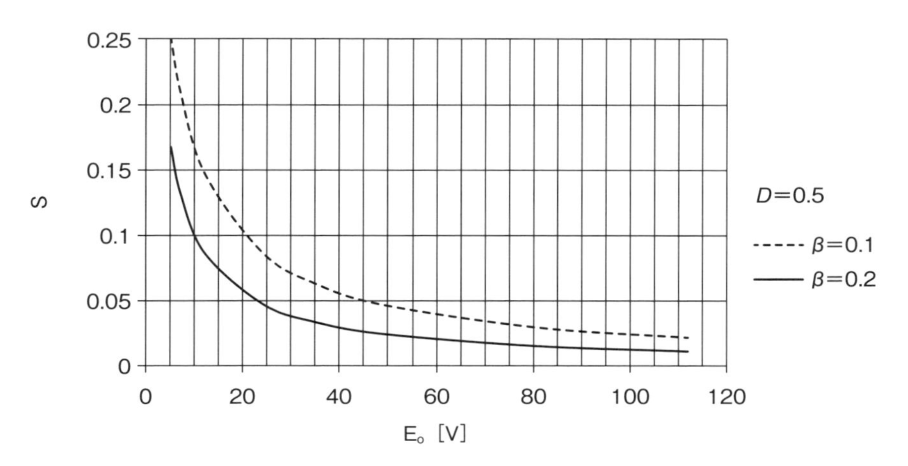

図 2　スイッチングコンバータ（降圧形コンバータ）の変動率

出力電圧が低いほど高くなり、安定度が低下します。

次に降圧形コンバータの出力インピーダンスを求めると、式(9)となります。

$$Z=-\frac{\partial E_o}{\partial I_o}=\frac{Z_o}{1+\frac{\beta E_o}{D}\left(1+\frac{r_2}{R_o}\right)} \tag{9}$$

ここで、$\beta=0.1$、$E_o=12$ V、D＝0.5、$r_2=0.2\Omega$、$R_o=12$ V/2 A＝6Ωすると、出力インピーダンスZは帰還をかける前の出力インピーダンスZ_oの0.287倍に小さくなります。

$$Z=\frac{Z_o}{1+\frac{0.1\times 12}{0.5}\left(1+\frac{0.2}{6}\right)}=\frac{Z_o}{1+2.48}=0.287Z_o$$

入力電圧が微小変動すると、出力電圧も過渡的に変動します。このときの時定数τを降圧形コンバータについて求めると、

$$\tau=\frac{1}{\frac{1}{2}\left(\frac{Z_o}{L}+\frac{1}{CR_o}\right)} \tag{10}$$

となります。これより、L＝10 μH、$Z_o=1\Omega$、C＝2,200 μF、$R_o=12$ V/2 A＝6Ωとすると、τは198.5 μsとなり、シリーズレギュレータより応答が遅いことになります。なお、動作周波数を上げると、コイルのインダクタンスLやコンデンサの容量Cが小さくなるために、時定数は小さくなり、応答性を改善することができます。

$$\tau=\frac{1}{\frac{1}{2}\left(\frac{1}{10\times 10^{-6}}+\frac{1}{2{,}200\times 10^{-6}\times 6}\right)}=\frac{1}{\frac{1}{2}(0.1\times 10^5+75.76)}$$

$$\cong\frac{1}{5.03788\times 10^3}$$

$$\cong 198.5\times 10^{-6}=198.5\ \mu s$$

3-7　スイッチングレギュレータでは出力トランジスタの損失は小さい

スイッチには、立上り時間と立下り時間があります。また、導通したときには抵抗を持っています。したがって、損失が発生します。しかし、その大きさは、3.1節の式(2)に示すシリーズレギュレータの出力トランジスタの損失P_Qに比べて、非常に小さくなっています。**図1**は、リンギングチョーク形コンバータのスイッチである出力トランジスタに発生する損失を示したものです。

図1より出力トランジスタの損失P_Qを求めると、以下となります。ただし、P_{SW}はスイッチング損失、i_{Q-rms}は出力トランジスタを流れる電流の実効値、R_{on}はオン抵抗を示しています。

$$P_r=\frac{1}{T}\int_0^{t_r}v_Q i_Q dt=\frac{1}{T}\int_0^{t_r}V_Q\left(1-\frac{t}{t_r}\right)\cdot I'_P\frac{t}{t_r}dt=\frac{V_Q I'_P\cdot t_r}{6T}$$

$$P_f=\frac{1}{T}\int_0^{t_f}v_Q i_Q dt=\frac{1}{T}\int_0^{t_r}V_{QP}\frac{t}{t_f}\cdot I_P\left(1-\frac{t}{t_f}\right)dt=\frac{V_{QP} I_P\cdot t_f}{6T}$$

$$P_{SW}=P_r+P_f$$

$$P_{on}=(i_{Q-rms})^2R_{on}$$

$$P_Q=P_{SW}+P_{on}=\frac{1}{6T}(V_Q I'_P\cdot t_r+V_{QP}I_P\cdot t_f)+(i_{Q-rms})^2R_{on} \tag{1}$$

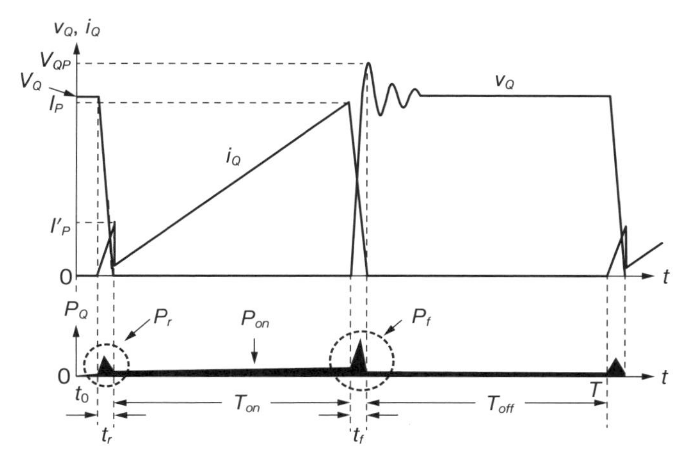

i_Q、V_Q、P_Q：出力トランジスタ電流、電圧、損失、P_{on}：オン期間の損失、
P_rおよびP_f：立上り時間および立下り時間におけるスイッチング損失

図1　リンギングチョーク形コンバータの出力トランジスタ損失

3-8　シリーズレギュレータとスイッチングレギュレータの違い

シリーズレギュレータとスイッチングレギュレータの比較を**表1**に示します。シリーズレギュレータは、出力インピーダンスが小さく、安定性も良好ですが、トランジスタの損失が大きく効率は良くありません。そのために大きな放熱板が必要で、重量が重くなります。効率は入力電圧と出力電圧の電位差によりますが、30～80 %程度です。部品点数が少なく、入力電圧が急変したときなどの応答速度が早い(※)などの特長を持っていますが、そのままでは入力電圧以上の出力電圧は出せず、絶縁することも困難です。絶縁するためには商用周波数の大きな電源トランスが必要であり、コストが高く、重量および取り付けスペースの面からも使用は困難になります。しかし、直流動作であるためにノイズはなく、ノイズを嫌う計測器や医療機器の一部に現在も使用されています。

スイッチングレギュレータは、シリーズレギュレータと比較すると、出力インピーダンスがやや大きく、安定性もシリーズレギュレータよりも劣ります。過渡応答速度も落ちます。しかし、損失が少なく、85～97 %という非常に高い効率を示します。入力電圧以上の出力電圧を出力するのも可能で、絶縁も容易にできます。部品点数はシリーズレギュレータより多くなりますが、小型・軽量で効率が高いために、いろいろな電気・電子機器に広範囲に使われています。しかし、スイッチング動作のために輻射ノイズ、伝導ノイズともに大きく、抑制するための対策が必要です。

安定性とは入力電圧が変動したときの出力電圧の安定性を意味します。変動率と出力インピーダンスの等式および過渡応答速度については、本章の説明を参照してください。ワイドレンジ入力対応とは、入力電圧がAC100～240 Vに対応することを意味します。

※［シリーズレギュレータの応答速度］　3.1節の図5においてコイルやコンデンサはなく、また、トランジスタの遅れ時間は無視できるほど小さく、入力電圧が急変したときなどの応答に時間的な遅れはありません。

表1　シリーズレギュレータとスイッチングレギュレータの比較

	シリーズレギュレータ	スイッチングレギュレータ
効率	低い 30～80 %程度	高い 85～97 %程度
大きさ・重さ	大きい、重い	小型、軽い
部品点数	少ない	多い
安定度	良好	普通（シリーズレギュレータより劣る）
変動率S	小さい $S=\dfrac{\partial E_o}{\partial E_i}=\dfrac{R_1}{h_{fe2}R_4}$	シリーズレギュレータより大きい 降圧形　$S=\dfrac{\partial E_o}{\partial E_i}\cong\dfrac{D^2}{D+\beta E_o}$
ノイズ	ない	大きい（放射ノイズ、伝導ノイズともに大きい）
出力電圧	入力電圧以下	入力電圧以上も可能
出力インピーダンス	小さい $Z=\dfrac{R_1 r}{h_{fe2}R_4}$	シリーズレギュレータより大きい 降圧形　$Z=\dfrac{Z_o}{1+\dfrac{\beta E_o}{D}\left(1+\dfrac{r_2}{R_o}\right)}$
出力リプル電圧	小（10 mV 以下）	大（大きさは出力電流と出力コンデンサのインピーダンスによる）
過渡応答速度	早い	シリーズレギュレータより遅い（時定数は降圧形で 200 μs 程度）
ワイドレンジ入力対応	困難	可能
信頼性	部品点数が少なく、高い	普通（部品点数が多い分シリーズレギュレータより劣る）
絶縁	困難（大きな電源トランスが必要になる）	容易

第４章

いろいろな
スイッチングコンバータと
その動作原理

4-1　スイッチングコンバータの代表的な回路方式と特徴

スイッチングレギュレータはDC-DCコンバータが主回路であるために、スイッチングコンバータともいいます。スイッチングコンバータの代表的な回路方式を**表1**に示します。スイッチングコンバータは、矩形波コンバータと共振形コンバータに大きく分けることができます。矩形波コンバータは、チョッパ方式非絶縁形コンバータと、メイン電源回路（AC-DCコンバータ）として主に用いられ

表1　スイッチングコンバータの代表的な回路方式

<table>
<tr><th colspan="3">回路方式</th><th>スイッチ素子数</th><th>発振方式／制御方式</th><th>主な用途</th></tr>
<tr><td rowspan="9">矩形波コンバータ</td><td rowspan="3">チョッパ方式非絶縁形</td><td>降圧形（buck形、カレントステップアップ形）</td><td rowspan="3">一石式</td><td rowspan="3">他励式／PWM方式</td><td rowspan="3">DC-DCコンバータ</td></tr>
<tr><td>昇圧形（boost形、ボルテージステップアップ形）</td></tr>
<tr><td>昇降圧形（buck-boos形、極性反転形）</td></tr>
<tr><td rowspan="6">絶縁形</td><td>リンギングチョーク形（RCC、自励式フライバック形）</td><td>一石式</td><td>自励式／FM方式</td><td rowspan="6">AC-DCコンバータ</td></tr>
<tr><td>フライバック形（オンオフ形、他励式フライバック形）</td><td rowspan="2">一石式</td><td rowspan="5">他励式／PWM方式</td></tr>
<tr><td>フォワード形（オンオン形）</td></tr>
<tr><td>プッシュプル形（センタータップ形）</td><td rowspan="2">二石式</td></tr>
<tr><td>ハーフブリッジ形</td></tr>
<tr><td>フルブリッジ形</td><td>四石式</td></tr>
<tr><td rowspan="3">共振形コンバータ</td><td rowspan="3">絶縁形</td><td>電流共振形</td><td>二石式</td><td rowspan="2">他励式／FM方式</td><td rowspan="3">AC-DCコンバータ</td></tr>
<tr><td>電圧共振形</td><td>一石式</td></tr>
<tr><td>部分共振形</td><td>一石式</td><td>自励式／FM方式</td></tr>
</table>

共振形コンバータは代表的なものだけを記載しています。チョッパ方式は短い周期でオン・オフを繰り返すので、こう呼ばれています。PWM方式はパルス幅制御方式を、FM方式は周波数制御方式を示します。AC-DCコンバータとはメイン電源に使うコンバータを意味します。

る絶縁形コンバータに分けることができます。共振形コンバータには非絶縁の半波・全波電流共振降圧コンバータや半波・全波電圧共振降圧コンバータなどがありましたが、現在ではほとんど使われておらず、表1には入れていません。共振形コンバータには絶縁形コンバータだけを記載しています。

それらのスイッチングコンバータの特徴と主な用途を纏めると、**表2**になります。降圧形、昇圧形、昇降圧形コンバータは非絶縁であり、主にDC–DCコンバータとして使われます。また、AC–DCコンバータには絶縁形コンバータが使われますが、使用する機器の消費電力によって表2のように分かれます。最近では、高効率でノイズの少ない共振形コンバータが注目されています。

POL電源は、第1章で説明したとおりです。AC–DCコンバータとは、メイン電源に使うコンバータを意味しています。また、PFCは“power factor correction”の頭文字を取ったもので、高調波電流の発生を抑制するための力率改善回路を表します。詳細は高調波電流を扱っている第5章で説明します。

表2　スイッチングコンバータの特徴と主な用途

回路方式		特　徴	主な用途
矩形波コンバータ	降圧形、昇圧形 昇降圧形	・非絶縁 ・直流電圧の降圧、昇圧、昇降圧	・DC–DCコンバータ ・降圧形：POL電源 ・昇圧形：PFC回路
	リンギングチョーク形、フライバック形	・部品点数が少なく、コストも安い ・昇降圧形であるために出力電圧が高い回路に有利	・AC–DCコンバータ（メイン電源用） ・消費電力の少ない電気・電子機器用 ・出力電力の目安：150 W/250 W程度
	フォワード形	・一般的で、大きな電力を得ることができる	・AC–DCコンバータ ・出力電力の目安 数十W～1.5 kW程度
	プッシュプル形 ハーフブリッジ形 フルブリッジ形	・部品点数が多く、回路も複雑 ・もっとも大きな電力を得ることができる	・AC–DCコンバータ ・出力電力の目安 数百W～数kW程度
共振形コンバータ		・高効率で小型化ができ、ノイズも少ない	・AC–DCコンバータ ・広範囲に使用可能

4-2　降圧形コンバータは入力電圧より低い電圧を出力する

降圧形（buck形(※)）コンバータはスイッチング電源の基本的な動作をする回路で、入力電圧 E_i より低い電圧を出力します。**図1**を参照してください。スイッチQがオフしているときにはダイオードの両端電圧はゼロですが、スイッチQがオンすると入力電圧がダイオード両端に現れます。一周期間をみるとダイオードの両端電圧は矩形波になり、この電圧をLCフィルタで平滑し直流の出力電圧を得ています。**図2**において、電圧時間積 S_1 と S_2 は等しく、$S_1 = S_2$ より、式(1)を導き出すことができます。式(1)は、3.3節で求めた式(4)に等しくなります。式(1)より、出力電圧は時比率Dに比例して変化することになり、この特性を利用すれば、入力電圧や出力電流が変動しても、時比率を制御することにより出力電圧を一定に保つことができます。そのときの出力電圧は、時比率Dに関係なく、入力電圧より低い電圧になります。時比率Dに対する昇降圧G（$G = E_o/E_i$）を、3.3節の図5に示します。

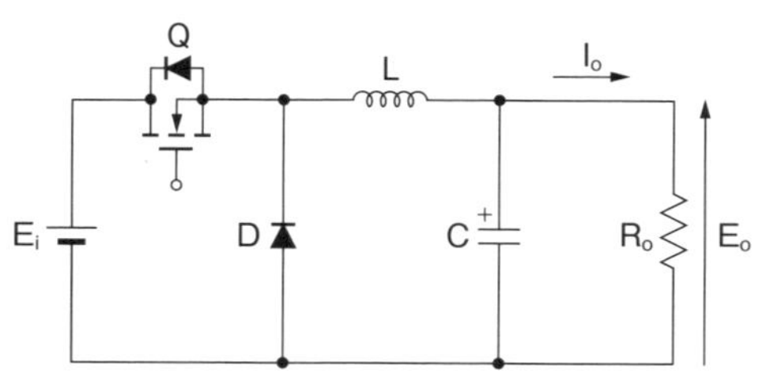

図1　降圧形コンバータ

表1　降圧形コンバータの動作状態

	動作状態1	動作状態2
Q	on	off
D	off	on

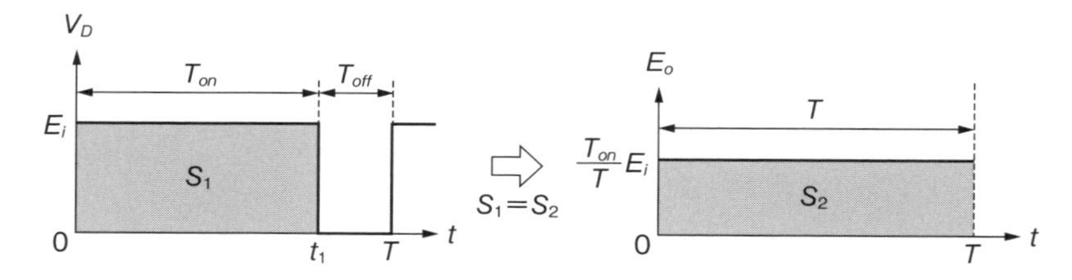

電圧時間積 S_1 と S_2 は等しくなります。

図2　ダイオード両端電圧 V_D と出力電圧 E_o

※ buckは本来馬が背をまげてはね上がることを意味します。降圧形コンバータではコイルの入力電圧（ダイオードの両端電圧 V_D）がバタバタと変化するためにこう呼ばれているようです。buckは電気・電子分野では降圧を意味します。

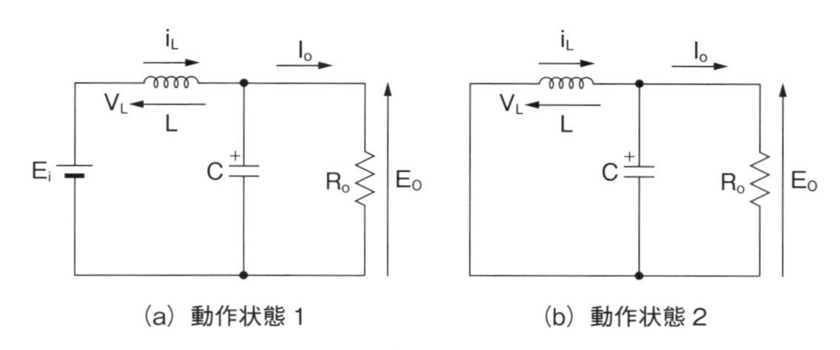

(a) 動作状態 1　　(b) 動作状態 2

図 3　降圧形コンバータの各動作状態における等価回路

$$E_o = \frac{T_{on}}{T} E_i = D \cdot E_i \tag{1}$$

一周期間の動作状態は**表 1** に示すように 2 つに分けることができます。各動作状態における等価回路を**図 3** に、また、動作波形を**図 4** に示します。

時刻 t_0 でゲート電圧 V_G が加えられスイッチ Q がオンすると、コイル L の両端には入力電圧と出力電圧の電圧差（$E_i - E_o$）が加えられ、コイルが励磁されます。コイルには時間に対して直線的に増加する電流 i_L が流れ、その結果、コイルに蓄えられるエネルギーが時間とともに増加し、時刻 t_1 で最大（$LI_P^2/2$）になります。時刻 t_1 でゲート電圧 V_G がなくなりスイッチ Q がオフすると、コイル電流 i_L を流し続けるようにダイオード D がオンし、コイル電流 i_L はダイオード D を通って流れ、時間に対して直線的に減少し、先の動作でコイル L に蓄えられたエネルギーを出力コンデンサ C に放出します。時刻 T になると、コイル電流 i_L が時刻 t_o における電流値と同じになるために、コイルに蓄えられたエネルギーは、時刻 t_o における初期値に同じになります。ここで、再びゲート電圧 V_G が加えられ、動作状態 1 の動作に戻ります。スイッチ Q がオンしている期間に増加したコイルのエネルギーと、オフ期間に放出されるエネルギーは等しく、一定の周波数でこの動作を繰り返すことにより負荷に電力を供給します。

この降圧形コンバータの特徴は以下のようになっています。

・出力電圧は入力電圧より低い
・出力電流は入力電流より大電流
・入力電圧と出力電圧は同一極性
・スイッチには入力電圧と同じ電圧がかかる
・出力が低電圧だと変動率が大きくなる

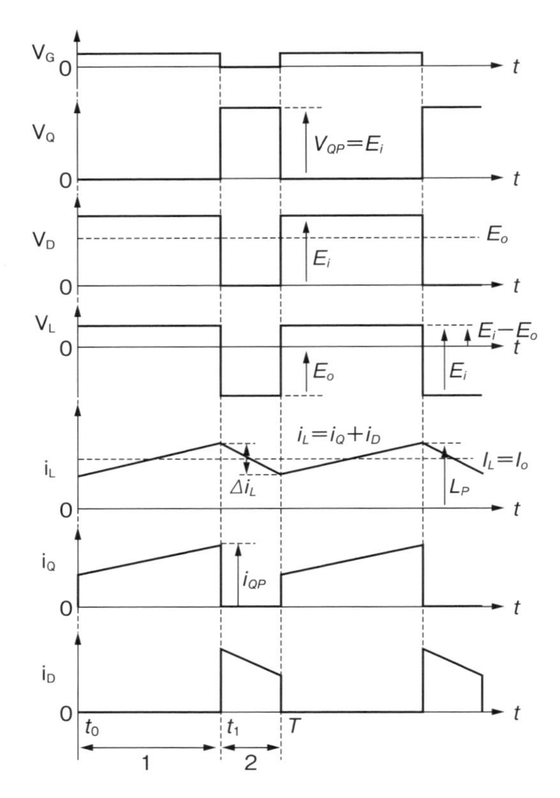

V_G：スイッチ(MOSFET)のゲート電圧、V_Q：スイッチの電圧、V_{QP}：スイッチのピーク電圧、V_D：ダイオード両端電圧、V_L：図3の向きのコイル両端電圧、i_L：コイル電流、I_L：コイル電流の直流分、Δi_L：コイル電流の交流分、i_Q：スイッチの電流、i_{QP}：スイッチのピーク電流(＝I_P)、i_D：ダイオード電流、E_i：入力電圧、E_o：出力電圧、I_O：出力電流

図4　降圧形コンバータの動作波形

・帰還率βを大きくしても、制御機構が不安定になる領域がない（詳細は4.8節で説明します）

・過渡応答は、シリーズレギュレータより遅い

また、用途としては以下が挙げられます。

・12 V バッテリーから5 V を取り出す場合など

・AC–DC コンバータの二次側出力である高電圧から低電圧を作り、IC などの負荷に供給します

・POL（Point of load）電源

4-3 昇圧形コンバータは入力電圧より高い電圧を出力する

昇圧形（boost 形）コンバータは入力電圧より高い電圧を出力する回路で、入力電圧 E_i より低い電圧を出力することはできません。**図 1** を参照してください。一周期間の動作状態は、**表 1** に示すように 2 つに分けることができます。各動作状態における等価回路を**図 2** に、動作波形を**図 3** に示します。

時刻 t_0 でゲート電圧 V_G が加えられスイッチ Q がオンすると、コイル両端には入力電圧 E_i が加えられ励磁されます。コイル L には時間に対して直線的に増加する電流 i_L が流れ、その結果、コイルに蓄えられるエネルギーも時間とともに増加し、時刻 t_1 で最大（$LI_P^2/2$）になります。時刻 t_1 でゲート電圧 V_G がなくなりスイッチ Q がオフすると、コイル電流 i_L を流し続けるようにダイオード D がオンし、コイル電流 i_L はダイオード D を通って流れ、時間に対して直線的に減少し、先の動作でコイル L に蓄えられたエネルギーを出力コンデンサ C に放出します。このとき、入力電圧にコイルに発生する電圧が加算され、出力電圧として取り出されます。時刻 T になると、コイル電流 i_L が時刻 t_o における電流値と同じになるために、コイルに蓄えられたエネルギーは時刻 t_o における初期値に同じになります。ここで、再びゲート電圧 V_G が加えられ、動作状態 1 の動作に戻ります。スイッチ Q がオンしている期間に増加したコイルのエネルギーと、オフ期間に放出されるエネルギーは等しく、一定の周波数でこの動作を繰り返す

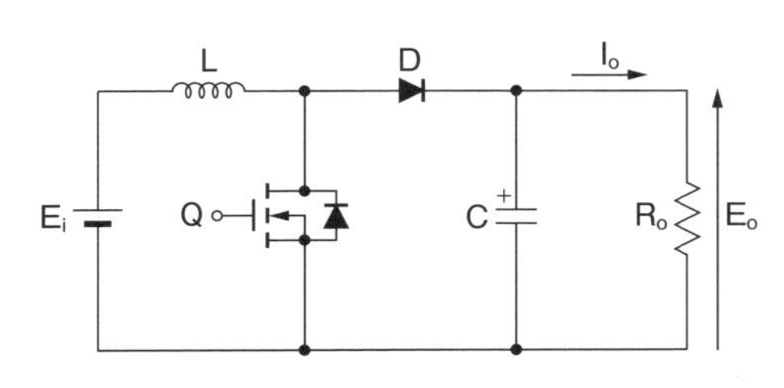

図 1　昇圧形コンバータ

表 1　昇圧形コンバータの動作状態

	動作状態 1	動作状態 2
Q	on	off
D	off	on

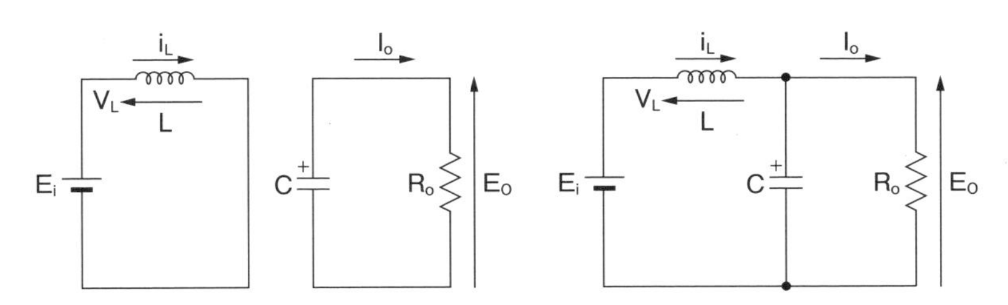

図 2　昇圧形コンバータの各動作状態における等価回路

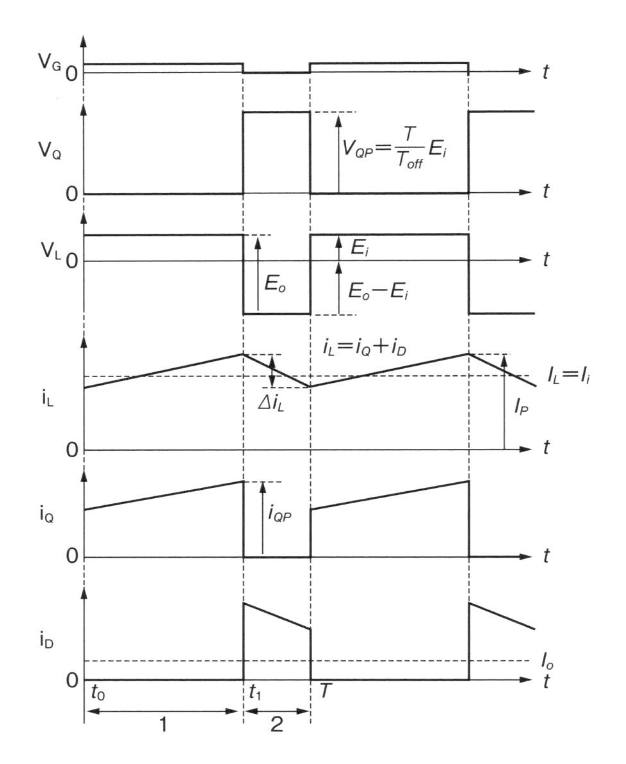

V_G：スイッチ(MOSFET)のゲート電圧、V_Q：スイッチの電圧、V_{QP}：スイッチのピーク電圧、V_D：ダイオード両端電圧、V_L：図2の向きのコイル両端電圧、i_L：コイル電流、I_L：コイル電流の直流分、Δi_L：コイル電流の交流分、i_Q：スイッチの電流、i_{QP}：スイッチのピーク電流($=I_P$)、i_D：ダイオード電流、E_i：入力電圧、E_o：出力電圧、I_O：出力電流

図3　昇圧形コンバータの動作波形

ことにより負荷に電力を供給します。

スイッチがオン期間は、コイル電流がスイッチを通って流れます。スイッチがオフすると、コイルには**図4**の向きに誘起起電力 V_{L2} が発生します。これに、入力電圧 E_i が加算された電圧 V_A がダイオードのアノードに加えられ、出力電圧 E_o となります。図3より、スイッチがオン期間にコイル電流が増加する分 (Δi_L) は、オフ期間に減少する分に等しく、オフ期間にコイルに発生する誘起起電力 V_L は、

$$-\frac{E_i}{L}T_{on}+\frac{V_L}{L}T_{off}=0$$

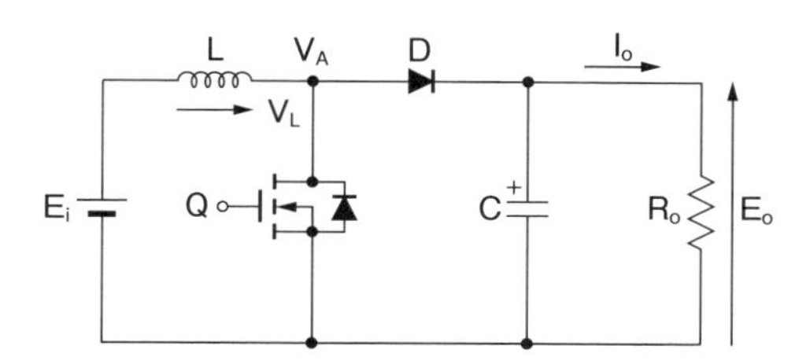

図 4 スイッチがオフ期間にコイルに発生する誘起起電力 V_{L2} の向き

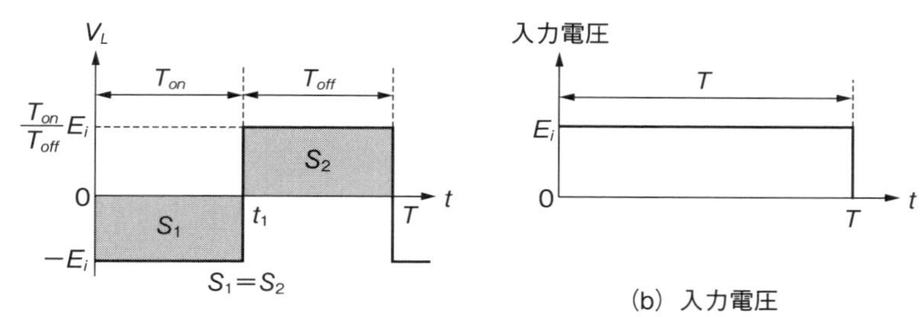

図4の V_L の向きを正としたときの波形です。
電圧時間積 S_1 と S_2 は等しくなります。

(a) コイルに発生する電圧 V_L

(b) 入力電圧

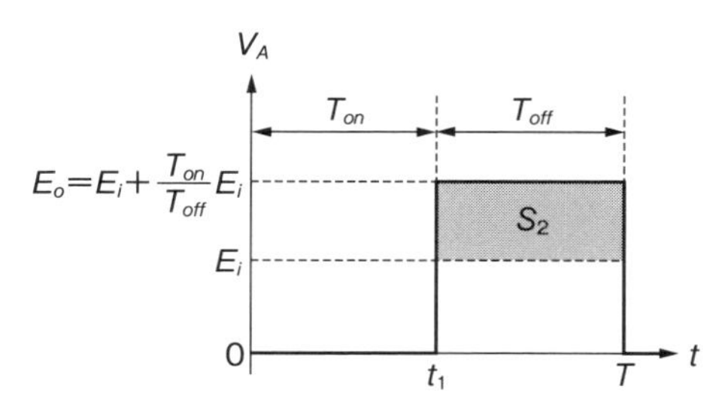

コイルに発生する誘起起電力 V_L と入力電圧 E_i を加算したのが、
出力電圧 E_o になります。

(c) ダイオードのアノード電圧 V_A と出力電圧

図 5 コイルに発生する電圧と出力電圧

$$V_L=\frac{T_{on}}{T_{off}}E_i \tag{1}$$

となります。このとき、**図 5(a)** の電圧時間積 S_1 と S_2 は等しくなります。出力電圧は、入力電圧に誘起起電力 V_L が加算された電圧となります。これらの関係を**図 5** に示します。

$$E_o = E_i + V_L = E_i + \frac{T_{on}}{T_{off}} E_i = \frac{T}{T_{off}} E_i = \frac{E_i}{D'} = \frac{E_i}{1-D} \tag{2}$$

式(2)より、出力電圧は時比率により変化することになり、この特性を利用すれば、入力電圧や出力電流が変動しても、時比率を制御することにより出力電圧を一定に保つことができます。**図6**は出力特性（時比率Dに対する昇降圧比Gの変化）を示したものです。昇降圧比Gは常に1以上であり、出力電圧は入力電圧より高い電圧になります。

この昇圧形コンバータの特徴は以下のようになっています。

・出力電圧は入力電圧より高い

・出力電流は入力電流より小電流

・入力電圧と出力電圧は同一極性

・スイッチには出力電圧と同じ高い電圧がかかる

・出力が低電圧だと変動率が大きくなる

・帰還率βを限度を超えて大きくすると、制御機構が不安定になる（詳細は4.8節で説明します）

・過渡応答は、シリーズレギュレータより遅い

また、用途としては以下が挙げられます。

・5Vの低電圧から12Vに昇圧する場合など

・力率改善回路（PFC回路：Power factor correction回路）

・ワイドレンジ対応（AC 85V〜265V）電源のプリレギュレータ

・ハイブリッド自動車や電気自動車の昇圧コンバータ

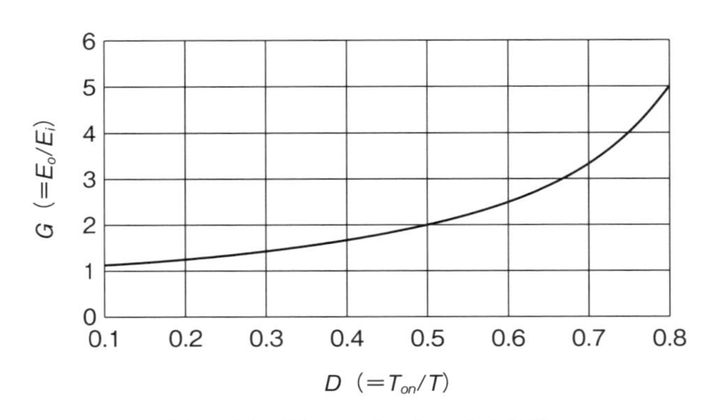

図6　昇圧形コンバータの出力特性

4-4 昇降圧形コンバータは入力電圧とは逆極性で、入力電圧より低い電圧と高い電圧を出力できる

昇降圧形（buck–boost 形）コンバータは極性反転形ともいわれ、入力電圧と逆極性の出力電圧を取り出すことができます。**図1**の回路では出力電圧 E_o は負電圧になります。また、出力電圧は入力電圧 E_i よりも低い電圧と高い電圧のどちらも取り出すことができ、出力電圧の範囲が非常に広いという特徴があります。一周期間の動作状態は**表1**に示すように２つに分けることができます。各動作状態における等価回路を**図2**に、また、動作波形を**図3**に示します。

時刻 t_o でゲート電圧が加えられスイッチ Q がオンすると、コイル両端には入力電圧 E_i が加えられ、励磁されます。コイル L には時間に対して直線的に増加

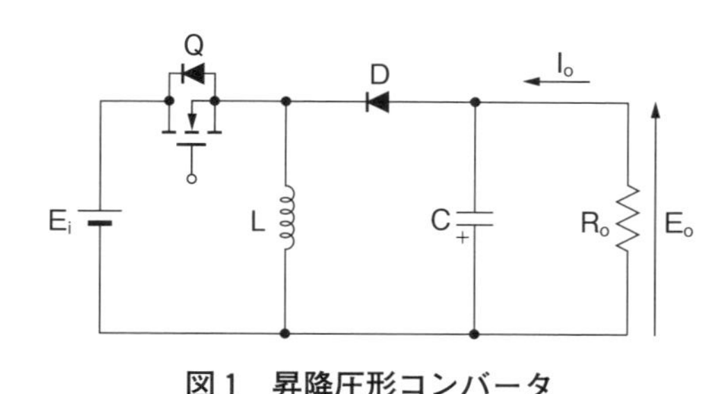

図1　昇降圧形コンバータ

表1　昇降圧形コンバータの動作状態

	動作状態 1	動作状態 2
Q	on	off
D	off	on

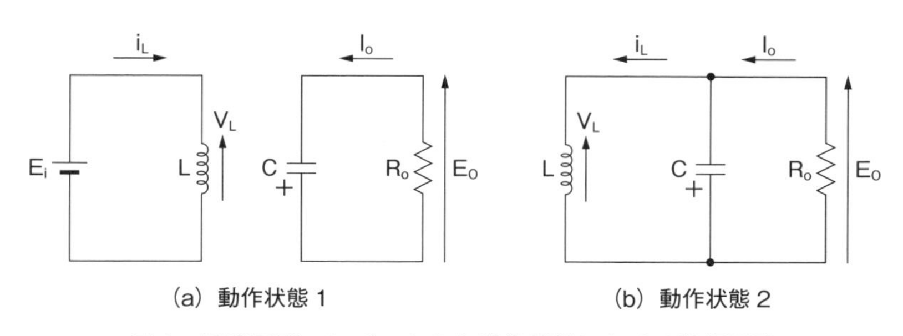

(a) 動作状態 1　　(b) 動作状態 2

図2　昇降圧形コンバータの各動作状態における等価回路

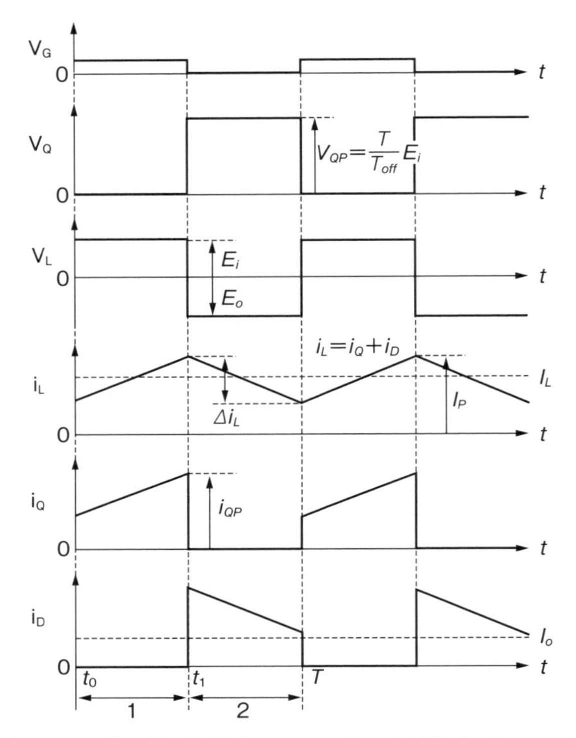

V_G：スイッチ(MOSFET)のゲート電圧、V_Q：スイッチの電圧、V_{QP}：スイッチのピーク電圧、V_D：ダイオード両端電圧、V_L：図2の向きのコイル両端電圧、i_L：コイル電流、I_L：コイルの直流分、Δi_L：コイル電流の交流分、i_Q：スイッチの電流、i_{QP}：スイッチのピーク電流(＝I_P)、i_D：ダイオード電流、E_i：入力電圧、E_o：出力電圧、I_O：出力電流

図3　昇降圧形コンバータの動作波形

する電流 i_L が流れ、その結果、コイル L に蓄えられるエネルギーは時間とともに増加し、時刻 t_1 で最大（$LI_P{}^2/2$）になります。時刻 t_1 でスイッチがオフすると、コイル電流 i_L を流し続けるようにダイオード D がオンし、コイル電流 i_L はダイオード D を通って流れ、時間に対して直線的に減少し、先の動作でコイル L に蓄えられたエネルギーを出力コンデンサに放出します。時刻 T になると、コイル電流 i_L が時刻 t_o における電流値と同じになるために、コイルに蓄えられたエネルギーは時刻 t_o における初期値に同じになります。ここで、再びゲート電圧 V_G が加えられ、動作状態1の動作に戻ります。スイッチ Q がオンしている期間に増加したコイルのエネルギーと、オフ期間に放出されるエネルギーは等しく、

一定の周波数でこの動作を繰り返すことにより負荷に電力を供給します。

スイッチがオン期間は、コイル電流がスイッチを通って流れます。スイッチがオフすると、コイルには負の誘起起電力 $-V_L$ が発生します。これをダイオードで整流したのが出力電圧 E_o になります。図3より、スイッチがオン期間にコイル電流が増加する分（Δi_L）は、オフ期間に減少する分に等しく、オフ期間にコイルに発生する負の誘起起電力 $-V_L$ は、

$$\frac{E_i}{L}T_{on}-\frac{V_L}{L}T_{off}=0$$

$$-V_L=-\frac{T_{on}}{T_{off}}E_i \tag{1}$$

となります。このとき、**図4**の電圧時間積 S_1 と S_2 は等しくなります。出力電圧は、負の誘起起電力 $-V_L$ に等しく、式(2)になります。

$$E_o=-V_L=-\frac{T_{on}}{T_{off}}E_i=-\frac{D}{D'}E_i=-\frac{D}{1-D}E_i \tag{2}$$

式(2)より、出力電圧の絶対値は、時比率が D=0.5 のときは入力電圧に等しくなり、0.5 を超えるときは入力電圧より高い電圧になります。時比率が 0.5 未満のときは、入力電圧より低い電圧になります。**図5**を参照してください。このように、出力電圧は時比率 D により変化します。この特性を利用すれば、入力電圧や出力電流が変動しても、時比率を制御することにより出力電圧を一定に保

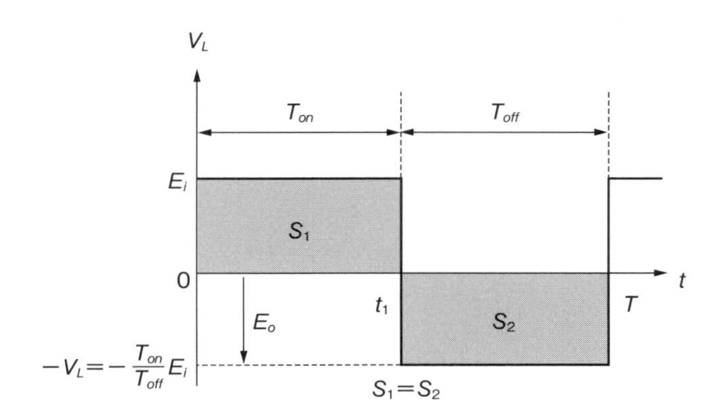

図4　コイルに発生する電圧と出力電圧

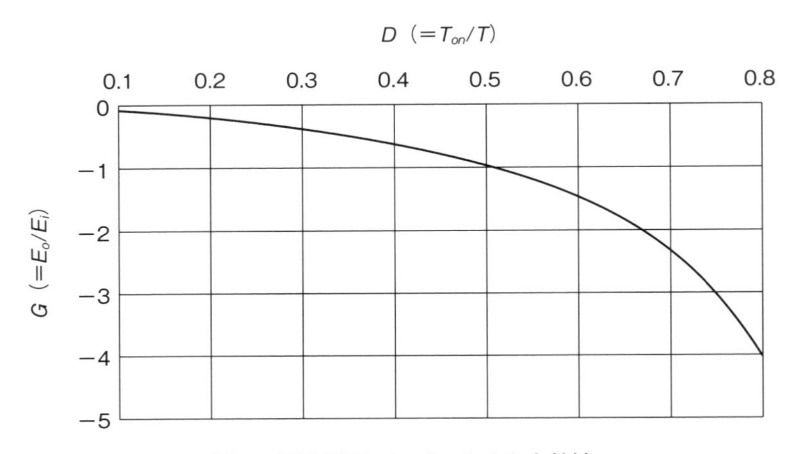

図5　昇降圧形コンバータの出力特性

つことができます。

この昇降圧形コンバータの特徴は以下のようになっています。

・極性反転形ともいわれ、入力電圧と逆極性の出力電圧を取り出すことができる

・出力電圧は入力電圧よりも低い電圧、高い電圧ともに取り出すことができ、出力電圧の範囲が非常に広い

・スイッチには高電圧がかかる

・出力電圧が低電圧だと変動率が大きくなる

・帰還率βを限度を超えて大きくすると、制御機構が不安定になる（詳細は4.8節で説明します）

・過渡応答は、シリーズレギュレータより遅い

また、用途としては以下が挙げられます。

・電池などの正電源から負電源を作る場合など

4-5　パルス幅制御方式コンバータには3つの動作モードがある

パルス幅制御のコンバータの動作モードは3つに分けることができます。コイルを流れる電流が連続しているときを電流連続モード（continuous current mode；CCM）、不連続のときを電流不連続モード（discontinuous current mode；DCM）といいます。そして、この中間のモード、すなわち、コイルを流れる電流がゼロになったときにスイッチをオンさせ電流を増加させるモードを、電流臨界モード（boundary current mode；BCM）といいます。**図1**にパルス幅制御方式コンバータ動作モードを図示します。

コイルを流れている直流電流 I_L が減少し、交流電流 Δi_L の1/2以下になると、コイルに電流が流れない期間、つまり、不連続期間 Δt が発生します。

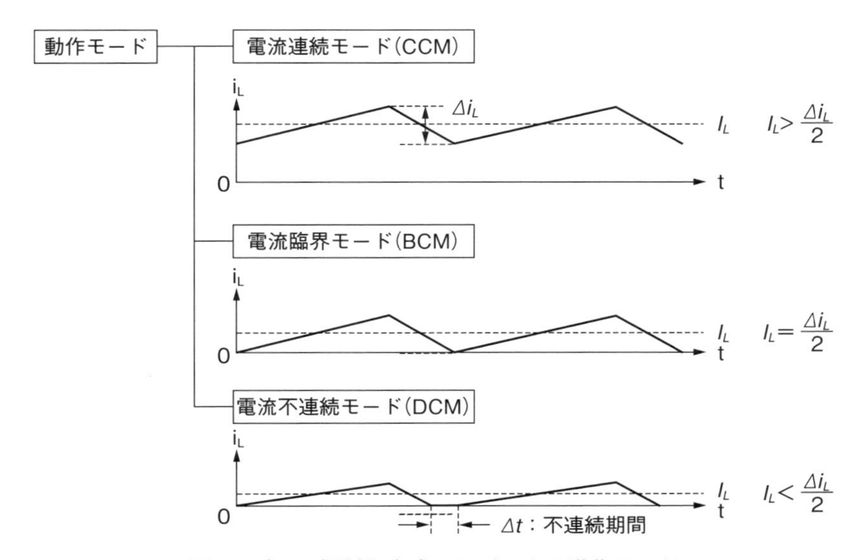

図1　パルス幅制御方式コンバータの動作モード

4-6　コイル電流が不連続になると出力電圧が上昇してしまう

コイルを流れる直流電流 I_L が減少し、交流電流 Δi_L の 1/2 以下になると、コイル電流が不連続になり、出力電圧が上昇してしまいます。降圧形コンバータを例にして、説明します。

降圧形コンバータにおいて、スイッチがオンするとコイルには入力電圧と出力電圧の差（E_i-E_o）が加わります。オフすると、負の誘起起電力 $-V_L$ が発生します。このとき、ダイオードがオンしており、$-V_L$ は負の出力電圧 $-E_o$ に等しくなります。**図1**を参照してください。一方、4.2節の図4から、オン期間にコイル電流が増加する分（Δi_L）は、オフ期間に減少する分に等しく、これから出力電圧を求めることができます。

$$\frac{E_i-E_o}{L}T_{on}-\frac{V_L}{L}T_{off}=\frac{E_i-E_o}{L}T_{on}-\frac{E_o}{L}T_{off}=0$$

$$E_o=\frac{T_{on}}{T_{on}+T_{off}}E_i=\frac{T_{on}}{T}E_i=DE_i \tag{1}$$

コイル電流が不連続になると、コイル電流が時刻 t_1 でピーク値に達してからゼロになるまでの時間が、T_{off} から T_d に短くなります。このとき、コイル電圧 V_L の電圧時間積 S_2 は、S_1 に等しく一定です。このため、スイッチがオフしている期間の電圧（誘起起電力）が大きくなり、出力電圧が E_o から E_o' に上昇してしまいます。**図2**はこの様子を示したものです。このときの出力電圧 E_o' は、

$$\frac{E_i-E_o'}{L}T_{on}-\frac{E_o'}{L}T_D=0$$

$$E_o'=\frac{T_{on}}{T_{on}+T_D}E_i \tag{2}$$

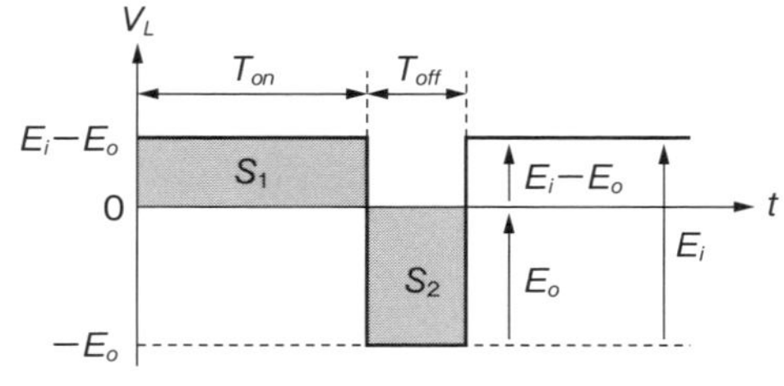

4.2節の図3の向きを正としたときの波形です。電圧時間積S_1とS_2は等しくなります。

図1　降圧形コンバータのコイルに発生する電圧と出力電圧

となり、$T_D<T_{off}$ のために、$E_o{}'>E_o$ となります。

図 3 に示すように、不連続期間 Δt が増加すると、出力電圧の上昇は大きくなります。

コイル電流が不連続になると、昇圧形コンバータと昇降圧形コンバータも出力電圧が $\mathrm{E_o}$ から $\mathrm{E_o{}'}$ に上昇してしまいます。**図 4** と **図 5** において、コイル電圧 $\mathrm{V_L}$ の電圧時間積 $\mathrm{S_2}$ は $\mathrm{S_1}$ に等しく一定です。このため、コイル電流がピーク値からゼロに達する時間が $\mathrm{T_{off}}$ から $\mathrm{T_d}$ に減少すると、オフ期間における電圧（誘起起電力）が大きくなり、出力電圧が上昇します。

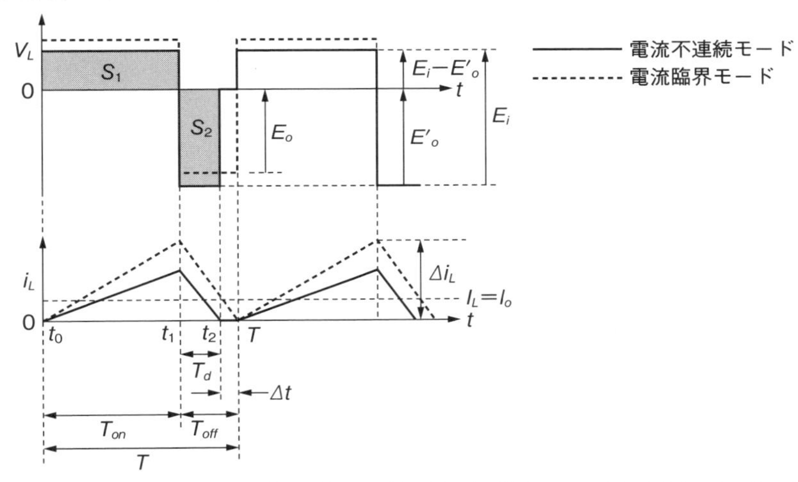

$\mathrm{E_o}$は電流臨界モードでの出力電圧を、$\mathrm{E'_o}$は電流不連続モードになり上昇してしまった出力電圧を意味します。また、$\mathrm{V_L}$において電圧時間積$\mathrm{S_1}$と$\mathrm{S_2}$は等しくなります。

図 2　降圧形コンバータのコイル電流不連続モードでの動作波形

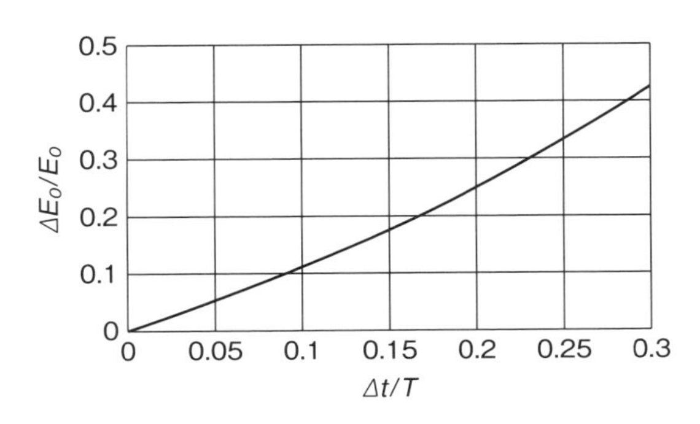

図 3　不連続期間に対する出力電圧の上昇率

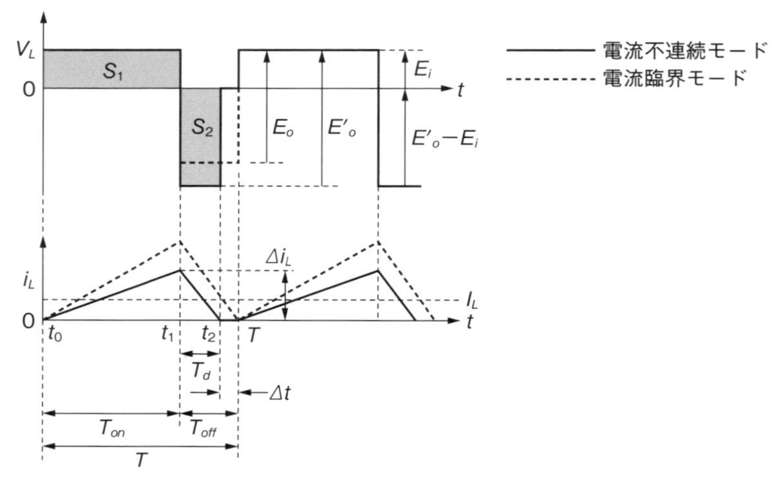

図4　昇圧形コンバータのコイル電流不連続モードでの動作波形

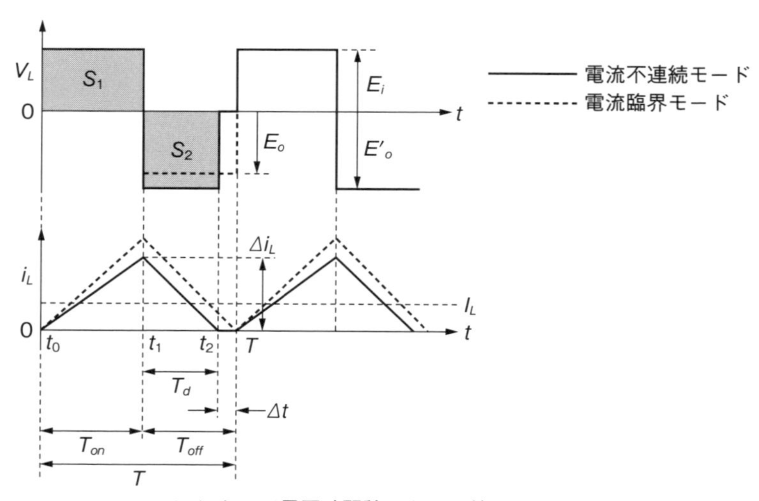

図5　昇降圧形コンバータのコイル電流不連続モードでの動作波形

4-7　コイル電流が不連続になる限度と出力特性

降圧形コンバータにおいて、コイル電流が不連続になる出力電流 I_o の限度は4.5節の図1より、

$$I_o = I_L < \frac{\Delta i_L}{2} = \frac{(E_i - E_o)}{2L} DT = \frac{(E_i - E_o)}{2L} \cdot \frac{E_o}{E_i} T = \frac{(E_i - E_o)E_o}{E_i} \cdot \frac{T}{2L} \quad (1)$$

となります。

コイル電流が不連続になったときに、上昇してしまった出力電圧を E_o' とすると、コイル電流が最大値よりゼロに達する時間 T_d は、

$$\frac{(E_i - E_o')}{L} DT - \frac{E_o'}{L} T_d = 0 \text{ より、}$$

$$T_d = \frac{(E_i - E_o')DT}{E_o'} = \left(\frac{E_i}{E_o'} - 1\right) DT \quad (2)$$

となります。

不連続期間 Δt も以下のように求めることができます。

$$\Delta t = T - (T_{on} + T_d) = T - DT\left(1 + \frac{E_i - E_o'}{E_o'}\right) = T\left(1 - \frac{E_i}{E_o'} D\right) \quad (3)$$

出力電流を一定にして時比率を小さくしていくと電流不連続現象が発生しますが、そのときの時比率は、

$$\Delta t = T - (T_{on} + T_{off}) = T - DT\left(1 + \frac{E_i - E_o}{E_o}\right) = T\left(1 - \frac{E_i}{E_o} D\right) > 0$$

より、

$$D < \frac{E_o}{E_i} \quad (4)$$

となります。式(4)の時比率で降圧形コンバータはコイル電流が不連続になります。

また、電流不連続モードでの出力電流 I_o は、

$$I_o = \frac{1}{T} \cdot \frac{\Delta i_L}{2} (T_{on} + T_d) = \frac{T_{on}}{T} \cdot \frac{\Delta i_L}{2} \left(\frac{T_{on} + T_d}{T_{on}}\right) = \frac{\Delta i_L}{2} \cdot \frac{E_i}{E_o'}$$

$$= \frac{(E_i - E_o')}{2L} DT \cdot D \frac{E_i}{E_o'} = \frac{E_i(E_i - E_o')}{E_o'} \cdot \frac{D^2 T}{2L} \quad (5)$$

となります。

次に、電流不連続モードにおける出力電圧を式(5)から求めることができます。

$2LE_o{}' I_o = E_i(E_i - E_o{}')D^2 T$ より、

$$E_o' = \frac{E_i}{1 + \dfrac{2LI_o}{D^2 TE_i}} \tag{6}$$

となります。式(6)の $E_o{}'$ はコイル電流が不連続になり上昇した後の出力電圧であり、その値を式(2)および式(3)に代入することにより、T_d と Δt を求めることができます。ここで、$LfI_o/E_i = K_I$ とおくと、式(6)と式(1)から、コイル電流が不連続のときの昇降圧比 G と、電流不連続が発生する限界 K_I が求められます。

$$G = \frac{E_o'}{E_i} = \frac{1}{1 + \dfrac{2LI_o}{D^2 TE_i}} = \frac{1}{1 + \dfrac{2LfI_o}{D^2 E_i}} = \frac{1}{1 + \dfrac{2K_I}{D^2}} \tag{7}$$

$$I_o < \frac{\Delta i_L}{2} = \frac{(E_i - E_o)DT}{2L} = \frac{E_o(1-D)T}{2L} = \frac{E_i D(1-D)}{2Lf}$$

$$\frac{LfI_o}{E_i} < \frac{D(1-D)}{2}$$

より、

$$K_I < \frac{D(1-D)}{2} \tag{8}$$

となります。K_I が式(8)で示す限度値以下になると、動作がコイル電流不連続モード（DCM）の領域に入り、出力電圧が上昇します。K_I に対する昇降圧比 G の変化、すなわち、出力特性を**図1**に示します。一般的には、図1のコイル電流連続モード（CCM）の領域で降圧形コンバータを使います。

昇圧形コンバータと昇降圧コンバータも、コイル電流が不連続になると、同様に出力電圧が上昇します。昇圧形コンバータと昇降圧コンバータの出力特性を、**図2**と**図3**に示します。同様に、一般的には、コイル電流連続モード（CCM）の領域で昇圧形コンバータと昇降圧コンバータを使います。

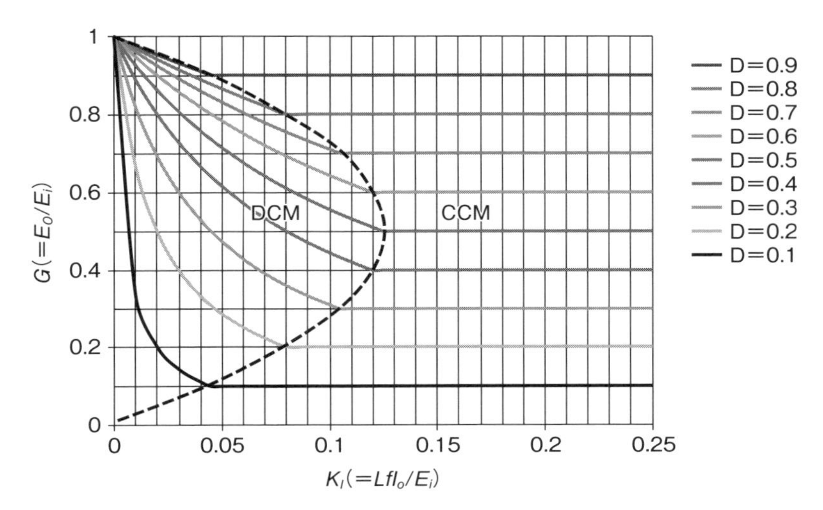

図1　降圧形コンバータの出力特性

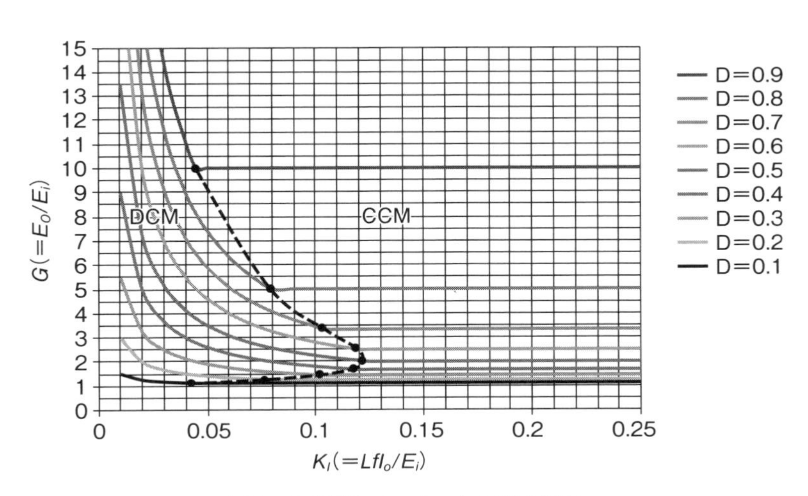

図2　昇圧形コンバータの出力特性

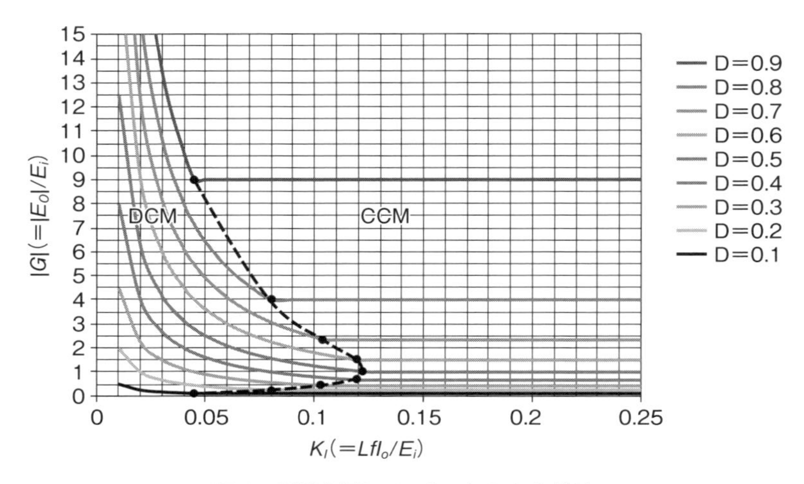

図3　昇降圧形コンバータの出力特性

4-8　3種類のチョッパ方式非絶縁形コンバータの静特性と動特性のまとめ

以上で説明したチョッパ方式非絶縁形コンバータの静特性、動特性、ほかについて**表1**以降にまとめます。

表1より、出力電圧E_oは、降圧形では入力より低い電圧、昇圧形では高い電圧になります。昇降圧形では負の電圧で、時比率により高い電圧と低い電圧を出力することができます。スイッチに加わる電圧は、昇圧形と昇降圧形で高く、高耐圧の素子が必要になります。

表2より、平均損失抵抗はいずれも同じですが、降圧形の出力インピーダンスが低く、また、リプル電圧が小さいために低電圧・大電流用のコンバータとして適しています。

表1　理想的な状態におけるチョッパ方式非絶縁形コンバータの静特性、ほか

	出力電圧 E_o	入力電流 I_i	コイル電流の交流分 Δi_L	スイッチのピーク電流 i_{QP}	スイッチ電圧 V_{QP}
降圧形	DE_i	DI_o	$\frac{E_i-E_o}{L}DT$	$I_o+\frac{E_i-E_o}{2L}DT$	E_i
昇圧形	$\frac{1}{D'}E_i$	$\frac{1}{D'}I_o$	$\frac{E_i}{L}DT$	$\frac{1}{D'}I_o+\frac{E_i}{2L}DT$	$\frac{E_i}{D'}$
昇降圧形	$-\frac{D}{D'}E_i$	$\frac{D}{D'}I_o$	$\frac{E_i}{L}DT$	$\frac{1}{D'}I_o+\frac{E_i}{2L}DT$	$\frac{E_i}{D'}$

理想的な状態とは、スイッチとダイオードおよびコイルに抵抗がない状態のことをいっています。

表2　実際の回路でのチョッパ方式非絶縁形コンバータの静特性

	昇降圧比 $\lvert G\rvert$	平均損失抵抗 r	出力インピーダンス Z_o	リプル電圧 Δe_o	電力効率 η
降圧形	$D\cdot\frac{1}{1+Z_o/R_o}$	$Dr_1+D'r_2$	r	$\frac{D'T^2}{8LC}\left(1+\frac{r_2}{R_o}\right)$	$\frac{1}{1+Z_o/R_o}$
昇圧形	$\frac{1}{D'}\cdot\frac{1}{1+Z_o/R_o}$	$Dr_1+D'r_2$	$\frac{r}{D'^2}$	$\frac{DT}{CR_o}$	$\frac{1}{1+Z_o/R_o}$
昇降圧形	$\frac{D}{D'}\cdot\frac{1}{1+Z_o/R_o}$	$Dr_1+D'r_2$	$\frac{r}{D'^2}$	$\frac{DT}{CR_o}$	$\frac{1}{1+Z_o/R_o}$

実際の回路とは、スイッチやダイオードおよびコイルに抵抗があるときのことをいっています。

なお、表2のΔe_oは、コンデンサCの容量に発生するリプル電圧を意味しており、以下のように求めることができます。

①降圧形コンバータ（図1参照）

一周期間に渡って出力コンデンサにコイル電流i_Lが流れており、交流電流Δi_Lによってリプル電圧が発生します。

$$\Delta e_o = \frac{1}{C}\int_{t_1}^{t_3}(i_L - I_L)dt = \frac{1}{C}\left\{\int_0^{\frac{T_{on}}{2}} \frac{\Delta i_L}{T_{on}} t dt - \int_0^{\frac{T_{off}}{2}} \frac{\Delta i_L}{T_{off}}\left(t - \frac{T_{off}}{2}\right)dt\right\}$$

$$= \frac{1}{C}\frac{\Delta i_L}{T_{on}}\left[\frac{t^2}{2}\right]_0^{\frac{T_{on}}{2}} - \frac{1}{C}\frac{\Delta i_L}{T_{off}}\left[\frac{t^2 - T_{off}t}{2}\right]_0^{\frac{T_{off}}{2}}$$

$$= \frac{\Delta i_L}{C}\left(\frac{T_{on}}{8} + \frac{T_{off}}{8}\right) = \frac{T}{8C}\cdot\frac{V_L D' T}{L}$$

ここで$V_L = E_o + I_o r_2$を代入します。

$$\Delta e_o = \frac{T}{8C}\cdot\frac{(E_o + I_o r_2)D' T}{L} = \frac{D' T^2}{8LC}E_o\left(1 + \frac{r_2}{R_o}\right) \tag{1}$$

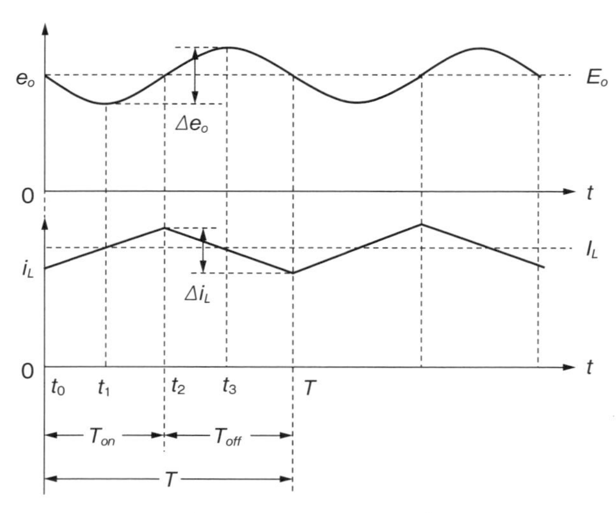

図1　降圧形コンバータのリプル電圧

②昇圧形コンバータおよび昇降圧形コンバータ（図2参照）

出力電圧が、スイッチのオン期間に時定数CR_oで減衰します。オン期間にお

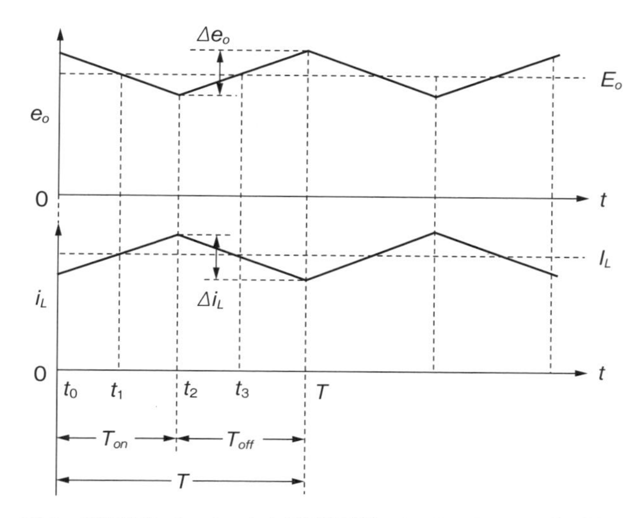

図2　昇圧形コンバータと昇降圧形コンバータのリプル電圧

ける出力電圧の変化が、リプル電圧になります。

$$\Delta e_o = e_o(t_0)\left\{1-\exp\left(-\frac{T_{on}}{CR_o}\right)\right\}$$

$CR_o \gg T_{on}$ のために、

$$\Delta e_o \cong \frac{e_o(t_0)DT}{CR_o} = \frac{(E_o+\Delta e_o/2)DT}{CR_o} \cong \frac{DT}{CR_o}E_o \tag{2}$$

となります。

表2において、r_2 はダイオードの抵抗を含むスイッチがオフ期間の抵抗です。しかし、ダイオードの順方向特性（電流−電圧特性）は非線形で、動抵抗は非常に小さく無視できます。ダイオードの順方向電流 I_D は、

$$I_D = I_R\left\{\exp\left(\frac{qV_D}{kT}\right)-1\right\}$$

で与えられます。ここで、ボルツマン定数 $k=1.38\times10^{-23}$J/K、$q=1.602\times10^{-19}$C、ダイオードの端子電圧 $V_D=0.7$V、絶対温度 $T=300$K とすると、

$$\frac{qV_D}{kT}=27.1、\exp\left(\frac{qV_D}{kT}\right)\gg 1$$

となり I_D は $I_D \cong I_R \exp\left(\frac{qV_D}{kT}\right)$ と近似できます。これより、r_D は以下となります。

$$r_D = \frac{1}{\frac{\partial I_D}{\partial V_D}} \cong \frac{1}{\frac{q}{kT} \cdot I_R \exp\left(\frac{qV_D}{kT}\right)} = \frac{kT}{qI_D} = \frac{25.84}{I_D} \times 10^{-3} \cong \frac{26}{I_D} \times 10^{-3} [\Omega] \tag{3}$$

I_D=2A のときは r_D=13mΩ となり、非常に小さい値になります。しかし、順方向電圧降下 V_f は無視できません。そこで、ダイオードの V_f を考慮し、等価抵抗はゼロとして出力電圧 E_o を求めると**表3**のようになります。表中の r_2' と Z_o' は、ダイオードの等価抵抗を除いたスイッチのオフ期間の抵抗と出力インピーダンスを意味します。

降圧形・昇圧形・昇降圧形コンバータは出力電流が減少し、**表4**に示す限度値になるとコイル電流が不連続になり、出力電圧が上昇してしまいます。時比率が小さくなったときも、同様です。出力電流が変化する負荷のときは、この領域に入らないことを確認する必要があります。

K_I（$=LfI_o/E_i$）を用いて、コイル電流不連続の発生点と不連続モードでの昇降圧比を求めると**表5**になります。

表6に示すように、変動率Sは、出力電圧が同一のときは降圧形が最も少な

表3　出力ダイオードを電圧降下に置き換えたときの出力電圧

	降圧形	昇圧形	昇降圧形
出力電圧 E_o	$DE_i \dfrac{1}{1+Z_o'/R_o} - D'V_f$	$\dfrac{E_i}{D'} \cdot \dfrac{1}{1+Z_o'/R_o} - V_f$	$-\left(\dfrac{DE_i}{D'} \cdot \dfrac{1}{1+Z_o'/R_o} - V_f\right)$

表2において r_2 を r_2' に置き換えると Z_o' が求められます。

表4　理想的な状態におけるコイル電流不連続の発生点と不連続モードでの出力電圧

	電流不連続の発生点		出力電圧 $\lvert E_o \rvert$
	出力電流 I_o	時比率 D	
降圧形	$I_o < \dfrac{E_o(E_i - E_o)}{E_i} \cdot \dfrac{T}{2L}$	$D < \dfrac{E_o}{E_i}$	$\dfrac{E_i}{1+\dfrac{2LI_o}{D^2 TE_i}}$
昇圧形	$I_o < \dfrac{E_i^2(E_o - E_i)}{E_o^2} \cdot \dfrac{T}{2L}$	$D < \dfrac{E_o - E_i}{E_o}$	$E_i\left(1+\dfrac{D^2 TE_i}{2LI_o}\right)$
昇降圧形	$I_o < E_o\left(\dfrac{E_i}{E_i + \lvert E_o \rvert}\right)^2 \cdot \dfrac{T}{2L}$	$D < \dfrac{E_o}{E_i + \lvert E_o \rvert}$	$\dfrac{E_i^2}{I_o} \cdot \dfrac{D^2 T}{2L}$

く安定しています。なお、Sはr_1とr_2が小さく、無視したときの近似式です。また、β_lは制御機構の安定限度の帰還率を意味します。入力電圧が変動すると、出力電圧も変化してその後もとに戻りますが、そのときの減衰係数（制動係数）δ_fは式(4)で与えられ、帰還率βを大きくすると減衰係数が負になって、制御機構は不安定になります。昇圧形コンバータにおけるその限度β_lは、

$$\delta_f = \frac{\delta - \beta G_{vd}\omega_0 / 2\omega_{vd}}{\sqrt{1+\beta G_{vd}}} \tag{4}$$

より、$\delta - \beta_l G_{vd}\omega_0/2\omega_{vd} > 0$とおくと、

$$\beta_l < \frac{2\omega_{vd}\delta}{G_{vd}\omega_0} = \frac{D'}{E_o}\left(1+\frac{D'^2 Z_o R_o C}{L}\right) \tag{5}$$

として得られます。昇降圧形コンバータも、同様に求めることができます。

表5　理想的な状態におけるコイル電流不連続の発生点と不連続モードでの昇降圧比

	電流不連続の発生点	昇降圧比 $\lvert G \rvert$
降圧形	$K_I < \frac{DD'}{2}$	$\frac{1}{1+\frac{2K_I}{D^2}}$
昇圧形	$K_I < \frac{DD'}{2}$	$1+\frac{D^2}{2K_I}$
昇降圧形	$K_I < \frac{DD'}{2}$	$\frac{D^2}{2K_I}$

表6　実際の回路でのチョッパ方式非絶縁形コンバータの動特性

	変動率S $S=\partial E_o/\partial E_i$	出力インピーダンス Z	減衰時定数 τ	制御機構の安定限界
降圧形	$\frac{D^2}{D+\beta E_o}$	$\frac{Z_o}{1+\frac{\beta E_o}{D}\left(1+\frac{r_2}{R_o}\right)}$	$\frac{1}{\frac{1}{2}\left(\frac{Z_o}{L}+\frac{1}{CR_o}\right)}$	限界はありません。
昇圧形	$\frac{1}{D'+\beta E_o}$	$\frac{Z_o}{1+\frac{\beta E_o}{D'}\left(1-\frac{r_1}{D'^2 R_o}\right)}$	$\frac{1}{\frac{1}{2}\left\{D'^2\frac{Z_o}{L}-\frac{1}{CR_o}\left(\frac{\beta E}{D'}-1\right)\right\}}$	$\beta_l < \frac{D'}{E_o}\left(1+\frac{D'^2 Z_o R_o C}{L}\right)$
昇降圧形	$\frac{1}{DD'+\beta\lvert E_o\rvert}$	$\frac{Z_o}{1+\frac{\beta\lvert E_o\rvert}{DD'}\left(1-\frac{Dr-D'r_2}{D'^2 R_o}\right)}$	$\frac{1}{\frac{1}{2}\left\{D'^2\frac{Z_o}{L}-\frac{1}{CR_o}\left(\frac{\beta\lvert E_o\rvert}{D'}-1\right)\right\}}$	$\beta_l < \frac{D'}{\lvert E_o\rvert}\left(1+\frac{D'^2 Z_o R_o C}{L}\right)$

4-9　絶縁形コンバータではスイッチングトランスを使う

絶縁形コンバータではスイッチングトランス（以下、トランスと呼びます）を使います。非絶縁形の昇降圧形コンバータのコイルをトランスの換え絶縁し、二次側の極性を反転させると、絶縁形のフライバック形コンバータになります（**図1**参照）。したがって、フライバック形コンバータの基本的な動作は昇降圧形コンバータと同じです。ただし、トランスの二次側の極性を反転しているので、出力電圧は正極性であり、その値は時比率Dと巻線比n[※]で決まります。

また、絶縁形のフォワード形コンバータは、非絶縁形の降圧形コンバータにトランスを追加し絶縁したもので、基本的な動作原理は降圧形コンバータに同一に

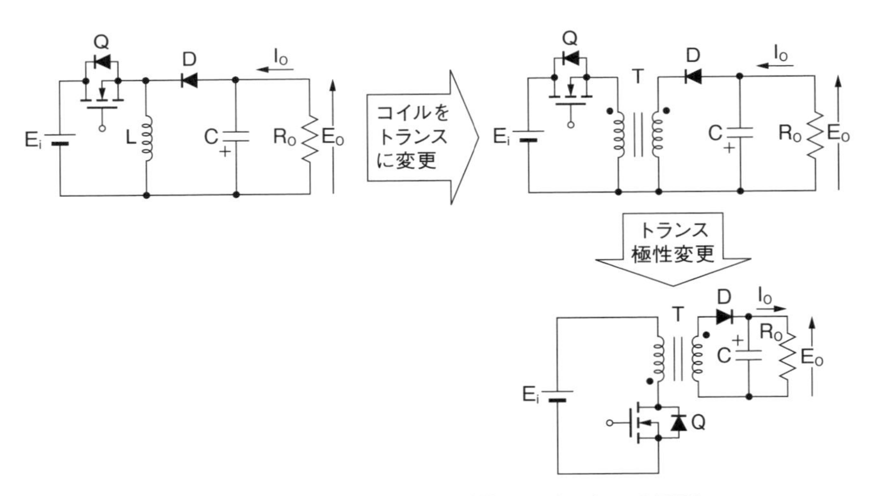

図1　絶縁形のフライバック形コンバータへの展開

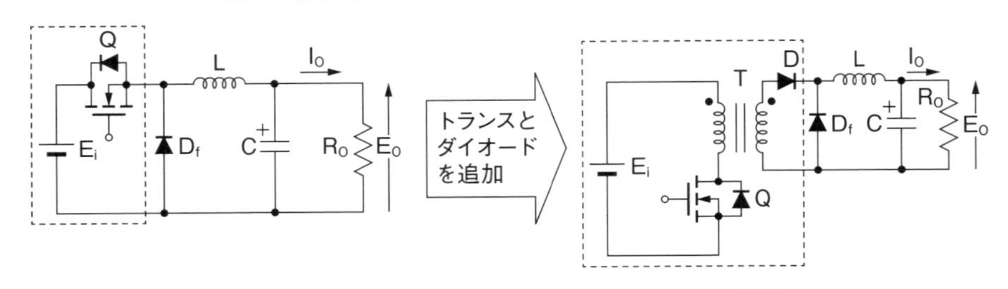

図2　絶縁形のフォワード形コンバータへの展開

※［巻線比n］ N_1を一次巻線巻数、N_2を二次巻線巻数とすると、$n = N_1/N_2$で与えられます。

なります。**図2**を参照してください。

このように絶縁形コンバータではトランスを使うために、その等価回路について説明しておきます。**図3**はスイッチングトランスの等価回路を示します。図の中でL_Pは励磁インダクタンスを、L_{S1}は一次リーケージインダクタンスを意味しています。L_PとL_{S1}を合算したインダクタンスL_1（自己インダクタンスといいます）に占めるL_{S1}の比率は、同心巻き（層巻き）では2～3％程度で非常に小さく、したがって、通常は**図4**に示す簡易等価回路を使用します。この回路では一次電圧は励磁インダクタンスL_Pにすべて加わることになります。本書でも、図4に示す簡易等価回路を使って議論を進めます。ただし、電流共振形コンバータで使用する分割巻きのトランスでは、リーケージインダクタンスは大きいために図4の簡易等価回路は使えず、その等価回路は図3となります。

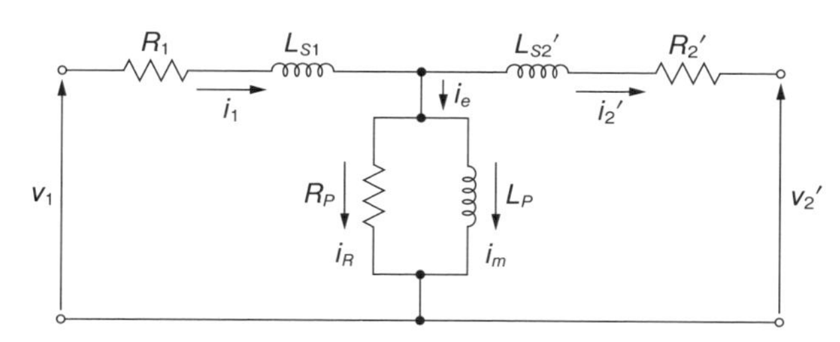

R_1：一次巻線抵抗、R_2'：一次側に換算された二次巻線抵抗、L_{S1}：一次リーケージインダクタンス、L_{S2}'：一次側に換算された二次リーケージインダクタンス、L_P：一次励磁インダクタンス、L_1：一次自己インダクタンス、L_2：二次自己インダクタンス、R_P： 鉄心の鉄損に相当する等価抵抗、v_1：一次電圧、v_2'：一次側に換算された二次電圧、i_1：一次電流、i_2'：一次側に換算された二次電流、i_e：励磁電流、i_R：鉄損電流、i_m：磁化電流

図3　スイッチングトランスの等価回路

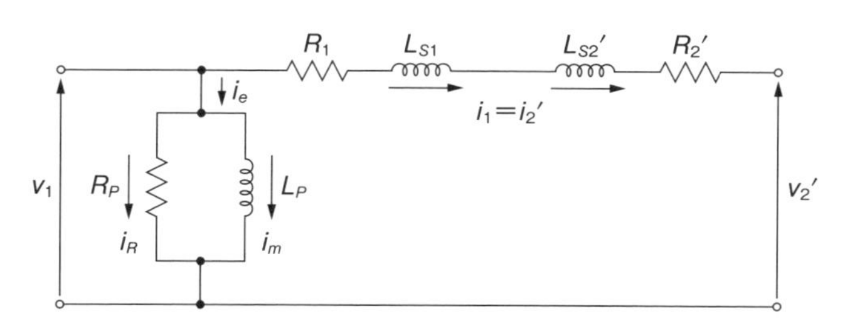

図4　スイッチングトランスの簡易等価回路

4-10 リンギングチョーク形コンバータには発振器が付いていない

リンギングチョーク形[※](RCC、自励式フライバック形) コンバータの構成を**図1**に示します。このコンバータは、昇降圧形コンバータのコイルをスイッチングトランスに置き換えて絶縁した構成になっています。しかし、昇降圧形コンバータと違って発振器はなく、自励式になっています。また、出力電圧は正極性の電圧で、スイッチQのオン期間を変え、周波数制御することにより出力電圧が一定に保たれます。スイッチQがオンしている期間にトランスにエネルギーを蓄積し、オフ期間にダイオードDを通して二次側負荷に放出します。スイッチ電流とダイオード電流の波形は三角波で、ダイオードDの電流がゼロになった後にスイッチがオンします。負荷が変動すると動作周波数が変化し、スイッチを流れる電流のピーク値が変わります。また、入力電圧が変化すると時比率が変化し、出力電圧を一定にします。常に電流臨界モードで動いており、電流不連続モードに入ることはありません。これらの動作が、昇降圧形コンバータや後述する絶縁形のフライバック形コンバータと異なります。

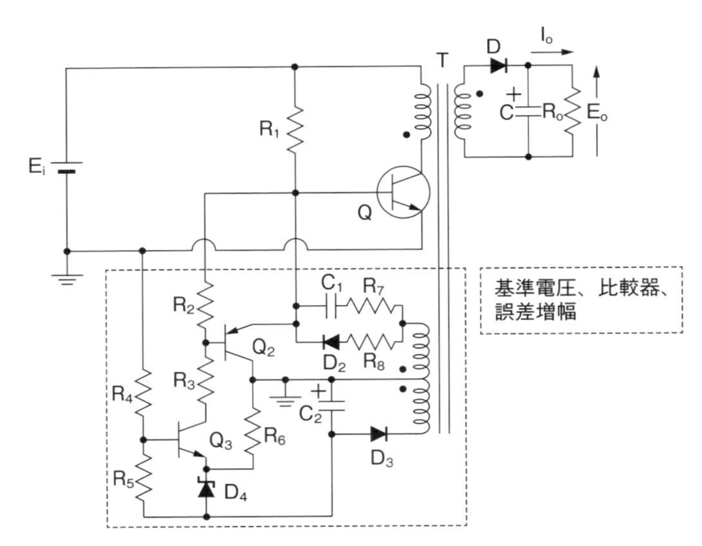

図1　リンギングチョーク形コンバータ

※リンギングチョーク形コンバータは発振器が付いていません。スイッチ（バイポーラトランジスタ）のオフ期間の終わりに、トランスのベース巻線に発生するリンギング電圧によりスイッチを再びオンさせます。当初はトランスではなくチョークコイルが用いられていたために、この名前が付いています。

一周期間の動作状態は**表 1** に示すように 2 つに分けることができます。各動作状態における等価回路を**図 2** に、また、動作波形を**図 3** に示します。

リンギングチョーク形コンバータのスイッチには、バイポーラトランジスタが使われています。時刻 t_0 でスイッチをオンすると、時間に対して直線的に増加する一次励磁電流 i_P（= スイッチ電流 i_Q）がスイッチに流れます。一方、ベース電流は一定ですので、スイッチは時刻 t_1 でオン状態を維持できなくなり、オフします。このとき、トランスには $L_P I_P^2/2$ なる電磁エネルギーが蓄えられています。オフ期間には先の動作でトランスに蓄えられた電磁エネルギーが二次励磁電流 i_s（= ダイオード電流 i_D）として二次側負荷に放出され、時刻 T にはゼロになります。すると、トランスのベース巻線にリンギング電圧が発生し、これによりベース電流が少しだけ流れます。一次巻線に発生するリンギング電圧を**図 4** に示します。これと同じ波形の電圧がベース巻線に発生します。スイッチに少しでもベース電流が流れると、トランス一次巻線のコレクタ電極側の電圧が低下します。このために、トランスのベース巻線にはトランジスタのベース電極側が正

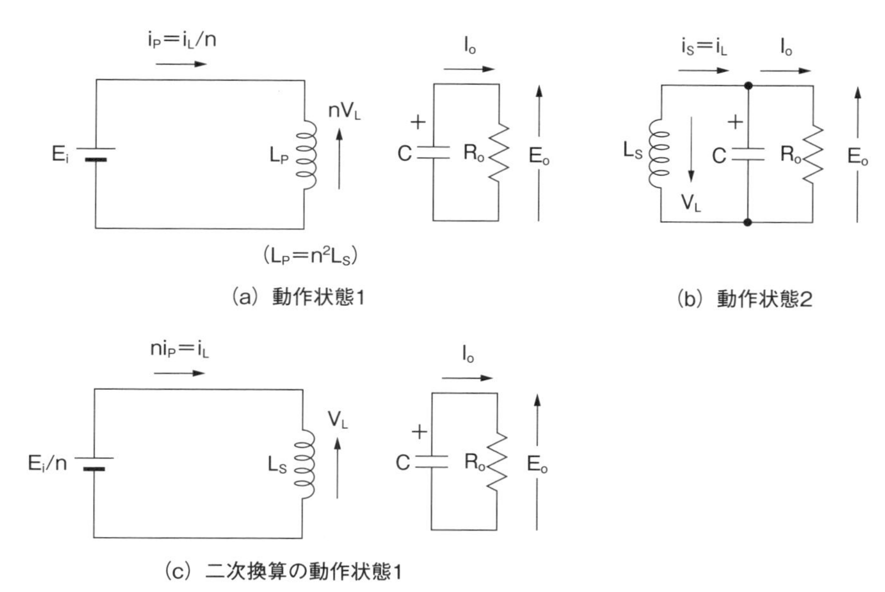

E_i：入力電圧、E_o：出力電圧、L_P：一次励磁インダクタンス、L_S：二次励磁インダクタンス、i_p：オン期間における一次励磁電流（図3におけるi_Qに同じです）、i_s：オフ期間における二次励磁電流（図3におけるi_Dに同じです）、n：巻線比（$n=N_1/N_2$）

図 2　リンギングチョーク形コンバータの各動作状態における等価回路

表1　リンギングチョーク形コンバータの動作状態

	動作状態1	動作状態2
Q	on	off
D	off	on

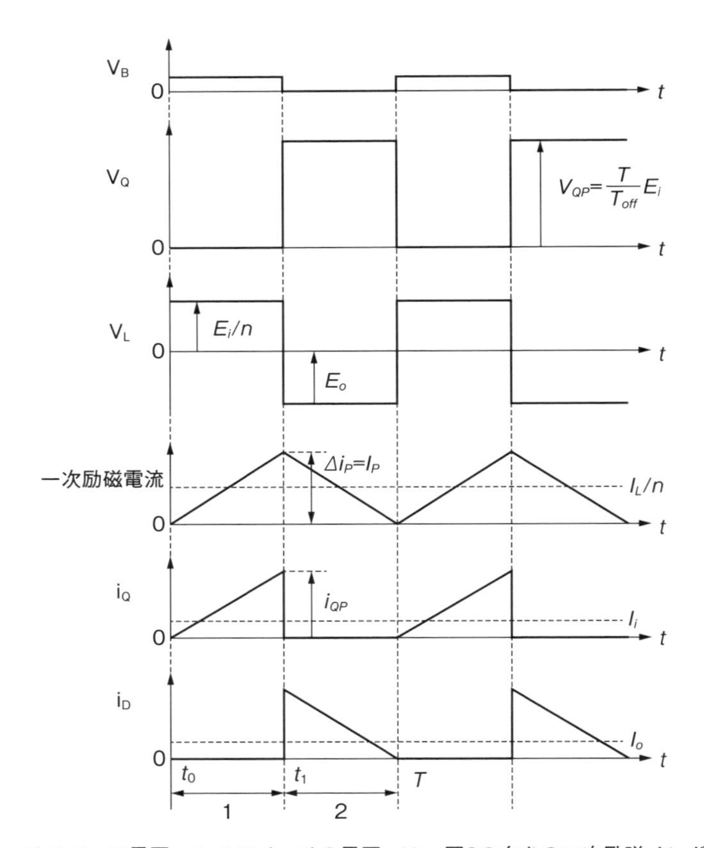

V_B：スイッチのベース電圧、V_Q：スイッチの電圧、V_L：図2の向きの二次励磁インダクタンスL_Sの電圧、i_Q：スイッチの電流、i_D：ダイオード電流、E_i：入力電圧、E_o：出力電圧、I_L：L_sを流れる直流電流、I_o：出力電流、n：巻線比（$n=N_1/N_2$）
図2におけるi_Pとi_Sはこの図のi_Qとi_Dに同じになります。

図3　リンギングチョーク形コンバータの動作波形

になる電圧が発生し、ベース電流が振り込まれスイッチは一気に飽和状態になります。その後、コンバータは前の周期と同じ動作を繰り返します。

図1の点線枠内は、出力電圧を一定にするための制御回路です。コンデンサC_2には出力電圧に比例した負電圧が生じています。ここで、たとえば出力電圧が上昇したとすると負電圧も大きくなり、トランジスタQ_3のコレクタ電流とQ_2のエミッタ電流が増加し、スイッチQのベース電圧を下げます。その結果、スイッチQのベース電流が減少するため、オン期間が縮み、出力電圧がもとの電圧に下がります。

現在ではスイッチにMOSFETを用いて、バイポーラトランジスタと同じ動作をするようにしたリンギングチョーク形コンバータ用のICが開発されています。**図5**はその回路図を示したものです。比較器（コンパレータ）のマイナス側には

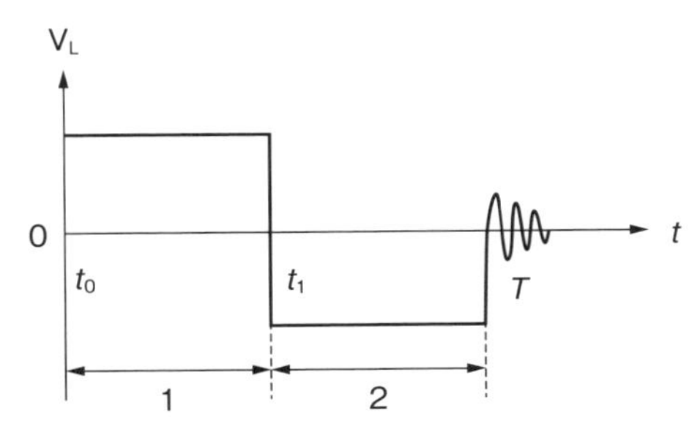

図4　トランス一次巻線に発生するリンギング電圧

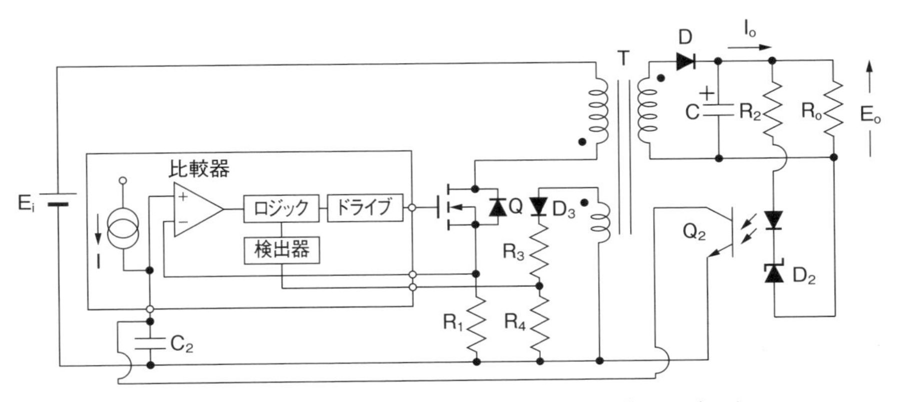

図5　MOSFETを用いたリンギングチョーク形コンバータ

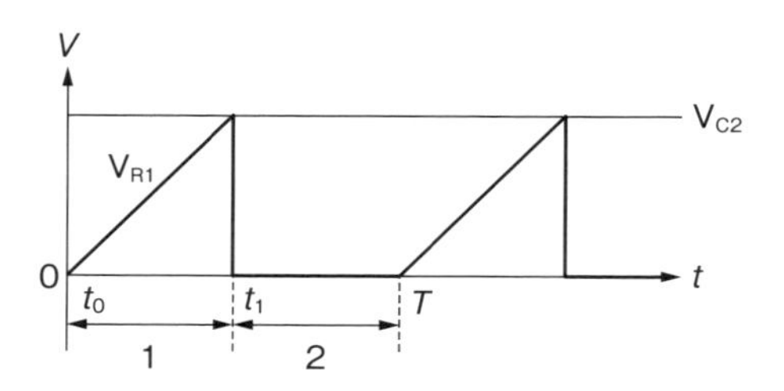

図6　MOSFETを用いたリンギングチョーク形コンバータの動作

スイッチに流れる電流により抵抗 R_1 に生じる電圧 V_{R1} が、プラス側にはコンデンサ C_2 の電圧 V_{C2} が加えられています。MOSFETがオンし、時間とともにドレイン電流が増えると、これに比例して V_{R1} が増加します。V_{R1} が増加し続け V_{C2} より大きくなると、比較器の出力がなくなり、MOSFETはオフします。**図6**を参照してください。オフ期間にはトランスに蓄えられたエネルギーが、電流 i_s（＝ダイオード電流 i_D）として放出されます。放出が終わると、トランスの補助巻線の電圧がゼロになります。これを検出し、再びMOSFETをオンさせます。この動作を繰り返すことにより、エネルギーを二次側負荷に供給します。このようにMOSFETをスィッチとして使用しても、バイポーラトランジスタを用いた自励式のリンギングチョーク形コンバータと同じ動作をさせることができます。この回路では、出力電圧の制御は、Q_2 によりコンデンサ電圧 V_{C2} を変化させてMOSFETのオン期間を制御することにより行われます。たとえば、出力電圧が上がると、Q_2 の電流が増えコンデンサ電圧 V_{C2} を下げます。その結果、スイッチQのオン時間が短くなり、出力電圧がもとの電圧に下がります。

変数を以下のように定めると、出力電圧 E_o、スイッチのオン期間 T_{on} とオフ期 T_{off} および動作周波数fは次のようになります。式(1)より、出力電圧は時比率により変化することになり、この特性を利用すれば、入力電圧や出力電流が変動しても、時比率を制御することにより出力電圧を一定に保つことができます。なお、式(4)で与えられる動作周波数fは、入力電圧と出力電力に対して3.4節の図7のように変化します。

N_1：一次巻線巻数

N_2：二次巻線巻数

n：巻線比（$n=N_1/N_2$）

L_P：一次励磁インダクタンス

L_S：二次励磁インダクタンス

η：トランスの電力効率

P_o：出力電力

$$E_o=\frac{N_2}{N_1}\cdot\frac{T_{on}}{T_{off}}E_i=\frac{D}{D'}\cdot\frac{E_i}{n}=\frac{D}{1-D}\cdot\frac{E_i}{n} \tag{1}$$

$$T_{on}=\frac{2L_PI_o}{\eta E_i}\left(\frac{nE_o+E_i}{nE_i}\right)=\frac{L_P}{E_i}\cdot\frac{2P_o}{\eta E_iD}=\frac{2L_PP_o}{\eta E_i^2D} \tag{2}$$

$$T_{off}=\frac{2L_PI_o}{\eta nE_o}\left(\frac{nE_o+E_i}{nE_i}\right)=\frac{L_P}{nE_o}\cdot\frac{2P_o}{\eta E_iD}=\frac{2L_PP_o}{\eta nE_oE_iD} \tag{3}$$

$$f=\frac{1}{T}=\frac{\eta E_o}{2L_PI_o}\left(\frac{nE_i}{nE_o+E_i}\right)^2=\frac{\eta}{2L_PI_o}\left(\frac{nE_oE_i}{nE_o+E_i}\right)^2=\frac{\eta E_i^2D^2}{2L_PP_o} \tag{4}$$

リンギングチョーク形コンバータは安価で、出力電力の少ない電気・電子機器(概ね150 W以下)に使用されています。オン期間に蓄えたエネルギーをオフ期間に放出し、負荷に電力を供給します。この動作は後述するフライバック形コンバータと同じですが、動作周波数が出力電力によって変化します。出力電力が大きいと動作周波数が下がり、一周期間に出力するエネルギーが大きくなるために、スイッチやダイオードは定格電力・電流が大きなものが必要になります。トランスも大きなものが必要になります。そのために、一定の周波数で動作するフライバック形コンバータより供給できる電力が小さくなります。

励磁電流の波形も、リンギングチョーク形コンバータはフライバック形コンバータより不利になります。**図7**に示すように、リンギングチョーク形コンバータは励磁電流が三角波ですが、フライバック形コンバータは台形波です。同一周波数および同一時比率で同じ出力電力を取り出したときの一次巻線に流れる電流のピーク値I_{P1}は、フライバック形コンバータのI_{P2}に比べて$(1+K_P)$倍に大きくなります。なお、K_Pはフライバック形コンバータにおいて、時刻t_1における励磁電流と時刻t_0における励磁電流の比率を表し、一般的には0.6程度に設定します。

P_{o1}をリンギングチョーク形コンバータの出力電力、P_{o2}をフライバック形コンバータの出力電力とします。

$$P_{o1}=\frac{1}{T}\int_0^{T_{off}}E_oi_sdt=\frac{T_{off}}{T}\cdot\frac{E_onI_{P1}}{2}=\frac{E_onI_{P1}}{2}D'$$

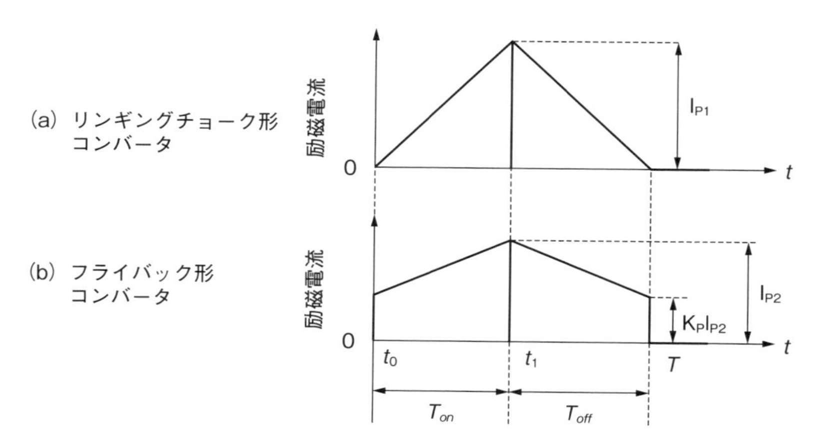

図7　リンギングチョーク形コンバータとフライバック形コンバータの励磁電流波形

$$P_{o2}=\frac{1}{T}\int_0^{T_{off}}E_o i_s dt=\frac{T_{off}}{T}\cdot\frac{E_o n I_{P2}(1+K_P)}{2}=\frac{E_o n I_{P2}(1+K_P)}{2}D'$$

$P_{o1}=P_{o2}$ とおくと、

$$I_{P1}=I_{P2}(1+K_P) \tag{5}$$

となります。

一般にトランスの最大磁束密度は、飽和限度から0.3 T（Tesla）以下に設定します。$I_{P1}=I_{P2}$ にしたときのコアの鉄損（ヒステリシス損失と渦電流損失）を比較すると、磁束密度の変化ΔBは励磁電流の変化に比例しますので、やはりリンギングチョーク形コンバータのほうが大きくなります。

4-11　フライバック形コンバータは昇降圧形コンバータを絶縁したものです

フライバック形(※)(オンオフ形、他励式フライバック形）コンバータの構成を**図1**に示します。このコンバータは昇降圧形コンバータのコイルをトランスに換え絶縁したもので、出力は正極性の電圧になっています。基本的な動作は昇降圧形コンバータに同じで、動作周波数は一定でパルス幅制御により出力電圧が一定に保たれます。他励式で発振器が付いており、励磁電流波形は台形波になります。

一周期間の動作状態は**表1**に示すように2つに分けることができます。各動作状態における等価回路を**図2**に、また、動作波形を**図3**に示します。時刻 t_0 でスイッチがオンすると、時間に対して直線的に増加する一次励磁電流 i_P（＝スイッチ電流 i_Q）がスイッチに流れ、時刻 t_1 にはトランスには $L_P I_P^2/2$ なる電磁エ

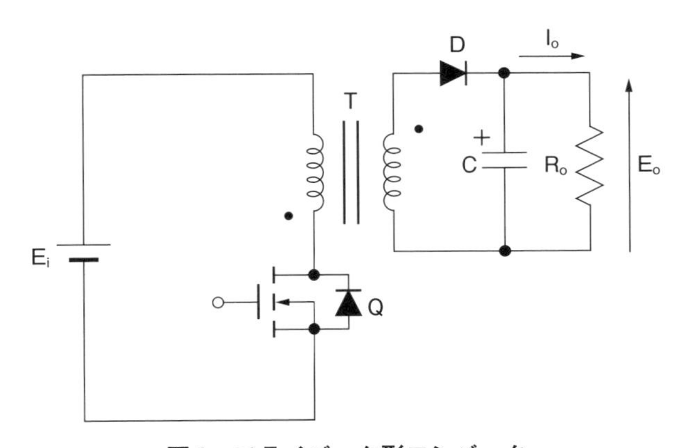

図1　フライバック形コンバータ

表1　フライバック形コンバータの動作状態

	動作状態1	動作状態2
Q	on	off
D	off	on

※テレビジョン受信機の水平出力回路において、出力トランジスタがオフしている期間をフライバック期間といいます。偏向電流が走査終わりの電流から走査初めの電流に戻る期間であり、帰線期間を意味しています。フライバック形コンバータは、スイッチがオフしている期間（フライバック期間）の電圧を整流して負荷に電力を供給するので、この形名がついています。

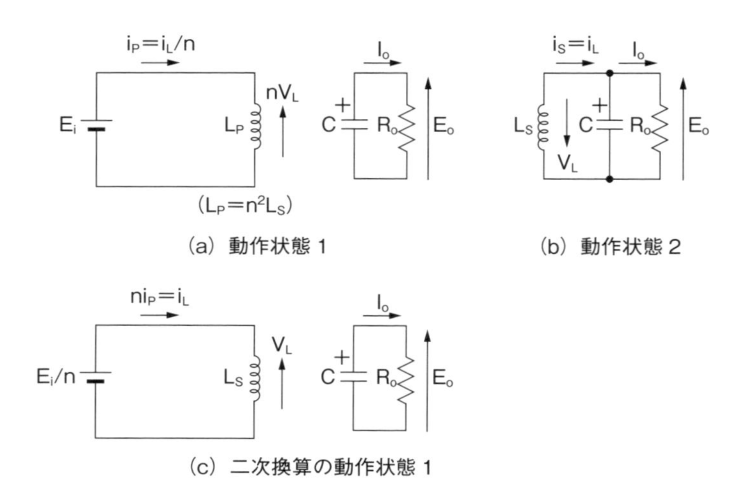

(a) 動作状態1　(b) 動作状態2

(c) 二次換算の動作状態1

動作状態2における V_L は図3に示すように負電圧であり、実際には上図と逆向きの電圧になります。

図2　フライバック形コンバータの各動作状態における等価回路

ネルギーが蓄えられます。時刻 t_1 でゲート電圧がなくなりスイッチがオフすると、先の動作でトランスに蓄えられた電磁エネルギーが二次励磁電流 i_P（＝ダイオード電流 i_Q）として二次側負荷に放出されます。一周期間後の時刻 T には再びスイッチにゲート電圧が加えられ、スイッチがオンします。この動作を繰り返すことにより、負荷に一定電圧の電力を供給します。

フライバック形コンバータの出力電圧は式(1)で与えられ、リンギングチョーク形コンバータと同じになります。式(1)より、出力電圧は時比率により変化することになり、この特性を利用すれば、入力電圧や出力電流が変動しても、時比率を制御することにより出力電圧を一定に保つことができます。

$$E_o = \frac{N_2}{N_1} \cdot \frac{T_{on}}{T_{off}} E_i = \frac{D}{D'} \cdot \frac{E_i}{n} = \frac{D}{1-D} \cdot \frac{E_i}{n} \tag{1}$$

フライバック形コンバータは、出力が 30～250 W 程度の単出力や多出力電源に広く使われています。動作周波数が固定であるために、リンギングチョークコンバータよりも周波数を上げることができ、トランスを小さくできます。一方、ノイズは出力ダイオードのリカバリノイズが大きい点が不利になります。ゲート電圧がなくなるとスイッチはオフし、出力ダイオードは逆バイアスされます（図

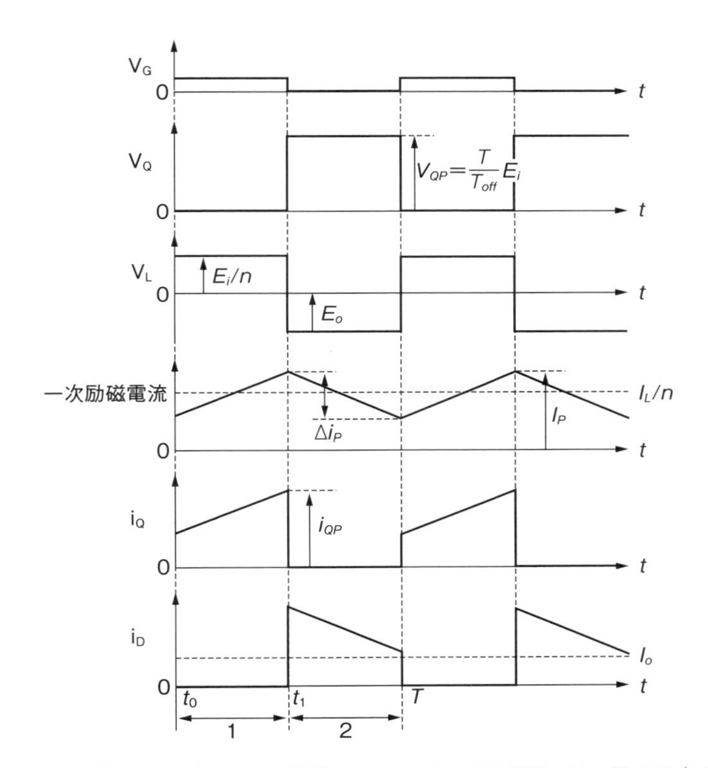

V_G：スイッチ(MOSFET)のゲート電圧、 V_Q：スイッチの電圧、V_L：図２の向きの二次励磁インダクタンスL_Sの電圧、 i_Q：スイッチの電流、 i_D：ダイオード電流、E_i：入力電圧、E_o：出力電圧、I_L：L_Sを流れる直流電流、I_o：出力電流、n：巻線比（$n=N_1/N_2$）
図２におけるi_Pとi_Sは、この図のi_Qとi_Dに同じです。

図３　フライバック形コンバータの動作波形

4の時刻 t_0）。このとき出力ダイオードにはまだ順方向に電流が流れており、このためストレージ期間に大きなリカバリ電流が流れます。したがって、ダイオードのリカバリ損失とリカバリノイズは、リンギングチョーク形コンバータよりも大きくなります。ノイズが大きすぎるときは、ソフトリカバリダイオードを使うなどの工夫が必要になります。**図4**はこの様子を図示したものです。時刻 t_2 でオフした後に電流が急激にゼロに向かうために、回路の寄生インダクタンスに逆起電力が発生します。すると、浮遊容量などと共振して図4に示すような振動が発生し、ノイズが放射されやすい状態になります。リンギングチョーク形コンバータでは、出力ダイオード電流がゼロになってからスイッチがオンしますので、リカバリノイズはほとんどありません。出力ダイオードの電流波形は、4.10節の図7のオフ期間における励磁電流に同じです。図7を見ると、波形の違いが良く理解できます。

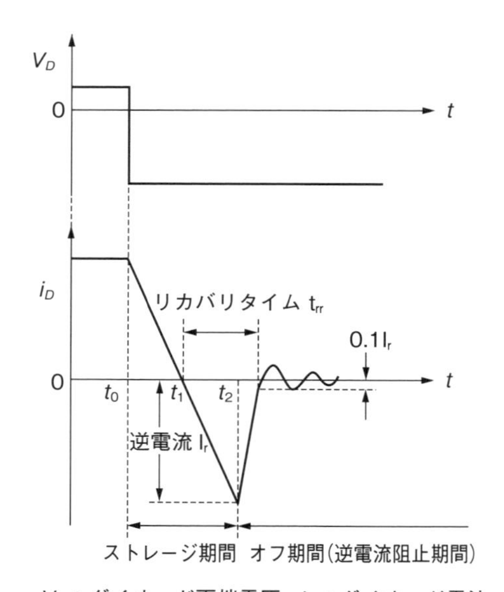

図4　フライバック形コンバータの出力ダイオード電圧・電流波形

4-12　フォワード形コンバータは降圧形コンバータを絶縁したものです

フォワード形[※]（オンオン形）コンバータの構成を**図1**に示します。このコンバータは降圧形コンバータを絶縁した回路です。基本的な動作は降圧形コンバータと同じで、出力電圧はパルス幅制御により一定に保たれます。入力電圧をトランスで絶縁し、ダイオードD_1を通してコイルに加えるようにしています。他励式で、発振器が付いています。トランスを使用しているので、入力電圧よりも高い電圧を出力することもできます。スイッチがオフすると大きなキックバック電圧がスイッチ両端に発生するために、トランススナバーなどを使用して、スイッチに加わる電圧がスイッチの耐圧を超えないようにすることが必要になります。

一周期間の動作状態は**表1**に示すように2つに分けることができます。各動作状態における等価回路を**図2**に、また、動作波形を**図3**に示します。時刻t_0でスイッチがオンすると、トランスとダイオードD_1を通して入力電圧E_i/nがコイルに加えられ、時間に対して直線的に増加する電流がコイルに流れます。時刻t_1には、コイルには$LI_P{}^2/2$なる電磁エネルギーが蓄えられます。時刻t_1でゲート電圧V_GがなくなりスイッチQがオフすると、コイル電流i_Lを流し続けるようにダイオードD_2がオンし、コイル電流i_LはダイオードD_2を通って流れ、時間に対して直線的に減少し、先の動作でコイルLに蓄えられたエネルギーを出力コンデンサCに放出します。時刻Tになると、コイル電流i_Lが時刻t_oにおける電流値と同じになるために、コイルに蓄えられたエネルギーは時刻t_oにおける初期値に同じになります。ここで、再びゲート電圧V_Gが加えられ、動作状態

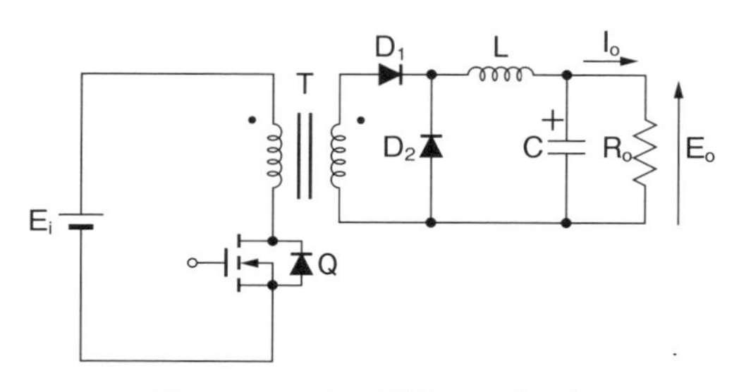

図1　フォワード形コンバータ

※スイッチがオンしている期間に負荷に電力を供給するので、この形名が付いています。

表1　フォワード形コンバータの動作状態

	動作状態1	動作状態2
Q	on	off
D_1	on	off
D_2	off	on

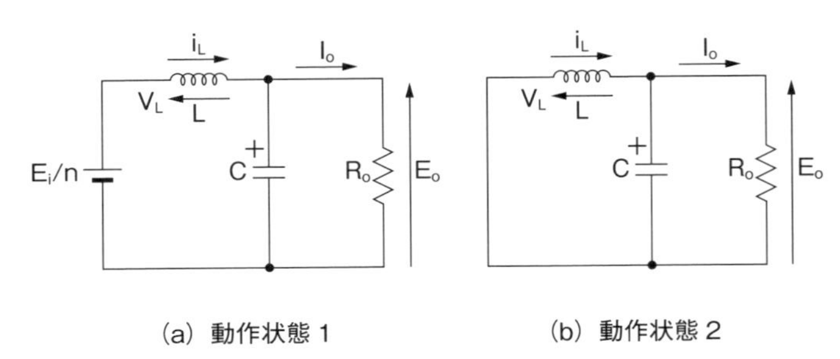

(a) 動作状態1　(b) 動作状態2

図2　フォワード形コンバータの各動作状態における等価回路

1の動作に戻ります。一定の周波数でこの動作を繰り返すことにより、負荷に電力を供給します。

フォワード形コンバータの出力電圧は、式(1)で与えられます。式(1)より、出力電圧は時比率により変化することになり、この特性を利用すれば、入力電圧や出力電流が変動しても、時比率を制御することにより出力電圧を一定に保つことができます。

$$E_o = \frac{N_2}{N_1} \cdot \frac{T_{on}}{T} E_i = D \cdot \frac{E_i}{n} \tag{1}$$

降圧形コンバータと異なり、スイッチに加わるピーク電圧はトランスのキックバック電圧が加算されるために高い電圧となります。キックバック電圧とは、スイッチがオフ期間にトランスの逆起電力により生じる電圧で、トランスのインダクタンスと分布容量が共振することにより発生します。そのときの電圧波形は図3のようになります。V_{QP}の大きさはスナバー回路で変化し特定できませんが、スイッチスナバー（アクティブスナバーともいう）を使用したときが最も低くなります。トランススナバーを使ったときも、同じくらいに低くすることができます。主なスナバー回路を**図4**に示しますが、(e)がスイッチスナバー、(f)がトランススナバーです。また、それらを使ったときのV_{QP}は、**図5**のように小さくなります。

リンギングチョーク形コンバータやフライバック形コンバータは、オン期間にトランスに蓄えたエネルギーをオフ期間に放出することにより、トランスの二次側に電力を供給します。このために、供給できる電力には限度があります。一方、フォワード形コンバータはオンオン形コンバータとも呼ばれ、スイッチがオンしている期間にトランスの二次側に電力を供給します。そのために、リンギングチョーク形コンバータやフライバック形コンバータよりも出力電力は大きくすることができ、一般的には数十 W から 1.5 kW 程度まで広範囲に対応が可能です。

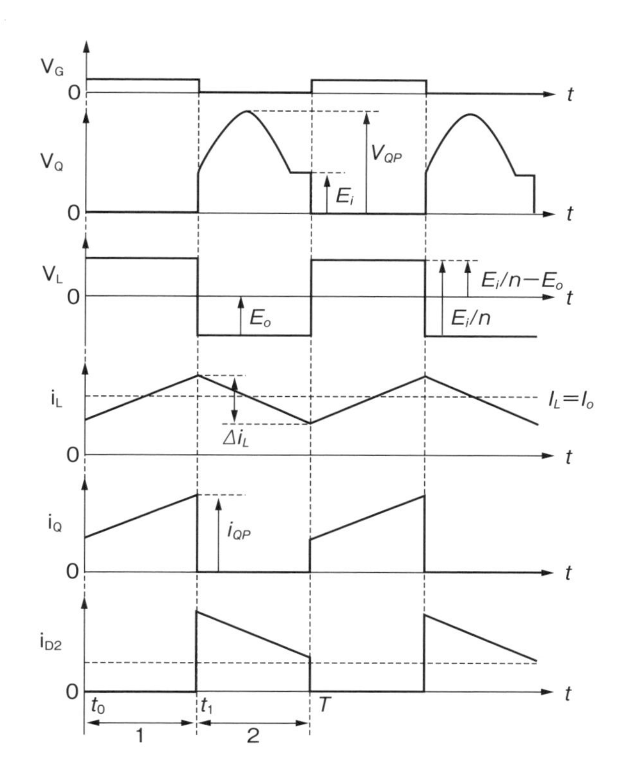

V_G：スイッチ(MOSFET)のゲート電圧、 V_Q：スイッチの電圧、V_L：図２の向きのインダクタンスＬの電圧、i_L：コイルの電流、 i_Q：スイッチの電流、 i_{D2}：ダイオードD_2の電流、E_i：入力電圧、E_o：出力電圧、I_L：コイルの直流電流、I_o：出力電流、n：巻線比（n＝N_1/N_2）

図３　フォワード形コンバータの動作波形

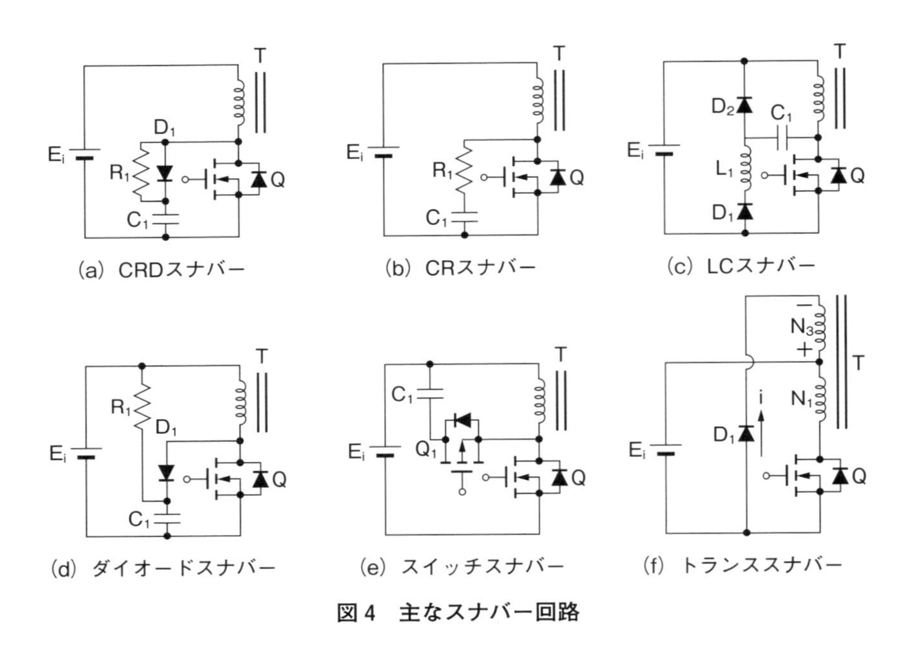

図4　主なスナバー回路

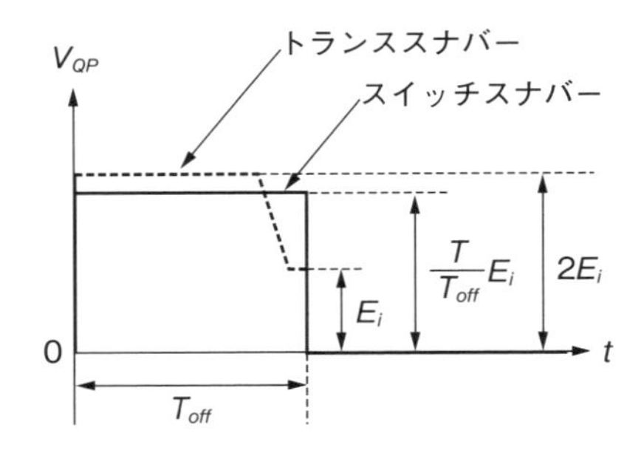

トランススナバーの V_{QP} は、トランスの巻数が $N_1=N_3$ のときの電圧です。

図5　スイッチに加わるピーク電圧 V_{QP}

4-13　プッシュプル形コンバータはスイッチが 2 つになっている

プッシュプル形（センタータップ形）コンバータの構成を**図 1** に示します。このコンバータは降圧形コンバータの分類に入り、フォワード形コンバータと同様な動作をします。スイッチは２つあり、フォワード形コンバータよりも出力電力を多く取ることができます。２つのスイッチは同じ時比率で交互にオンし、負荷に電力を供給します。つまり、フォワード形コンバータの動作を一周期間に２回行うことになります。キックバック電圧は発生しませんが、スイッチには入力電圧の２倍の電圧が加わります。そのために耐圧の高いスイッチが必要になり、入力電圧が低い電気・電子機器に適しています。出力電圧はパルス幅制御により一定に保たれます。他励式で、発振器が付いています。２つのスイッチを持つため、制御回路はフォワード形コンバータよりも複雑になります。

一周期間の動作状態は、**表 1** に示すように４つに分けることができます。各動作状態における等価回路を**図 2** に、また、動作波形を**図 3** に示します。時刻 t_0 でゲート電圧が加えられスイッチ Q_1 がオンすると、トランスとダイオード D_1 を通して入力電圧 E_i/n がコイルに加えられ、時間に対して直線的に増加する電流がコイルに流れます。時刻 t_1 には、コイルには $LI_P^2/2$ なる電磁エネルギーが蓄えられます。時刻 t_1 でゲート電圧 V_G がなくなりスイッチ Q がオフすると、コイル電流 i_L を流し続けるようにダイオード D_1 と D_2 がオンし、コイル電流 i_L はダイオード D_1 と D_2 を通って流れ、時間に対して直線的に減少し、先の動作でコイル L に蓄えられたエネルギーを出力コンデンサ C に放出します。時刻 t_2 になると、スイッチ Q_2 にゲート電圧が加えられ、スイッチ Q_2 がオンします。すると、トランスとダイオード D_2 を通して入力電圧 E_i/n がコイルに加えられ、時間に対して直線的に増加する電流がコイルに流れます。時刻 t_3 には、コイルには $LI_P^2/2$ なる電磁エネルギーが蓄えられます。時刻 t_3 でゲート電圧がなくなって

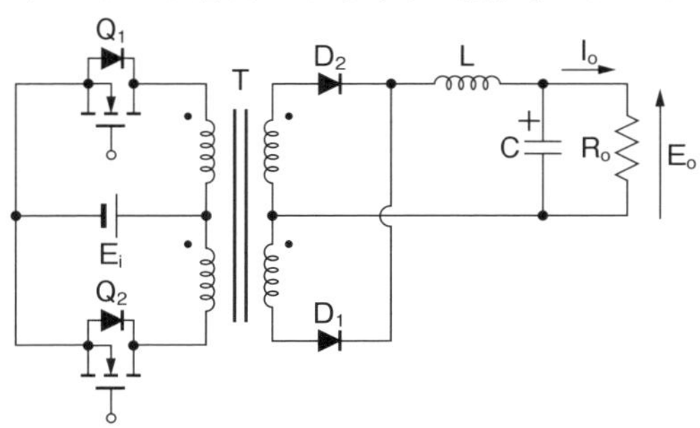

図 1　プッシュプル形コンバータ

スイッチQ_2がオフすると、コイル電流i_Lを流し続けるようにダイオードD_1とD_2がオンし、コイル電流i_LはダイオードD_1とD_2を通って流れ、時間に対して直線的に減少し、先の動作でコイルLに蓄えられたエネルギーを出力コンデンサCに放出します。時刻Tでゲート電圧が加えられ、再びスイッチQ_1がオンします。一定の周波数でこの動作を繰り返すことにより、負荷に電力を供給します。一周期間にQ_1とQ_2がそれぞれ1回ずつ、合計2回オンすることになります。

プッシュプル形コンバータの出力電圧は、式(1)で与えられます。ただし、Q_1とQ_2の時比率D_1とD_2は等しく、0.5未満の値になりますので、フォワード形コンバータと比較するために$D_1+D_2=2D_1=D$、$D_1'+D_2'=2D_1'=D'$とおきます。Dはスイッチを1つにしたときの時比率に相当し、D'は$D'=1-D$で与えられ

表1　プッシュプル形コンバータの動作状態

	動作状態1	動作状態2	動作状態3	動作状態4
Q_1	on	off	off	off
Q_2	off	off	on	off
D_1	on	on	off	on
D_2	off	on	on	on

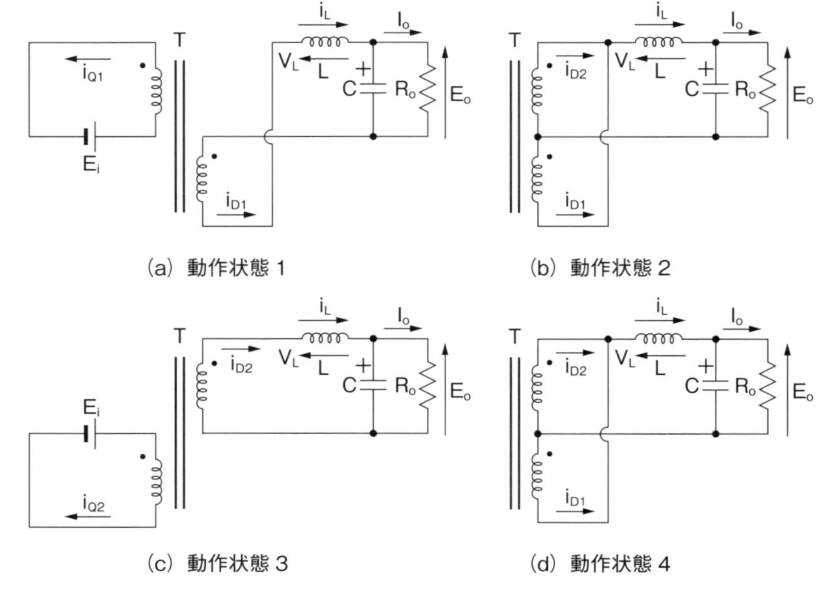

動作状態2と4におけるV_Lは図3に示すように負の電圧であり、実際には上図と逆向きの電圧になります。

図2　プッシュプル形コンバータの各動作状態における等価回路

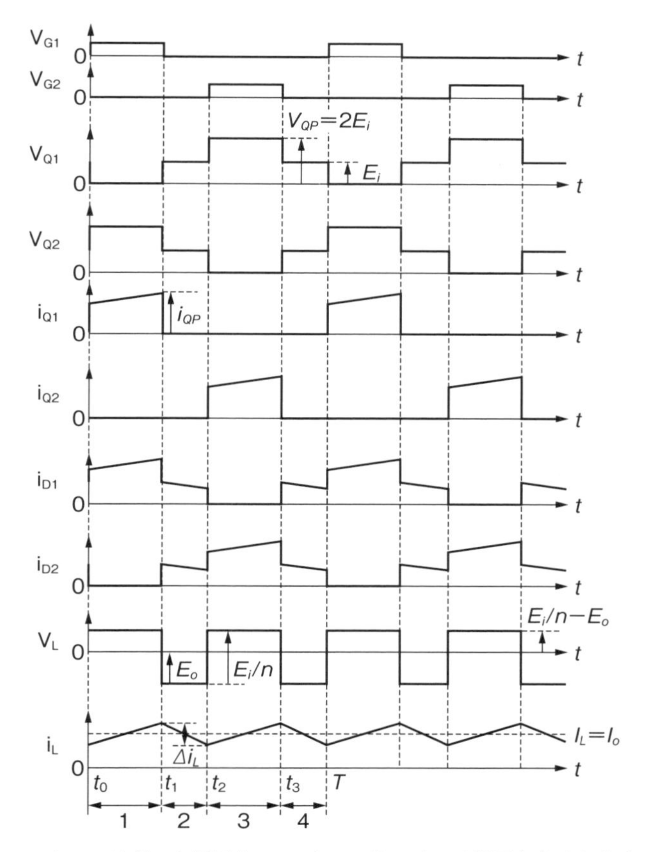

V_{G1}とV_{G2}はゲート電圧を、V_{Q1}とV_{Q2}はスイッチ電圧を意味します。
そのほかについては図2を参照してください。

図3 プッシュプル形コンバータの動作波形

ます。式(1)より、出力電圧は時比率 D_1 により変化することになり、この特性を利用すれば、入力電圧や出力電流が変動しても、時比率を制御することにより出力電圧を一定に保つことができます。

$$E_o = \frac{N_2}{N_1} \cdot \frac{2T_{on}}{T} E_i = 2D_1 \cdot \frac{E_i}{n} = D \cdot \frac{E_i}{n} \qquad (1)$$

プッシュプル形コンバータは、フォワード形コンバータよりも大きな電力を供給するときに使われます。スイッチに加わる電圧が $2E_i$ と高いため、入力電圧が低い電気・電子機器に適しており、出力電力の目安は数百 W～数 kW 程度です。

4-14　ハーフブリッジ形コンバータはスイッチが2つになっている

ハーフブリッジ形コンバータの構成を**図1**に示します。このコンバータはプッシュプル形コンバータと同様な動作をします。スイッチは2つあり、フォワード形コンバータよりも出力電力を多く取ることができます。2つのスイッチは同じ時比率で交互にオンし、負荷に電力を供給します。スイッチには入力電圧しか加わらず、プッシュプル形コンバータの1/2の電圧になります。そのためにスイッチの耐圧は高くなくても構いませんが、トランスに加わる電圧が1/2になるので、出力電圧はプッシュプル形コンバータの1/2になります。出力電圧はパルス幅制御により一定に保たれます。他励式で、発振器が付いています。2つのスイッチを持つため、制御回路はフォワード形コンバータよりも複雑になります。

一周期間の動作状態は、**表1**に示すように4つに分けることができます。各動作状態における等価回路を**図2**に、また、動作波形を**図3**に示します。時刻 t_0 でゲート電圧が加えられ、スイッチ Q_1 がオンすると、トランスとダイオード D_1 を通して電圧 $E_i/2n$ がコイルに加えられ、時間に対して直線的に増加する電流がコイルに流れます。コンデンサ C_1 の容量は動作周波数に対して十分に大きく、交流に対しては短絡の状態にありますが、スイッチ Q_1 と Q_2 は同じ時比率でオンするために直流電圧 $E_i/2$ が生じています。したがって、スイッチ Q_1 がオンするとトランスの一次巻線には $E_i/2$ が加わり、二次側には $E_i/2n$ の電圧が発生することになります。時刻 t_1 には、コイルには $LI_P^2/2$ なる電磁エネルギーが蓄えられます。時刻 t_1 でゲート電圧 V_G がなくなってスイッチQがオフすると、コイル電流 i_L を流し続けるようにダイオード D_1 と D_2 がオンし、コイル電流 i_L はダイオード D_1 と D_2 を通って流れ、時間に対して直線的に減少し、先の動作でコイルLに蓄えられたエネルギーを出力コンデンサCに放出します。時刻 t_2 になると、スイッチ Q_2 にゲート電圧が加えられ、スイッチ Q_2 がオンします。そうすると、トランスとダイオード D_2 を通して入力電圧 $E_i/2n$ がコイルに加えられ、

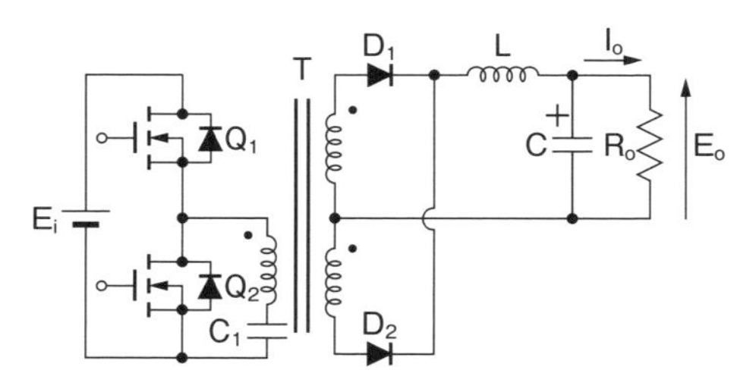

図1　ハーフブリッジ形コンバータ

時間に対して直線的に増加する電流がコイルに流れます。時刻 t_3 には、コイルには $LI_P^2/2$ なる電磁エネルギーが蓄えられます。時刻 t_3 でゲート電圧がなくなりスイッチ Q_2 がオフすると、コイル電流 i_L を流し続けるようにダイオード D_1 と D_2 がオンし、コイル電流 i_L はダイオード D_1 と D_2 を通って流れ、時間に対して直線的に減少し、先の動作でコイル L に蓄えられたエネルギーを出力コンデンサ C に放出します。時刻 T でゲート電圧が加えられ、再びスイッチ Q_1 がオンします。一定の周波数でこの動作を繰り返すことにより、負荷に電力を供給します。一周期間に Q_1 と Q_2 がそれぞれ 1 回ずつ合計 2 回オンすることになります。

ハーフブリッジ形コンバータの出力電圧は、式(1)で与えられます。ただし、Q_1 と Q_2 の時比率 D_1 と D_2 は等しく、0.5 未満の値になりますので、フォワード形コンバータと比較するために $D_1+D_2=2D_1=D$、$D_1'+D_2'=2D_1'=D'$ とおき

表1　ハーフブリッジ形コンバータの動作状態

	動作状態 1	動作状態 2	動作状態 3	動作状態 4
Q_1	on	off	off	off
Q_2	off	off	on	off
D_1	on	on	off	on
D_2	off	on	on	on

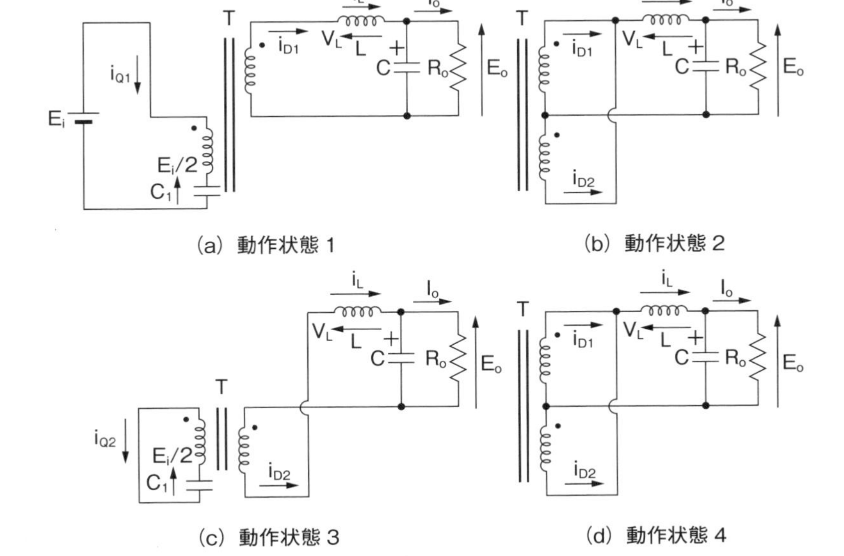

動作状態２と４における V_L は図３に示すように負の電圧であり、実際には上図と逆向きの電圧になります。

図2　ハーフブリッジ形コンバータの各動作状態における等価回路

ます。Dはスイッチを1つにしたときの時比率に相当し、D′はD′=1−Dで与えられます。式(1)より、出力電圧は時比率D_1により変化することになり、この特性を利用すれば、入力電圧や出力電流が変動しても、時比率を制御することにより出力電圧を一定に保つことができます。

$$E_o=\frac{N_2}{N_1}\cdot\frac{2T_{on}}{T}\cdot\frac{E_i}{2}=D_1\cdot\frac{E_i}{n}=\frac{D}{2}\cdot\frac{E_i}{n} \tag{1}$$

ハーフブリッジ形コンバータは、フォワード形コンバータよりも大きな電力を供給するときに使われます。スイッチに加わる電圧が入力電圧E_iだけなので、入力電圧が高い電気・電子機器にも使えます。出力電力の目安は数百W〜数kW程度です。

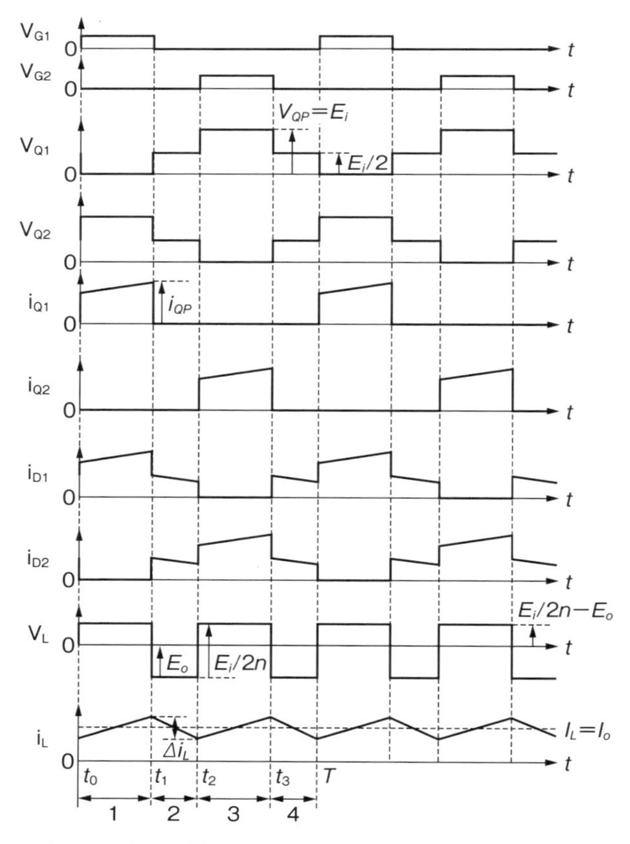

V_{G1}とV_{G2}はゲート電圧を、V_{Q1}とV_{Q2}はスイッチ電圧を意味します。そのほかについては図2を参照してください。

図3　ハーフブリッジ形コンバータの動作波形

4-15　フルブリッジ形コンバータはスイッチが4つになっている

フルブリッジ形コンバータの構成を**図1**に示します。このコンバータは4つスイッチを持ち、2組のスイッチが同じ時比率で交互にオンし、負荷に電力を供給します。スイッチには入力電圧しか加わらず、入力電圧がある程度高くても使うことができます。トランスにはハーフブリッジ形コンバータの2倍の電圧に相当する入力電圧が加わるために、ハーフブリッジ形コンバータより大きな出力電力を取ることができます。出力電圧はパルス幅制御により一定に保たれます。他励式で、発振器が付いています。スイッチが4つになるために制御回路はプッシュプル形コンバータやハーフブリッジ形コンバータより、さらに複雑になります。

一周期間の動作状態は**表1**に示すように4つに分けることができます。各動作状態における等価回路を**図2**に、また、動作波形を**図3**に示します。時刻 t_0 でゲート電圧が加えられ、スイッチ Q_1 と Q_4 がオンすると、トランスとダイオード D_1 を通して入力電圧 E_i/n がコイルに加えられ、時間に対して直線的に増加する電流がコイルに流れます。時刻 t_1 には、コイルには $LI_P{}^2/2$ なる電磁エネルギーが蓄えられます。時刻 t_1 でゲート電圧がなくなりスイッチ Q_1 と Q_4 がオフすると、コイル電流 i_L を流し続けるようにダイオード D_1 と D_2 がオンし、コイル電流 i_L はダイオード D_1 と D_2 を通って流れ、時間に対して直線的に減少し、先の動作でコイル L に蓄えられたエネルギーを出力コンデンサ C に放出します。時刻 t_2 になると、ゲート電圧が加えられスイッチ Q_2 と Q_3 がオンします。すると、トランスとダイオード D_2 を通して入力電圧 E_i/n がコイルに加えられ、時間に対して直線的に増加する電流がコイルに流れます。時刻 t_3 にはコイルには $LI_P{}^2/2$ なる電磁エネルギーが蓄えられます。時刻 t_3 でゲート電圧がなくなりスイッチ Q_2 と Q_3 がオフすると、コイル電流 i_L を流し続けるようにダイオード D_1 と D_2 がオンし、コイル電流 i_L はダイオード D_1 と D_2 を通って流れ、時間に対して直

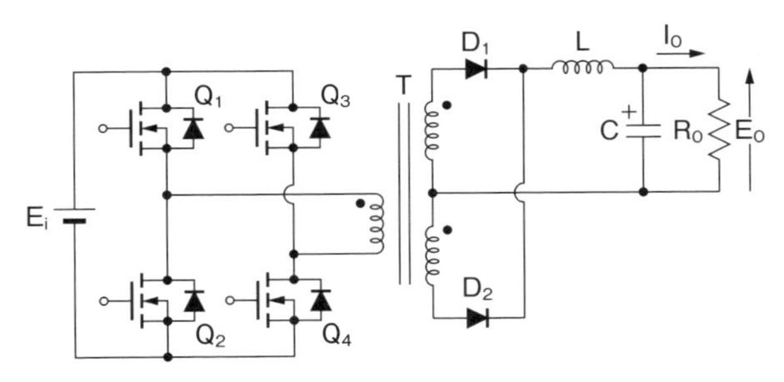

図1　フルブリッジ形コンバータ

表1　フルブリッジ形コンバータの動作状態

	動作状態1	動作状態2	動作状態3	動作状態4
Q_1/Q_4	on	off	off	off
Q_2/Q_3	off	off	on	off
D_1	on	on	off	on
D_2	off	on	on	on

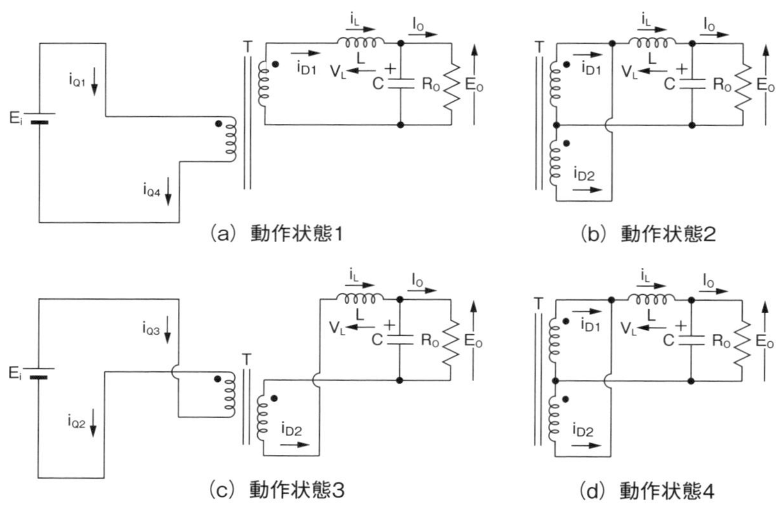

動作状態2と4におけるV_Lは図3に示すように負の電圧であり、実際には上図と逆向きの電圧になります。

図2　フルブリッジ形コンバータの各動作状態における等価回路

線的に減少し、先の動作でコイルLに蓄えられたエネルギーを出力コンデンサCに放出します。時刻Tでゲート電圧が加えられ、再びスイッチQ_1がオンします。一定の周波数でこの動作を繰り返すことにより、負荷に電力を供給します。一周期間に2組のスイッチ、Q_1とQ_4およびQ_2とQ_3がそれぞれ1回ずつ、合計2回オンすることになります。

フルブリッジ形コンバータの出力電圧は、式(1)で与えられます。ただし、Q_1とQ_4とQ_2とQ_3の時比率D_1とD_2は等しく、0.5未満の値になりますので、フォワード形コンバータと比較するために$D_1+D_2=2D_1=D$、$D_1'+D_2'=2D_1'=D'$とおきます。Dはスイッチを1つにしたときの時比率に相当し、D'は$D'=1-D$で与えられます。式(1)より、出力電圧は時比率D_1によ

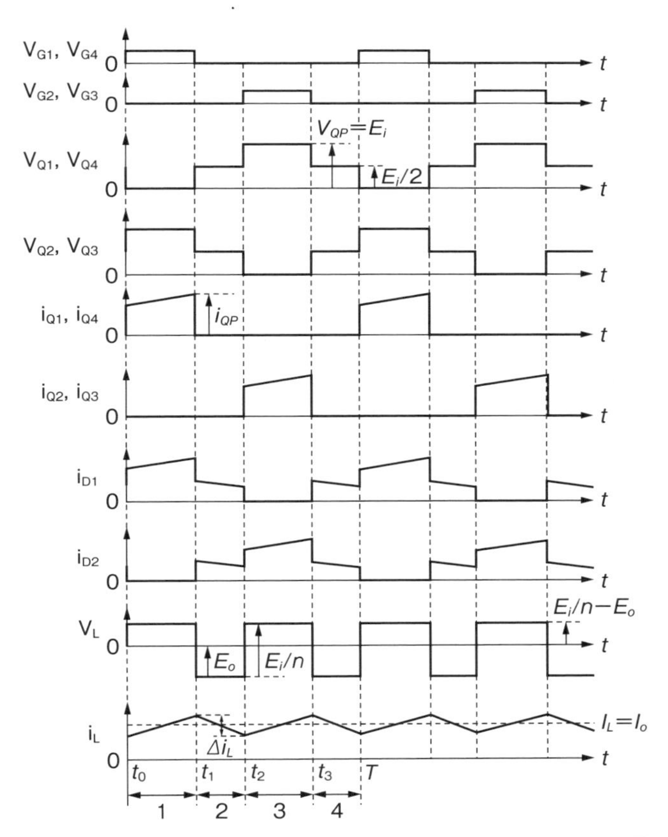

V_{G1}、V_{G4}とV_{G2}、V_{G3}はゲート電圧を、V_{Q1}、V_{Q4}とV_{Q2}、V_{Q3}はスイッチ電圧を意味します。そのほかについては図2を参照してください。

図3　フルブリッジ形コンバータの動作波形

り変化することになり、この特性を利用すれば、入力電圧や出力電流が変動しても、時比率を制御することにより出力電圧を一定に保つことができます。

$$E_o=\frac{N_2}{N_1}\cdot\frac{2T_{on}}{T}E_i=2D_1\cdot\frac{E_i}{n}=D\cdot\frac{E_i}{n} \tag{1}$$

フルブリッジ形コンバータは、ハーフブリッジ形コンバータよりも大きな電力を供給するときに使われます。出力電力の目安は数百W～数kW程度になります。スイッチに加わる電圧が入力電圧E_iだけなので、入力電圧が高い電気・電子機器にも使えます。

4-16　6種類の矩形波絶縁形コンバータの静特性と動特性のまとめ

表1は理想的な状態における静特性をまとめたものです。2つの時比率DとD_1が記載されています。プッシュプル形、ハーフブリッジ形はスイッチが2つあり、一周期間にそれぞれ1回ずつオンします。それらの時比率をD_1およびD_2とすると、$D_1=D_2$ですので$2D_1=D$となります。Dはスイッチを1つにしたときの時比率に相当し、D'は$D'=1-D$で与えられます。フルブリッジ形は2組のスイッチがありますが、Dは2組のスイッチを1組のスイッチにしたときの時比率に相当し、D'は$D'=1-D$で与えられます。フォワード形コンバータと比較するために変換をしています。

表1において、リンギングチョーク形とフライバック形は昇降圧形であり、出力電圧は入力電圧より高い電圧と低い電圧を広範囲に出すことができます。また、高い出力電圧を得るときは、他の回路より有利になります。フォワード形は降圧形を絶縁した回路であり、出力電圧は低く、高い出力電圧を得るときは、トラン

表1　理想的な状態における矩形波絶縁形コンバータの静特性、ほか

	出力電圧 E_o	入力電流 I_i	コイル電流の交流分 Δi_L	スイッチのピーク電流 i_{QP}	スイッチ電圧 V_{QP}
リンギングチョーク形	$\frac{D}{D'}\cdot\frac{E_i}{n}$	$\frac{D}{D'}\cdot\frac{I_o}{n}$	$\frac{E_i}{L_P}DT$	$\frac{E_i}{L_P}DT$	$\frac{E_i}{D'}$
フライバック形	$\frac{D}{D'}\cdot\frac{E_i}{n}$	$\frac{D}{D'}\cdot\frac{I_o}{n}$	$\frac{E_i}{L_P}DT$	$\frac{I_o}{D'n}+\frac{E_i}{2L_P}DT$	$\frac{E_i}{D'}$
フォワード形	$D\cdot\frac{E_i}{n}$	$D\cdot\frac{I_o}{n}$	$\frac{E_i/n-E_o}{L}DT$	$\frac{1}{n}\left(I_o+\frac{E_i/n-E_o}{2L}DT\right)$	$\frac{E_i}{D'}\leq$
プッシュプル形	$2D_1\cdot\frac{E_i}{n}$ $=D\cdot\frac{E_i}{n}$	$2D_1\cdot\frac{I_o}{n}$ $=D\cdot\frac{I_o}{n}$	$\frac{E_i/n-E_o}{L}D_1T$ $=\frac{E_i/n-E_o}{2L}DT$	$\frac{1}{n}\left(I_o+\frac{E_i/n-E_o}{2L}D_1T\right)$ $=\frac{1}{n}\left(I_o+\frac{E_i/n-E_o}{4L}DT\right)$	$2E_i$
ハーフブリッジ形	$D_1\cdot\frac{E_i}{n}$ $=D\cdot\frac{E_i}{2n}$	$D_1\cdot\frac{I_o}{n}$ $=D\cdot\frac{I_o}{2n}$	$\frac{E_i/2n-E_o}{L}D_1T$ $=\frac{E_i/2n-E_o}{2L}DT$	$\frac{1}{n}\left(I_o+\frac{E_i/2n-E_o}{2L}D_1T\right)$ $=\frac{1}{n}\left(I_o+\frac{E_i/2n-E_o}{4L}DT\right)$	E_i
フルブリッジ形	$2D_1\cdot\frac{E_i}{n}$ $=D\cdot\frac{E_i}{n}$	$2D_1\cdot\frac{I_o}{n}$ $=D\cdot\frac{I_o}{n}$	$\frac{E_i/n-E_o}{L}D_1T$ $=\frac{E_i/n-E_o}{2L}DT$	$\frac{1}{n}\left(I_o+\frac{E_i/n-E_o}{2L}D_1T\right)$ $=\frac{1}{n}\left(I_o+\frac{E_i/n-E_o}{4L}DT\right)$	E_i

スの巻数比 n を小さくする必要があります。プッシュプル形、ハーフブリッジ形、フルブリッジ形も同様です。スイッチに加わる電圧はリンギングチョーク形、フライバック形、フォワード形、プッシュプル形で高く、スイッチは高耐圧のものが必要になります。

実際の回路は抵抗が存在するために、出力電圧は表1の値よりも低下し、昇降圧比 G は**表2**のようになります。表2より、フォワード形、プッシュプル形、ハーフブリッジ形、フルブリッジ形の出力インピーダンス Z_o とリプル電圧 Δe_o は小さく、これらのコンバータは出力電流の大きい負荷に適しています。

出力電圧が5 V など低いときは、出力ダイオードの順方向電圧降下 V_f を無視することはできません。4.8節と同様に、出力ダイオードの等価抵抗はゼロとし、順方向電圧降下 V_f を考慮して基本となる3方式について出力電圧 E_o を求めると、**表3**のようになります。ただし、r_2' と Z_o' は、ダイオードの等価抵抗を除いたスイッチのオフ期間の抵抗と出力インピーダンスを意味しています。

表2　実際の回路での矩形波絶縁形コンバータの静特性

	昇降圧比 G	平均損失抵抗 r	出力インピーダンス Z_o	リプル電圧 Δe_o	電力効率 η
リンギングチョーク形	$\frac{D}{D'}\cdot\frac{1}{n}\cdot\frac{1}{1+Z_o/R_o}$	$\frac{Dr_1}{n^2}+D'r_2$	$\frac{r}{D'^2}$	$\frac{DT}{CR_o}E_o$	$\frac{1}{1+Z_o/R_o}$
フライバック形	$\frac{D}{D'}\cdot\frac{1}{n}\cdot\frac{1}{1+Z_o/R_o}$	$\frac{Dr_1}{n^2}+D'r_2$	$\frac{r}{D'^2}$	$\frac{DT}{CR_o}E_o$	$\frac{1}{1+Z_o/R_o}$
フォワード形	$D\cdot\frac{1}{n}\cdot\frac{1}{1+Z_o/R_o}$	$Dr_1+D'r_2$	r	$\frac{D'T^2}{8LC}E_o\left(1+\frac{r_2}{R_o}\right)$	$\frac{1}{1+Z_o/R_o}$
プッシュプル形	$2D_1\cdot\frac{1}{n}\cdot\frac{1}{1+Z_o/R_o}$ $=D\cdot\frac{1}{n}\cdot\frac{1}{1+Z_o/R_o}$	$2(D_1r_1+D'_1r_2)$ $=Dr_1+D'r_2$	r	$\frac{D'_1T^2}{8LC}E_o\left(1+\frac{r_2}{R_o}\right)$ $=\frac{D'T^2}{16LC}E_o\left(1+\frac{r_2}{R_o}\right)$	$\frac{1}{1+Z_o/R_o}$
ハーフブリッジ形	$D_1\cdot\frac{1}{n}\cdot\frac{1}{1+Z_o/R_o}$ $=D\cdot\frac{1}{2n}\cdot\frac{1}{1+Z_o/R_o}$	$2(D_1r_1+D'_1r_2)$ $=Dr_1+D'r_2$	r	$\frac{D'_1T^2}{8LC}E_o\left(1+\frac{r_2}{R_o}\right)$ $=\frac{D'T^2}{16LC}E_o\left(1+\frac{r_2}{R_o}\right)$	$\frac{1}{1+Z_o/R_o}$
フルブリッジ形	$2D_1\cdot\frac{1}{n}\cdot\frac{1}{1+Z_o/R_o}$ $=D\cdot\frac{1}{n}\cdot\frac{1}{1+Z_o/R_o}$	$2(D_1r_1+D'_1r_2)$ $=Dr_1+D'r_2$	r	$\frac{D'_1T^2}{8LC}E_o\left(1+\frac{r_2}{R_o}\right)$ $=\frac{D'T^2}{16LC}E_o\left(1+\frac{r_2}{R_o}\right)$	$\frac{1}{1+Z_o/R_o}$

リンギングチョーク形コンバータを除けば、すべてパルス幅制御方式なので、コイル電流不連続が発生します。**表4**は、電流不連続の発生点と発生したときの出力電圧をまとめたものです。出力電流が変化する負荷のときは、この領域に入らないことを確認する必要があります。

なお、プッシュプル形、ハーフブリッジ形、フルブリッジ形は、表1に示すようにコイル電流の交流分（Δi_L）がフォワード形よりも小さくなるために、コイル電流が不連続になりにくくなります。

表3　出力ダイオードを電圧降下に置き換えたときの出力電圧

	リンギングチョーク形	フライバック形	フォワード形
出力電圧 E_o	$\frac{D}{D'}\frac{E_i}{n}\frac{1}{1+Z_o'/R_o}-V_f$	$\frac{D}{D'}\frac{E_i}{n}\frac{1}{1+Z_o'/R_o}-V_f$	$D\frac{E_i}{n}\frac{1}{1+Z_o'/R_o}-D'V_f$

表2において、r_2 を r_2' に置き換えると Z_o' が求められます。

表4　理想的な状態におけるコイル電流不連続の発生点と不連続モードでの出力電圧

	電流不連続の発生点		出力電圧 Eo
	出力電流 Io	時比率 D	
フライバック形	$I_o<E_o\left(\frac{E_i/n}{Ei/n+E_o}\right)^2\frac{T}{2L_S}$	$D<\frac{E_o}{E_i/n+E_o}$	$\frac{(E_i/n)^2}{I_o}\cdot\frac{D^2T}{2L_S}$
フォワード形	$I_o<\frac{E_o(E_i-nE_o)}{E_i}\cdot\frac{T}{2L}$	$D<\frac{E_o}{E_i/n}$	$\frac{E_i/n}{1+\frac{2LI_o}{D^2TE_i/n}}$
プッシュプル形	$I_o<\frac{E_o(E_i/n-E_o)}{E_i/n}\cdot\frac{T}{4L}$	$D_1<\frac{E_o}{2E_i/n}$ $D<\frac{E_o}{E_i/n}$	$\frac{E_i/n}{1+\frac{LI_o}{D_1^2TE_i/n}}=\frac{E_i/n}{1+\frac{4LI_o}{D^2TE_i/n}}$
ハーフブリッジ形	$I_o<\frac{E_o(E_i/2n-E_o)}{E_i/2n}\cdot\frac{T}{4L}$	$D_1<\frac{E_o}{E_i/n}$ $D<\frac{E_o}{E_i/2n}$	$\frac{E_i/2n}{1+\frac{LI_o}{D_1^2TE_i/2n}}=\frac{E_i/2n}{1+\frac{4LI_o}{D^2TE_i/2n}}$
フルブリッジ形	$I_o<\frac{E_o(E_i/n-E_o)}{E_i/n}\cdot\frac{T}{4L}$	$D_1<\frac{E_o}{2E_i/n}$ $D<\frac{E_o}{E_i/n}$	$\frac{E_i/n}{1+\frac{LI_o}{D_1^2TE_i/n}}=\frac{E_i/n}{1+\frac{4LI_o}{D^2TE_i/n}}$

プッシュプル形コンバータとフルブリッジ形コンバータは同じ等式になります。

K_Iを用いてコイル電流不連続の発生点と不連続モードでの昇降圧比を求めると、**表5**のようになります。

表6に示すように、出力電圧が同一であれば、フォワード形、プッシュプル形、ハーフブリッジ形、フルブリッジ形の変動率は、リンギングチョーク形やフライバック形より小さく、安定しています。出力電圧を一定にするために制御をかけたときの出力インピーダンスZは、表6のようであり、制御する前の出力インピーダンスZ_oより小さくなります。減衰定数はチョッパ方式非絶縁形の昇降圧形と降圧形と同じになります。表6には記載していませんが、リンギングチョーク形とフライバック形の制御機構の安定限度となる帰還率β_lは式(1)で与えられます。なお、フォワード形、プッシュプル形、ハーフブリッジ形、フルブリッジ形には限度がありません。

$$\beta_l < \frac{D'}{E_o}\left(1+\frac{D'^2 Z_o R_o C}{L_S}\right) \tag{1}$$

表5　理想的な状態におけるコイル電流不連続の発生点と不連続モードでの昇降圧比

	K_I	電流不連続の発生点	昇降圧比G
フライバック形	$\frac{L_S f I_o}{E_i/n}$	$K_I < \frac{DD'}{2}$	$\frac{1}{n}\cdot\frac{D^2}{2K_I}$
フォワード形	$\frac{L_S f I_o}{E_i/n}$	$K_I < \frac{DD'}{2}$	$\frac{1}{n}\cdot\frac{1}{1+\frac{2K_I}{D^2}}$
プッシュプル形	$\frac{L_S f I_o}{E_i/n}$	$K_I < \frac{D_1 D_1'}{2}$ $K_I < \frac{DD'}{8}$	$\frac{1}{n}\cdot\frac{1}{1+\frac{K_I}{D_1^2}} = \frac{1}{n}\cdot\frac{1}{1+\frac{4K_I}{D^2}}$
ハーフブリッジ形	$\frac{L_S f I_o}{E_i/2n}$	$K_I < \frac{D_1 D_1'}{2}$ $K_I < \frac{DD'}{8}$	$\frac{1}{n}\cdot\frac{1}{1+\frac{K_I}{D_1^2}} = \frac{1}{n}\cdot\frac{1}{1+\frac{4K_I}{D^2}}$
フルブリッジ形	$\frac{L_S f I_o}{E_i/n}$	$K_I < \frac{D_1 D_1'}{2}$ $K_I < \frac{DD'}{8}$	$\frac{1}{n}\cdot\frac{1}{1+\frac{K_I}{D_1^2}} = \frac{1}{n}\cdot\frac{1}{1+\frac{4K_I}{D^2}}$

プッシュプル形コンバータとフルブリッジ形コンバータは同じ等式になります。

表6　実際の回路での非共振（矩形波）絶縁形コンバータの動特性

	変動率 $S=\partial E_o/\partial E_i$	出力インピーダンス Z	減衰時定数 τ
リンギングチョーク形	$\dfrac{1}{n}\cdot\dfrac{1}{DD'+\beta E_o}$	$\dfrac{Z_o}{1+\dfrac{\beta E_o}{DD'}\left(1-\dfrac{Dr-D'r_2}{D'^2R_o}\right)}$	$\dfrac{1}{\dfrac{1}{2}\left\{D'^2\dfrac{Z_o}{L}-\dfrac{1}{CR_o}\left(\dfrac{\beta E_o}{D'}-1\right)\right\}}$ ただし、$L=L_S$
フライバック形	$\dfrac{1}{n}\cdot\dfrac{1}{DD'+\beta E_o}$	$\dfrac{Z_o}{1+\dfrac{\beta E_o}{DD'}\left(1-\dfrac{Dr-D'r_2}{D'^2R_o}\right)}$	$\dfrac{1}{\dfrac{1}{2}\left\{D'^2\dfrac{Z_o}{L}-\dfrac{1}{CR_o}\left(\dfrac{\beta E_o}{D'}-1\right)\right\}}$ ただし、$L=L_S$
フォワード形	$\dfrac{1}{n}\cdot\dfrac{D^2}{D+\beta E_o}$	$\dfrac{Z_o}{1+\dfrac{\beta E_o}{D}\left(1+\dfrac{r_2}{R_o}\right)}$	$\dfrac{1}{\dfrac{1}{2}\left(\dfrac{Z_o}{L}+\dfrac{1}{CR_o}\right)}$
プッシュプル形	$\dfrac{1}{n}\cdot\dfrac{2D_1^2}{D_1+\beta E_o}=\dfrac{1}{n}\cdot\dfrac{D^2}{D+2\beta E_o}$	$\dfrac{Z_o}{1+\dfrac{\beta E_o}{D_1}\left(1+\dfrac{2r_2}{R_o}\right)}=\dfrac{Z_o}{1+\dfrac{2\beta E_o}{D}\left(1+\dfrac{2r_2}{R_o}\right)}$	$\dfrac{1}{\dfrac{1}{2}\left(\dfrac{Z_o}{L}+\dfrac{1}{CR_o}\right)}$
ハーフブリッジ形	$\dfrac{1}{n}\cdot\dfrac{D_1^2}{D_1+\beta E_o}=\dfrac{1}{2n}\cdot\dfrac{D^2}{D+2\beta E_o}$	$\dfrac{Z_o}{1+\dfrac{\beta E_o}{D_1}\left(1+\dfrac{2r_2}{R_o}\right)}=\dfrac{Z_o}{1+\dfrac{2\beta E_o}{D}\left(1+\dfrac{2r_2}{R_o}\right)}$	$\dfrac{1}{\dfrac{1}{2}\left(\dfrac{Z_o}{L}+\dfrac{1}{CR_o}\right)}$
フルブリッジ形	$\dfrac{1}{n}\cdot\dfrac{2D_1^2}{D_1+\beta E_o}=\dfrac{1}{n}\cdot\dfrac{D^2}{D+2\beta E_o}$	$\dfrac{Z_o}{1+\dfrac{\beta E_o}{D_1}\left(1+\dfrac{2r_2}{R_o}\right)}=\dfrac{Z_o}{1+\dfrac{2\beta E_o}{D}\left(1+\dfrac{2r_2}{R_o}\right)}$	$\dfrac{1}{\dfrac{1}{2}\left(\dfrac{Z_o}{L}+\dfrac{1}{CR_o}\right)}$

4-17　動作周波数を上げるとスイッチングコンバータが小型化できる？

動作周波数を上げると、一周期間にスイッチングレギュレータが扱う電力量（エネルギー）Wが減少するために、スイッチングレギュレータを小型化することができます。式(1)は、リンギングチョーク形コンバータが一周期間にトランスの二次側負荷に供給する電力量Wを意味しています。この式から、周波数を高くすると、1 Hzあたりの電力量Wが少なくなり、コンバータを構成する部品の定格を小さくできます。したがって、部品形状を小さくでき、コンバータを小型化することができます。

$$W(\mathrm{J}) = \frac{\eta L_P I^2{}_P}{2} = P_o T = \frac{P_o}{f} \qquad (1)$$

ここで、L_Pはトランスの励磁インダクタンス、I_PはL_Pを流れる励磁電流i_Pのピーク値、ηはトランスの電力効率、P_oは出力電力、Wは一周期間に二次側に供給される電力量を表します。**図1**を参照してください。

しかし、スイッチング回数の増加に伴い、スイッチのスイッチング損失やトランスコアの鉄損が増えてしまい、実際には温度上昇の面から小型化をすることができません。式(2)はリンギングチョーク形コンバータにおけるスイッチの損失を示したものであり、第一項がスイッチング損失を表します。詳細については3.7節を見てください。周波数が上がると、周波数に比例してスイッチング損失が大きくなってしまいます。

$$P_Q = P_{SW} + P_{on} = \frac{1}{6T}(V_Q I'_P \cdot t_r + V_{QP} I_P \cdot t_f) + (i_{Q-rms})^2 R_{on}$$

$$= \frac{f}{6}(V_Q I'_P \cdot t_r + V_{QP} I_P \cdot t_f) + (i_{Q-rms})^2 R_{on} \qquad (2)$$

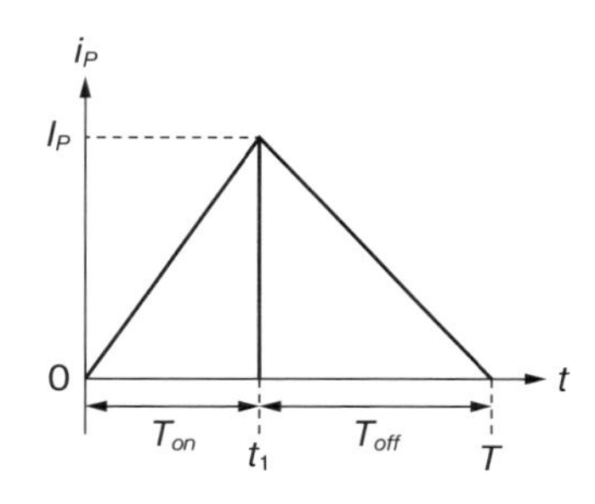

図1　リンギングチョーク形コンバータの励磁電流

4–18 スイッチをZVSまたはZCSさせるとスイッチの損失を大幅に低減できる

そこで、スイッチの損失を低減させる技術として考案されたのが、共振形コンバータになります。共振させることにより波形を正弦波状にし、電圧または電流がゼロのところでターンオンまたはターンオフさせます。この動作はZVS（zero voltage switching）またはZCS（zero current switching）と呼ばれ、これによりスイッチング損失を大幅に小さくすることができます（**図1**参照）。その結果、動作周波数を上げスイッチングレギュレータを小型化できるようになりました。

図2は、矩形波コンバータがスイッチングするときの、抵抗負荷におけるスイッチの電流–電圧（i_Q–v_Q）の軌跡を描いたものです。V_{QP}とI_{QP}は電圧・電流の最大値を示します。ターンオンするときは電流の増加とともに電圧が減少し、逆にターンオフするときは電流の減少と共に電圧が増加する特性を示します。どちらも電流–電圧の軌跡の内側の面積は大きく、大きな損失が発生します。

図3(a)は電圧共振形コンバータがスイッチングするときの、抵抗負荷におけるスイッチの電流–電圧の軌跡を示しています。スイッチが完全にオフするまでに少し電圧が上昇するため、いくらかの損失が発生しますが、その損失は矩形波コンバータと比べて極めて少なくなっています。**図3(b)**は電流共振形コンバータがスイッチングするときの、抵抗負荷におけるスイッチの電流–電圧の軌跡を示しています。スイッチがターンオンするとき、完全にオンするまでにある程度の電圧が加わった状態で電流が上昇するため、いくらかの損失が発生しますが、その損失はわずかです。

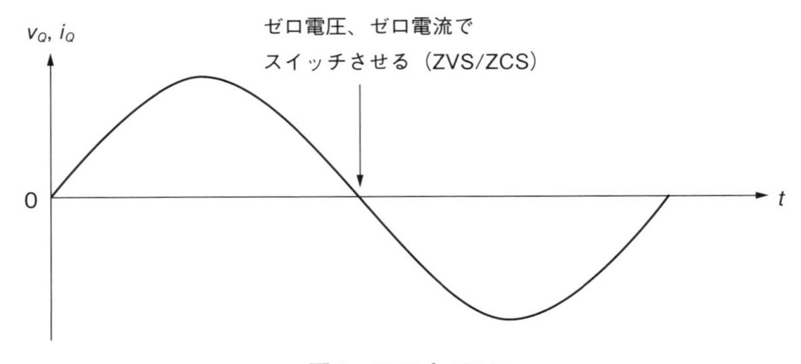

図1　ZVSとVCS

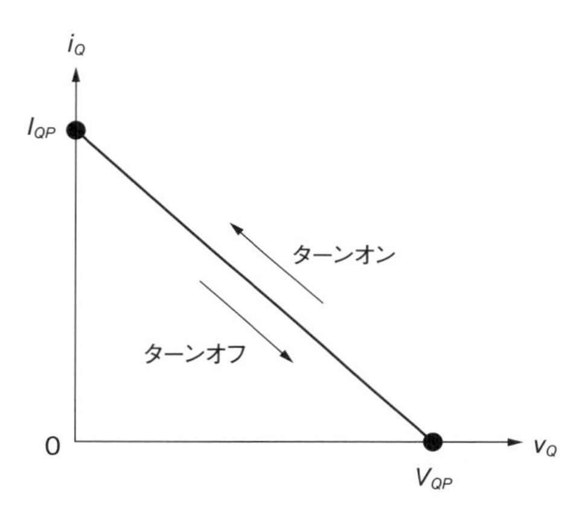

図2　矩形波コンバータの抵抗負荷におけるスイッチの電流−電圧の軌跡

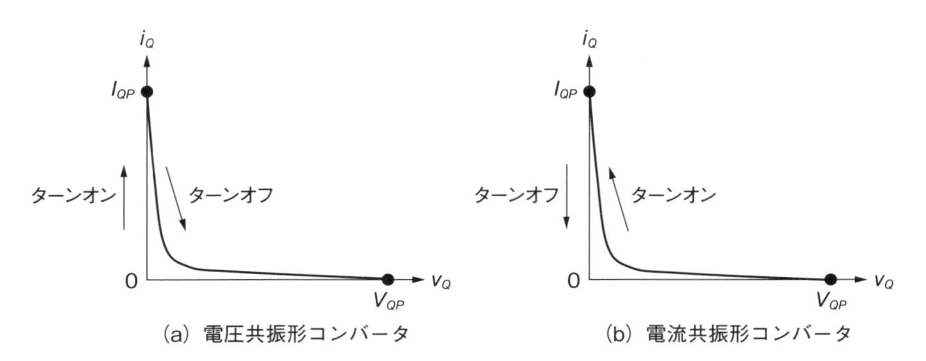

(a) 電圧共振形コンバータ　　(b) 電流共振形コンバータ

図3　共振形コンバータの抵抗負荷におけるスイッチの電流−電圧の軌跡

4-19　電圧共振フライバック形コンバータは正弦波の電圧がスイッチに加わる

電圧共振フライバック形コンバータの構成を**図1**に示します。スイッチのオフ期間に共振コンデンサC_rと共振コイルL_rが共振し、スイッチには正弦波の共振電圧が発生します。トランスの一次巻線には共振電圧から入力電圧を差し引いた電圧が加えられることになり、二次側にも共振電圧である正弦波電圧が発生します。この正弦波電圧をピーク整流し、負荷に加えます。共振している期間は固定されており、スイッチがオンしている期間を変えて、周波数制御により出力電圧を一定に制御します。他励式で発振器が付いています。電圧共振形コンバータのために、スイッチはターンオンおよびターンオンする際にZVS（zero voltage switching）しています。なお、一般的にはトランスのリーケージインダクタンスが共振コイルL_rとして使われます。スイッチに加わる電圧が非常に高く、高耐圧の素子が必要になるために、今までに実用化された回路はあまりありませんが、ブラウン管を使用したテレビジョン受信機の高圧発生回路に使われていました。ただし、この回路では一定に制御された入力電圧が加えられており、周波数を変えて出力を制御する必要はなく、固定の周波数で（15.734 kHz）で動作していました。

電圧共振フライバック形コンバータの一周期間の動作状態は、**表1**に示すよう

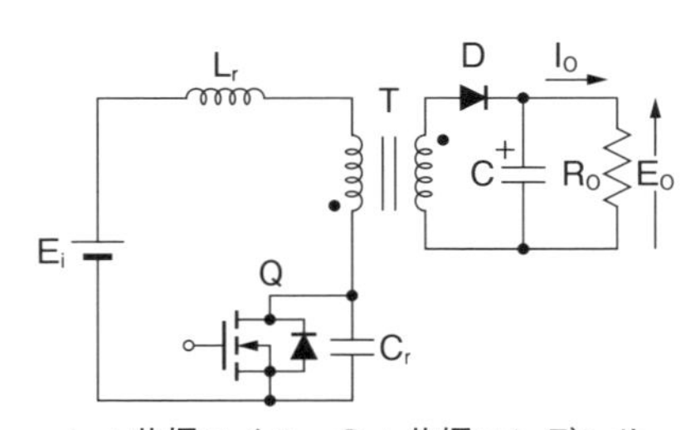

L_r：共振コイル、C_r：共振コンデンサ

図1　電圧共振フライバック形コンバータ

表1　電圧共振フライバック形コンバータの動作状態

	動作状態1	動作状態2	動作状態3	動作状態4
Q/D_Q	off	off	on	on
D	off	on	on	off

D_Q：スイッチQの寄生ダイオード

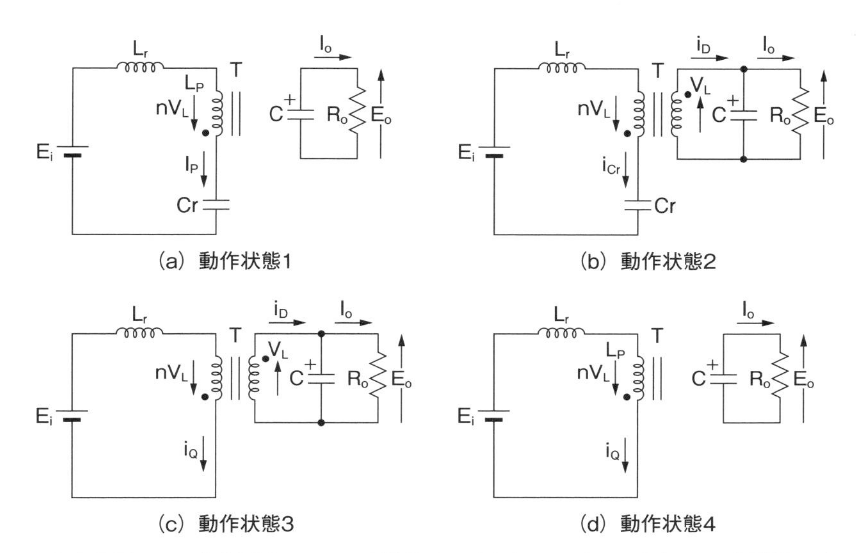

E_i：入力電圧、E_o：出力電圧、L_P：一次励磁インダクタンス（$L_P=n^2L$）、L_r：共振用コイル、C_r：共振コンデンサ、V_L：二次励磁インダクタンスLに発生する電圧、i_D：ダイオード電流、I_o：出力電流、n：巻線比（$n=N_1/N_2$）
動作状態3におけるV_Lは図3に示すように負電圧であり、実際には上図と逆向きの電圧になります。

図2　電圧共振フライバック形コンバータの各動作状態における等価回路

に4つに分けることができます。各動作状態における等価回路を**図2**に、また、動作波形を**図3**に示します。

これらをもとに一周期間の動作を説明します。

①動作状態1

時刻t_0でゲート電圧がなくなり、スイッチQはオフ状態にある。共振コンデンサC_rが励磁電流I_Pで充電されます。このとき共振コンデンサの電圧V_{Cr}（スイッチの電圧V_Q）は定電流で充電されるため、直線的に上昇します。時刻t_1でトランスの二次励磁インダクタンス電圧V_Lが出力電圧E_oに等しくなると、ダイオードDが導通し、この期間は終了します。

②動作状態2

ダイオードDが導通しており、負荷に電力を供給しながら共振コイルL_rと共振コンデンサC_rが共振をしています。このとき、励磁インダクタンスL_Pは短絡されます。共振コンデンサC_rの電流、ダイオード電流i_Dとスイッチ電圧V_Q、および二次励磁インダクタンスの電圧V_Lは以下のようになります。この期間は、

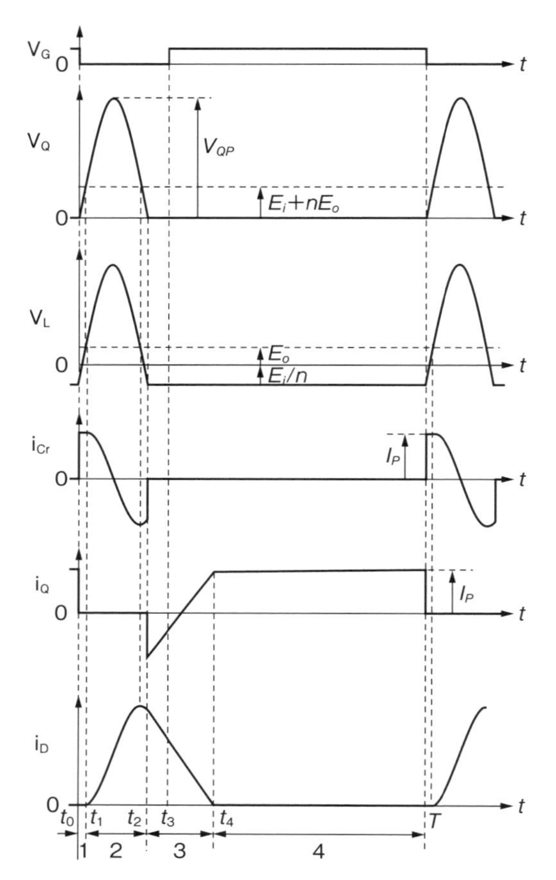

V_{G1}はゲート電圧、V_{Q1}はスイッチ電圧（$=V_{cr}$）、V_Lは二次励磁インダクタンス電圧を意味します。そのほかについては図2を参照してください。

図3　電圧共振フライバック形コンバータの動作波形

時刻 t_2 で共振コンデンサの電圧 V_{Cr} が負になると、スイッチの寄生ダイオード D_Q が導通し、終了します。

③動作状態3

スイッチQとダイオードDはオンしており、負荷に電力を供給し続けています。ダイオードDが導通しているため、トランスの励磁インダクタンスは短絡されており、共振コイルのインダクタンスで決まる電流がスイッチの寄生ダイオードに流れ、時間に対して直線的に増加します。この電流はいずれ負から正になり寄生ダイオードがオフしますが、その前の時刻 t_3 にゲート電圧 V_G が加えられるため、スイッチは継続して導通し、電流は流れ続けます。この期間は、スイッチを流れる電流が励磁電流に等しくなると、ダイオードを流れる電流がゼロとなり、終了します。

④動作状態 4

ダイオードはオフしており、励磁インダクタンスが現れます。その結果、ほぼ一定の電流 I_P がスイッチに流れます。この期間はスイッチ Q のゲート電圧がなくなると終了します。

式(1)は、電圧共振フライバック形コンバータの動作周波数 f と昇降圧比 G の関係を示したものです。式(1)において、動作周波数 f を変えると、昇降圧比 G が**図 4** のように変化します。この特性を利用すれば、入力電圧や出力電流が変動しても、動作周波数を制御することにより出力電圧を一定に保つことができます。

$$\frac{f}{f_0}=\frac{2\pi}{(1+G)\left\{\frac{R_o'}{2ZG}+\pi+\sin^{-1}\left(\frac{R_o'}{ZG}\right)+\frac{ZG}{R_o'}\left(1+\sqrt{1-\left(\frac{R_o'}{ZG}\right)^2}\right)\right\}} \quad (1)$$

ただし、式(1)の変数はそれぞれ以下を意味します。

R_o'：一次換算荷出力抵抗、$R_o'=E_o'/I_o'=n^2R_o$

Z：共振回路のインピーダンス、$Z=\sqrt{L_r/C_r}$

G：昇降圧比（入出力電圧比）、$G=\dfrac{E_o}{E_i/n}$

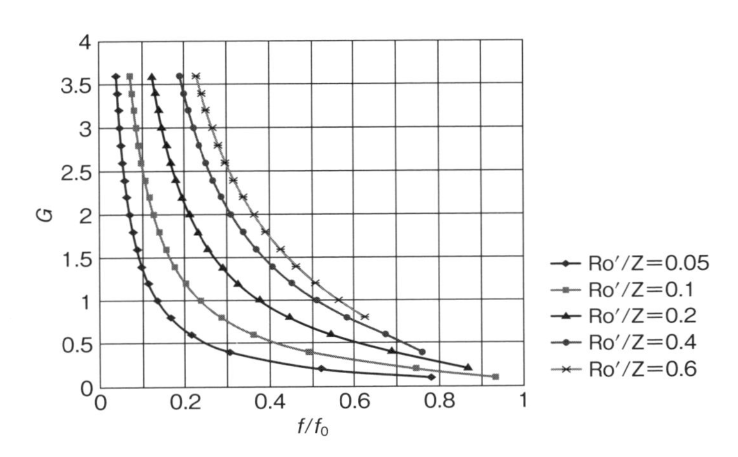

図 4　電圧共振フライバック形コンバータの出力特性

f_0：共振周波数、$f_0 = 1/(2\pi\sqrt{L_r C_r})$

f：動作周波数

図5は入力電圧とスイッチ電圧の関係を示したものです。図5において、スイッチ電圧の電圧時間積 S_2 は、入力電圧の電圧時間積 S_1（$= E_i \times T$）に等しく、$S_2 = S_1$ になります。ここで、周波数が低くなり一周期間が T から T′ に長くなると、入力電圧の電圧時間積が大きくなり、スイッチ電圧は V_{QP} から $V_{QP}{}'$ に高くなります。したがって、周波数が低下すると、スイッチ電圧 V_{QP} と出力電圧 E_o は周波数に反比例して**図6**のように上昇します。この特性を利用して、出力電圧が周波数制御されます。

電圧共振フライバック形コンバータは、高耐圧の素子が必要になります。高耐圧になると素子のオン抵抗が増加し、ZVS しているにもかかわらずスイッチの損失が増加し、効率が下がってしまうことになります。耐圧が高く、しかもオン抵抗が低く速度が速い素子が開発されれば有効な回路になるでしょう。

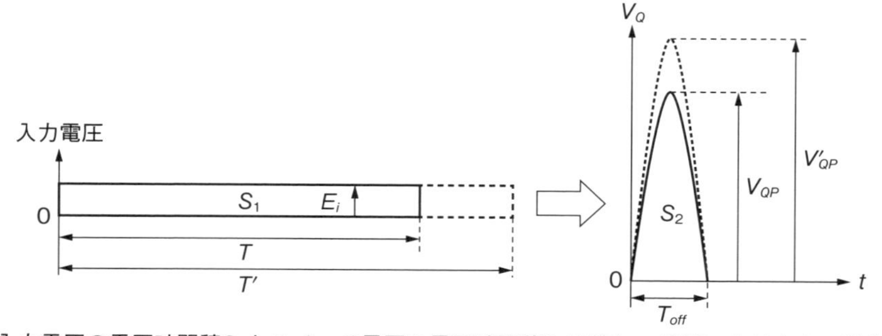

入力電圧の電圧時間積S_1とスイッチ電圧の電圧時間積S_2は等しい状態にあります。動作周波数が下がると、入力電圧の電圧時間積が大きくなり、オフ期間が一定のために、スイッチ電圧のピーク値はV_Qから$V_Q{}'$に大きくなります。

図5　入力電圧とスイッチ電圧の関係

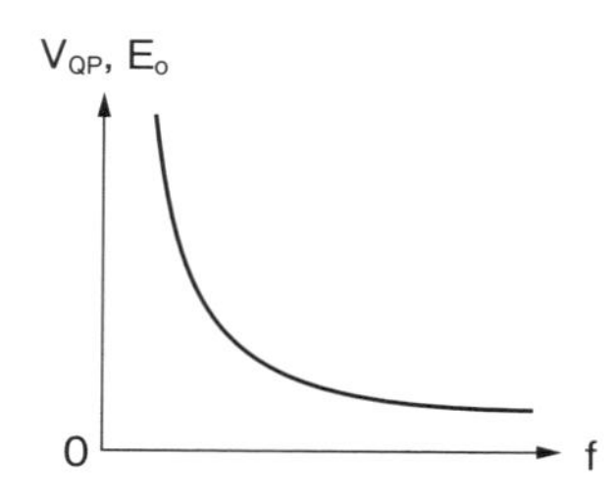

周波数が下がると一周期間Tが伸び、スイッチ電圧V_{QP}と出力電圧E_oが周波数に反比例して上昇します。

図6　電圧共振フライバック形コンバータの出力特性

4-20　電流共振形コンバータは正弦波の電流がスイッチに流れる

電流共振形コンバータの構成を**図1**に示します。一次回路はハーフブリッジ構成になっており、2つのスイッチQ_1とQ_2の接続点とアース間にトランスの一次巻線と電流共振コンデンサC_iが直列に接続されています。また、電圧共振コンデンサC_Vが、トランスの一次巻線と電流共振コンデンサの直列回路に並列に配置されています。二次回路は全波整流回路になっています。スイッチQ_1とQ_2を交互に時比率0.5でオン・オフさせて、二次側に電力を供給します。トランスの自己インダクタンスL_1と電流共振コンデンサC_iが共振し、励磁電流が正弦波になります。出力電圧は、時比率を一定にしたまま、動作周波数を変えることにより一定に制御しています。発振器を備えており他励式です。

電圧共振を利用してスイッチQ_1とQ_2をZVSさせています。また、スイッチがオンしている期間は電流共振をしており、スイッチの動作周波数を変えることで出力電圧を制御しています。このことから、SMZ（soft-switched multi-resonant zero-cross）コンバータとも呼ばれています。

一周期間の動作は、**表1**に示すように6つの動作状態に分けることができます。各動作状態における等価回路を**図2**に、また、動作波形を**図3**に示します。これらをもとに一周期間の動作について説明します。

時刻t_0でゲート電圧が加えられると、スイッチQ_1がオンし、トランスが励磁され図2(a)の方向に励磁電流i_eが流れます。同時にダイオードD_1が導通し電流i_{D1}/nが流れ、コンデンサCを充電します。ただし、期間の始めにおいて励磁電流は負のため、図2(a)とは逆方向に電流が流れ、正になると図の向きに変わり

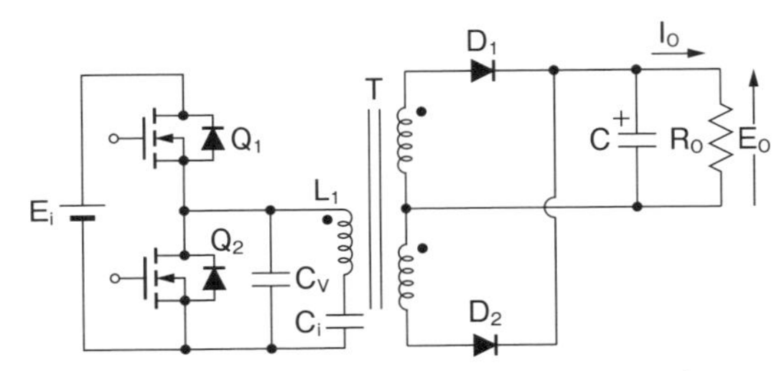

C_i：電流共振コンデンサ、C_V：電圧共振コンデンサ

図1　電流共振形コンバータ

表1　電流共振形コンバータの動作状態

	動作状態1	動作状態2	動作状態3	動作状態4	動作状態5	動作状態6
Q_1/D_{Q1}	on	on	off	off	off	off
Q_2/D_{Q2}	off	off	off	on	on	off
D_1	on	off	off	off	off	off
D_2	off	off	off	on	off	off

D_{Q1}、D_{Q2}：スイッチQ_1、Q_2の寄生ダイオード

ます。動作周波数が励磁電流の共振周波数f_1より高いために、図3に示すように電流は必ずスイッチの寄生ダイオードが導通する負の電流から始まります。このときのダイオード電流は、励磁インダクタンスL_Pと、リーケージインダクタンスL_{s1}および一次換算の二次リーケージインダクタンスL_{S2}'、さらに電流共振コンデンサC_iで決まる、角周波数ω_0の共振電流になります。その後、時刻t_1でダイオードD_1がオフし、回路には励磁電流だけが流れます（図2(b)）。この期間の励磁電流は、励磁インダクタンスL_PおよびリーケージインダクタンスL_{s1}と電流共振コンデンサC_iで決まる角周波数ω_1の共振電流になります。時刻t_2になると、ゲート電圧がなくなり、スイッチQ_1はオフします。そのため、励磁インダクタンスL_P、リーケージインダクタンスL_{s1}、電流共振コンデンサC_i、電圧共振コンデンサC_Vで決まる角周波数ω_2で共振し、電圧共振コンデンサC_Vの両端電（スイッチQ_2の両端電圧）が徐々に低下して、時刻t_3でゼロになります（図2(c)）。そのため、時刻t_3でゲート電圧が加えられオンする際に、スイッチQ_2はZVS（zero voltage switching）することになります。スイッチQ_2がオンすると、期間1とは逆方向にトランスが励磁され、図2(d)の方向に励磁電流i_eが流れます。同時に、ダイオードD_2が導通し電流i_{D2}/nが流れ、コンデンサCを充電します。このとき、期間の初めにおいて励磁電流は正のため、図2(d)とは逆の方向に電流が流れ、負になると図の向きに変わります。このときのダイオード電流は、角周波数ω_0の共振電流になります。その後、時刻t_4でダイオードD_2がオフし、回路には励磁電流だけが流れます（図2(e)）。この期間の励磁電流は、角周波数ω_1の共振電流になります。時刻t_5になるとゲート電圧がなくなり、スイッチQ_2はオフします。そのため、回路は角周波数ω_2で共振し、電圧共振コンデンサC_Vの両端電圧が徐々に上昇して、時刻Tで入力電圧E_iに達します（図2(f)）。そのため、時刻Tで再びゲート電圧が加えられオンする際に、スイッチ

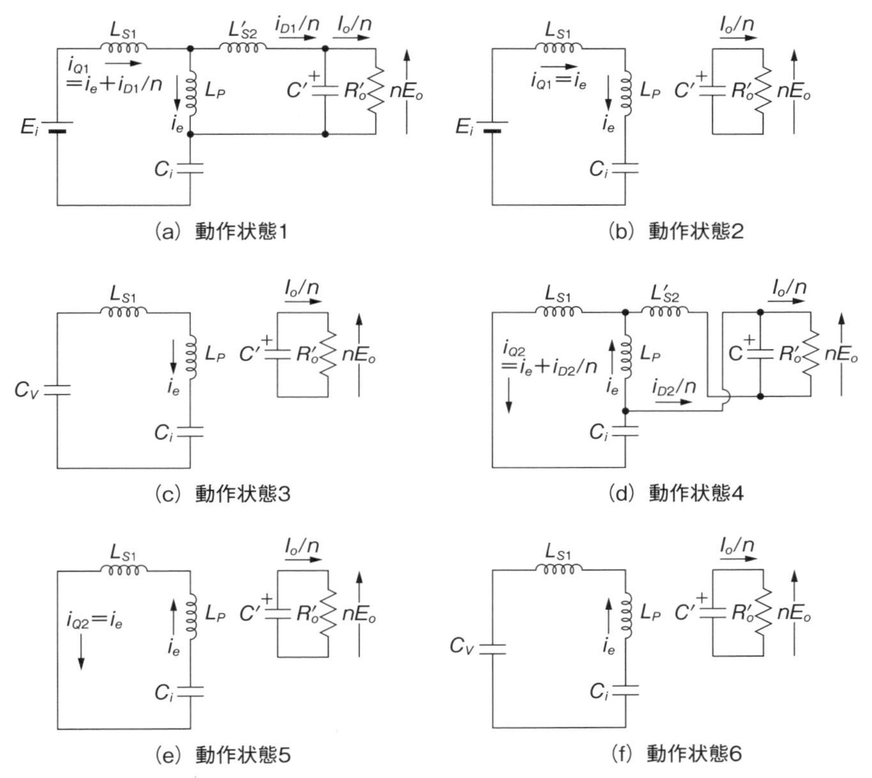

L_{S1}：一次リーケージインダクタンス、L'_{S2}：一次換算の二次リーケージインダクタンス、L_P：一次励磁インダクタンス、C_i：電流共振コンデンサ、i_e：励磁電流、i_D/n：一次換算のダイオード電流、C'：一次換算の出力コンデンサ、R_o'：一次換算の出力抵抗
電流の向きは実際に流れている方向に書いてありますが、動作状態1と動作状態4の期間において、電流(i_e+i_D/n)が図の方向と逆に流れる期間があるので、ご注意ください。

図2　電流共振形コンバータの各動作状態における等価回路

Q_1はZVSすることになります。また、図3に示すように、整流ダイオードD_1とD_2はオンする際とオフする際にZCS（zero current switching）しています。以上の動作を繰り返すことにより、負荷に電力を供給します。出力電圧は周波数制御により一定に保たれます。

この方式の特徴は3つの共振を利用しているところにあります。それぞれの動作状態における共振角周波数、共振回路のインピーダンスおよびインダクタンス電圧は以下のようになります。

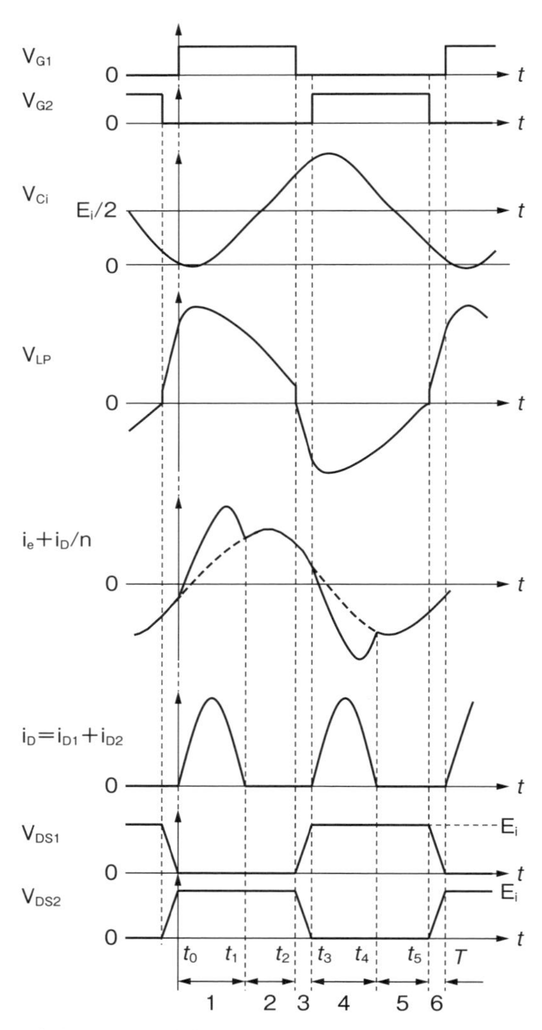

(i_e+i_D/n) は励磁電流i_eと一次換算のダイオード電流i_D/nを加算した電流ですが、点線は励磁電流だけのときの波形、実線は出力電流が流れたときの波形を意味しています。V_{G1}とV_{G2}はスイッチQ_1とQ_2のゲート電圧、V_{D1}とV_{D2}はドレイン-ソース間電圧です。V_{LP}は一次励磁インダクタンス電圧、V_{Ci}は電流共振コンデンサ電圧であり、その向きについては図2を参照してください。

図3　電流共振形コンバータの動作波形

①動作状態 1、4

スイッチがオン状態にあります。励磁インダクタンス L_P およびリーケージインダクタンス L_{s1}、L_{S2}' と電流共振コンデンサ C_i が共振しており、ダイオードを通して負荷に電力を供給しています。このとき、ダイオード電流 i_{D1}/n と i_{D2}/n のピーク値は、リーケージインダクタンス（$L_{S1}+L_{S2}'$）によって制限されます。励磁インダクタンスの電圧 V_{LP} は直流電圧 $E_i/2$ に共振電圧 ΔV_{Ci} が加算されるために、出力電圧は共振電圧により昇圧されることになります。この期間の共振角周波数 ω_0、共振回路のインピーダンス Z_0、励磁インダクタンスの電圧 V_{LP} は以下のようになります。

$$\omega_0{}^2 = \frac{1}{\left(L_{S1} + \dfrac{L_P L'_{S2}}{L_P + L'_{S2}}\right) C_i} = \frac{1}{L_S C_i} \qquad (1)$$

$$Z_0 = \sqrt{\frac{L_S}{C_i}} \qquad (2)$$

$$V_{LP}(t_0 \sim t_1) = \frac{L_P}{L_P + L_{S1}} (E_i - V_{Ci}) - L_{S1} \frac{d(i_{D1}/n)}{dt} \qquad (3)$$

ここで、電流共振コンデンサの電圧 V_{Ci} を求めると式(4)になります。スイッチ Q_1 と Q_2 の時比率が 50 %で等しいために、電流共振コンデンサ C_i には入力電圧の 1/2 の直流電圧 $E_i/2$ が生じています。ここに、共振電圧 ΔV_{ci} が加算されるために、電流共振コンデンサの電圧は、

$$V_{Ci} = \frac{E_i}{2} + \Delta V_{Ci} \qquad (4)$$

となります。これを式(3)に代入すると、励磁インダクタンスの電圧 V_{LP} は、

$$\begin{aligned} V_{LP}(t_0 \sim t_1) &= \frac{L_P}{L_P + L_{S1}} (E_i/2 - \Delta V_{Ci}) - L_{S1} \frac{d(i_{D1}/n)}{dt} \\ &= \frac{L_P}{L_P + L_{S1}} (E_i/2 + \Delta V_{Ci} \varepsilon^{j\pi}) - L_{S1} \frac{d(i_{D1}/n)}{dt} \end{aligned} \qquad (5)$$

$$\begin{aligned} V_{LP}(t_3 \sim t_4) &= \frac{L_P}{L_P + L_{S1}} \{0 - (E_i/2 + \Delta V_{Ci})\} + L_{S1} \frac{d(i_{D2}/n)}{dt} \\ &= -\left\{ \frac{L_P}{L_P + L_{S1}} (E_i/2 + \Delta V_{Ci}) - L_{S1} \frac{d(i_{D2}/n)}{dt} \right\} \end{aligned} \qquad (6)$$

となります。

②動作状態2、5

励磁インダクタンスL_PおよびリーケージインダクタンスL_{s1}と電流共振コンデンサC_iが共振しており、出力電圧が共振電圧（ΔV_{ci}）の分、昇圧されます。この期間の共振角周波数ω_1、共振回路のインピーダンスZ_1、励磁インダクタンスの電圧V_{LP}は以下のようになります。

$$\omega_1{}^2=\frac{1}{(L_P+L_{S1})\,C_i} \tag{7}$$

$$Z_1=\sqrt{\frac{L_P+L_{S1}}{C_i}} \tag{8}$$

$$V_{LP}(t_1\sim t_2)=\frac{L_P}{L_P+L_{S1}}(E_i-V_{Ci})=\frac{L_P}{L_P+L_{S1}}(E_i/2+\Delta V_{Ci}\varepsilon^{j\pi}) \tag{9}$$

$$V_{LP}(t_4\sim t_5)=\frac{L_P}{L_P+L_{S1}}\{0-(E_i/2+\Delta V_{Ci})\}=-\frac{L_P}{L_P+L_{S1}}(E_i/2+\Delta V_{Ci}) \tag{10}$$

③動作状態3、6

スイッチQ_1、Q_2はオフ状態にあります。励磁インダクタンスL_P、リーケージインダクタンスL_{s1}、電流共振コンデンサC_i、電圧共振コンデンサC_Vが共振しており、これを利用してスイッチQ_1、Q_2をZVSさせることができます。この期間の共振角周波数ω_2、共振回路のインピーダンスZ_2は以下のようになります。ただし、$C_V \ll C_i$です。

$$\omega_2{}^2=\frac{1}{(L_P+L_{S1})\left(\dfrac{C_iC_V}{C_i+C_V}\right)}\cong\frac{1}{(L_P+L_{S1})\,C_V} \tag{11}$$

$$Z_2\cong\sqrt{\frac{L_P+L_{S1}}{C_V}} \tag{12}$$

式(5)と式(9)において、動作周波数がインダクタンス（L_P+L_{S1}）と電流共振コンデンサC_iの共振周波数f_1（$=\omega_1/2\pi$）付近になると、共振電圧$\Delta V_{ci}\varepsilon^{j\pi}$が最大になるために$V_{LP}$も最大になります。また、動作周波数が非常に高くなると、電流共振コンデンサC_iが短絡状態になるために、共振電圧$\Delta V_{ci}\varepsilon^{j\pi}$がゼロになり、$V_{LP}$は最低値になります。このときの出力電圧は、$V_{LP}$に比例して変化するために、昇降圧比Gは動作周波数に対して**図4**のように変化します。電流共振形コンバータはこの特性を利用して出力電圧を周波数制御します。なお、図4に示す昇降

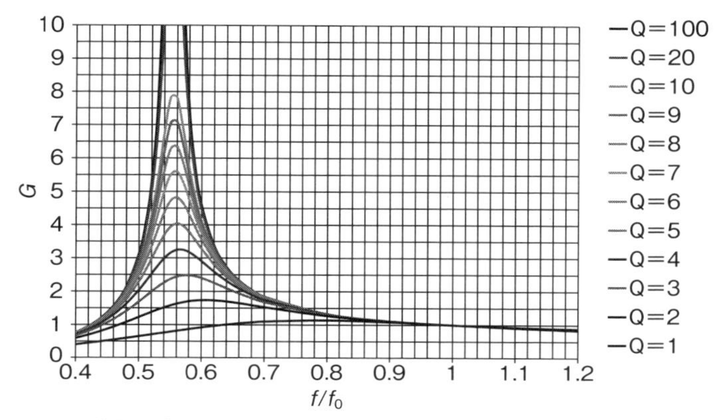

図4　電流共振形コンバータの出力特性（L_{S1}/L_P=0.2の場合）

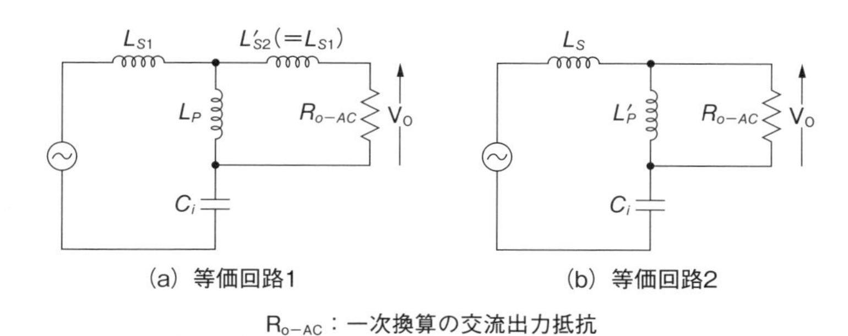

図5　電流共振形コンバータの交流近似解析における等価回路

圧比Gは、交流近似解析(※)により式(13)のように求めることができます。

$$G=\frac{1}{\sqrt{\left\{(K_2+1)-\frac{K_2}{y_2}\right\}^2+\frac{1}{Q^2}\left(y-\frac{1}{y}\right)^2}} \tag{13}$$

※励磁インダクタンスL_Pには、Q_1がオン期間は直流電圧$E_i/2$が、Q_2がオフ期間には$-E_i/2$が加わります。この矩形波電圧をフーリエ展開し、基本波だけを取り出します。得られた基本波電圧を、**図5**の等価回路2の入力電圧Viとして出力電圧Voを求め、昇降圧比Gを計算する方法です。

ただし、式(13)の変数はそれぞれ以下を意味します。

$$y=\frac{f}{f_o}、f:動作周波数、f_0:共振周波数\quad f_0=\frac{1}{2\pi\sqrt{L_S C_i}}、$$

$$K_2=\frac{L_S}{L'_P}=\left(L_{S1}+\frac{L_P L_{S1}}{L_P+L_{S1}}\right)\bigg/\left(L_P-\frac{L_P L_{S1}}{L_P+L_{S1}}\right)、$$

$$Q=\frac{R_{o-AC}}{Z_0}=R_{o-AC}\sqrt{\frac{C_i}{L_S}}$$

電流共振形コンバータは以下に述べる特徴があり、広範囲にいろいろな電気・電子機器に使用されています。

①一周期間に2回エネルギーの伝達が行われるために、トランスの利用率が上がり小型化ができます。リンギングチョーク形コンバータ（RCC）に比べコアサイズで2ランク程度小さくできます。

②ハーフブリッジ形であるために、1つのスイッチに加わる電圧は入力電圧以上にはならず、したがって、耐圧はリンギングチョーク形コンバータより低くて済み、オン抵抗により発生する損失を少なくできます。

③ Q_1 と Q_2 がZVSしているためにスイッチング損失が少なく、効率が比較的に良い（RCC比2％程度以上）。ただし、負荷に関係なく大きな励磁電流が流れているために、軽負荷のときの効率はあまり良くありません。

④ D_1 と D_2 がZCSしているためにスイッチング損失が少なく、リカバリノイズが小さい。

⑤トランスや Q_1、Q_2 の放熱板が小さくでき、基板面積が少なくなります。

反面、以下に述べる欠点があります。

⑥二次側が全波整流になっているために、トランスから供給できる電源の数が限定され、多出力が取れません。

⑦共振はずれ現象（励磁電流の共振周波数 f_1 より Q_1 と Q_2 の動作周波数が下がってしまい、同期が外れる現象）を起こすと出力段に貫通電流が流れ、Q_1 と Q_2 が破壊します。現在ではパルス・バイ・パルス方式で共振はずれを検出して、動作周波数が共振周波数より低くならないようにしています。

⑧コストがやや高い。

⑨トランスの励磁電流は共振電流ですが、この電流に対して Q_1 と Q_2 はZCSしておらず、また、MOSFETを使っているために切れが速く、ある程度の輻射ノイズが発生します。

4-21　部分共振形コンバータは一周期間のある期間だけ共振する

部分共振形コンバータの構成を**図1**に示します。この回路はリンギングチョーク形コンバータに共振コンデンサC_rを設け、スイッチがオンするタイミングを遅らせることにより、トランスの一次自己インダクタンスと共振コンデンサC_rを共振させます。共振によりスイッチの両端電圧が最低値になったときに、スイッチにゲート電圧を供給しオンさせます。この動作により、スイッチがターンオンする際の損失とノイズを少なくすることができます。ただし、ゲート電圧を遅らせる回路が必要になり、その分、部品点数が多くなります。オン期間にトランスにエネルギーを蓄積し、オフ期間にそれを負荷回路に供給する動作は、基本的にリンギングチョーク形コンバータと同じです。スイッチがターンオンする前のわずかな期間に共振するために、部分共振形コンバータの分類に入れています。部分共振形コンバータにはこの方式以外にもいろいろな方式がありますが、基本はすべて矩形波コンバータであり、一周期間の一部の期間に共振動作をします。

一周期間の動作状態は**表1**に示すように3つに分けることができます。各動作状態における等価回路を**図2**に、また、動作波形を**図3**に示します。

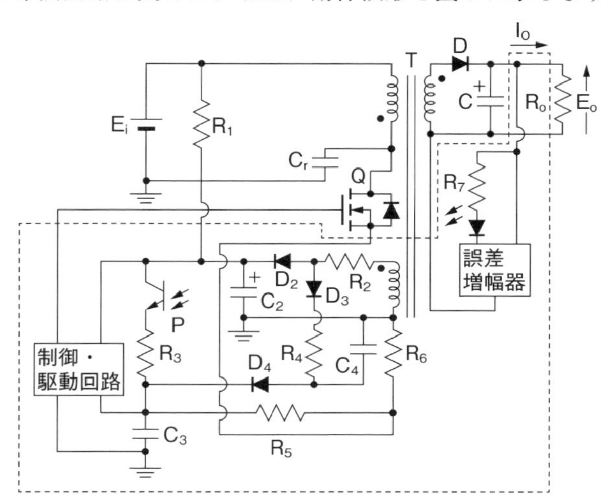

C_r：共振コンデンサ、P：フォトカプラー

図1　部分共振形コンバータ

表1　部分共振形コンバータの動作状態

	動作状態1	動作状態2	動作状態3
Q	on	off	off
D	off	on	off

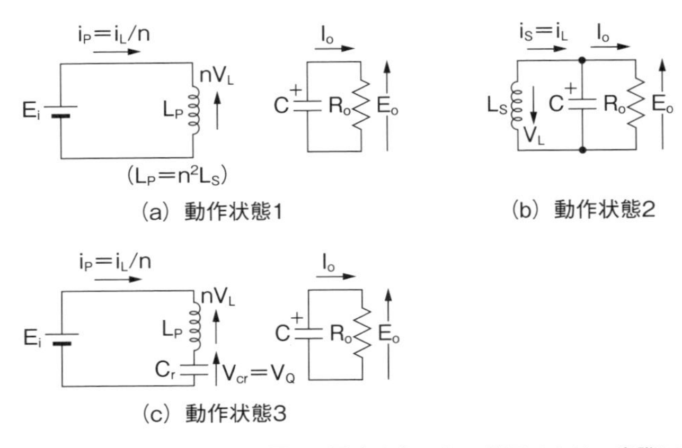

動作状態2と4におけるV_Lは図3に示すように負の電圧であり、実際には上図と逆向きの電圧になります。

図2　部分共振形コンバータの各動作状態における等価回路

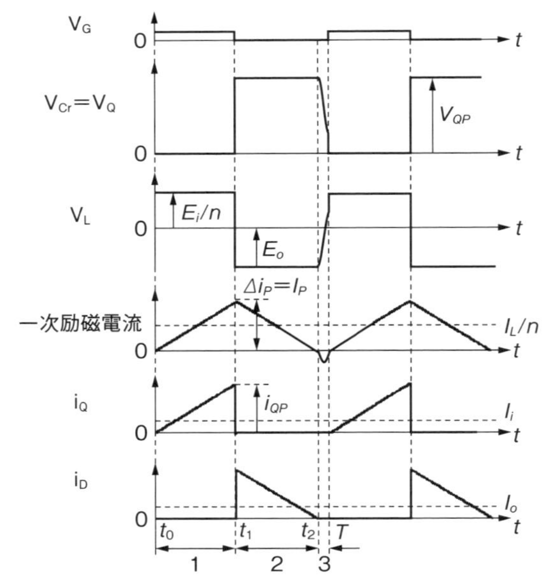

V_G：ゲート電圧、V_{Cr}：共振コンデンサ電圧（＝スイッチ電圧）、V_L：二次励磁インダクタンスL_Sの両端電圧、I_L/n：一次励磁電流の平均値、i_Q：スイッチ電流、i_D：ダイオード電流
図2に示したi_Pとi_Sは、この図のi_Qとi_Dに同じです。

図3　部分共振形コンバータの動作波形

第５章

高調波電流を抑制するためには どうしたらよいか

5-1　高調波電流とは？

高調波電流とは、電気・電子機器から送配電系統に流れ込む、商用電源周波数の整数倍の周波数を持つ電流をいいます。交流電流の基本波周波数を例えば50 Hzとすると、その整数倍の100 Hz、150 Hz、200 Hz、250 Hz、……、n×50 Hzの周波数を持つ電流を意味します（**表1**参照)。コンデンサインプット形ブリッジ整流回路を使用した電気・電子機器の交流入力電流は、対称波であるために、基本波周波数の奇数倍の周波数を持つ高調波電流（奇数次の高調波電流）が発生します（**図1**参照)。

実際には、商用電源周波数の整数倍以外の周波数を持つ電流も存在します。これを次数間高調波電流といいます。負荷電流が周期的に変動すると発生します。

一般家庭や工場などから発生した高調波電流は、**図2**に示すように送配電系統を流れ込み、電圧ひずみや、送配電系統に接続された進相用コンデンサの直列リアクトルが過熱するなどのいろいろな障害を引き起こしています。

表1　基本波電流と高調波電流の周波数（単位：Hz）

	基本波電流	高調波電流							
		2次	3次	4次	5次	6次	7次	8次	n次
関東	50	100	150	200	250	300	350	400	n×50
関西	60	120	180	240	300	360	420	480	n×60

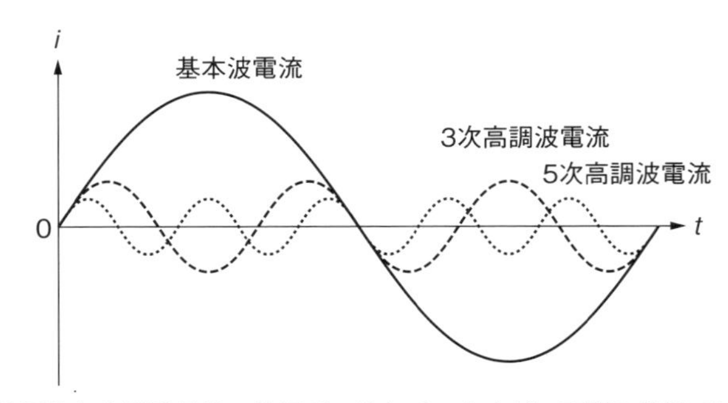

上図では基本波電流と高調波電流の位相が一致していますが、実際の機器ではずれています。

図1　基本波電流と3次・5次高調波電流

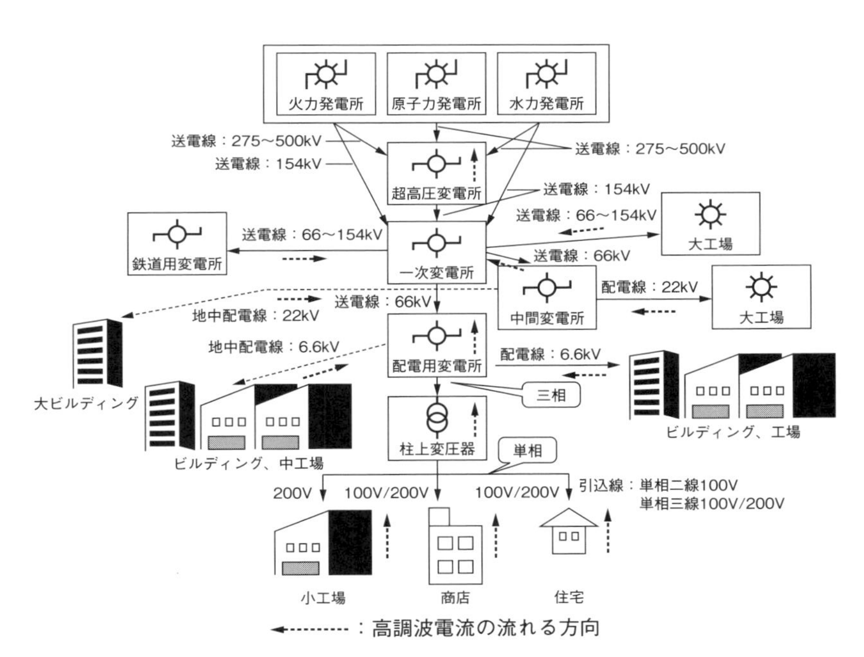

図2　送配電系統図と高調波電流の流れ

5-2　どのようにして発生するか？

基本波電流のほかに、高調波電流が流れると電流波形がひずみます。**図１**を参照してください。つまり、ひずんだ波形の電流には高調波電流が含まれていることになります。

交流電源に抵抗が接続されたときは、抵抗を流れる電流は正弦波になり、高調波電流は発生しません。**図２**を参照してください。

抵抗以外の負荷が接続されると、ひずんだ電流が流れ、高調波電流が発生します。たとえば、調光器など全波位相制御の整流回路の場合、半周期ごとにある期

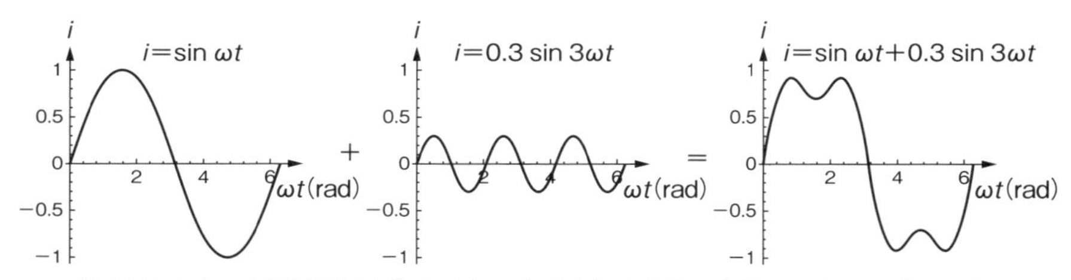

図１　ひずみ波電流

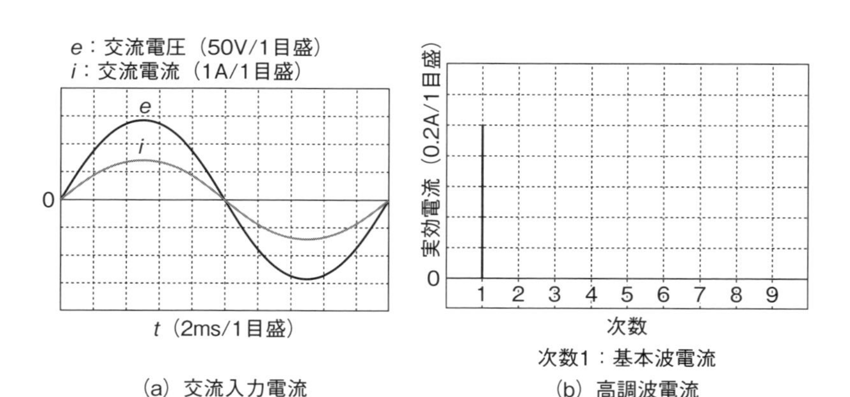

図２　抵抗負荷の交流入力電流と高調波電流

間だけ電流が流れます。このとき、交流入力電流は正弦波ではなくなり、高調波電流が流れることになります。**図3**を参照してください。

モーターなどのように、インダクタンスと抵抗の直列回路が負荷として接続されると、電流の位相が遅れて力率は低下しますが、交流入力電流はほぼ正弦波であり、高調波電流はほとんど発生しません。**図4**を参照してください。

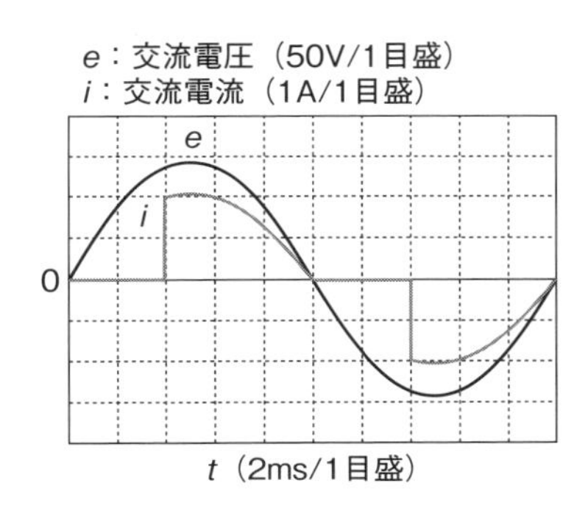

(a) 交流入力電流

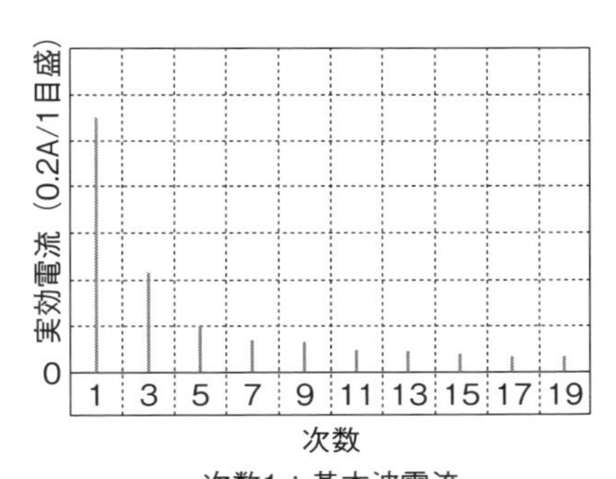

次数1：基本波電流

(b) 高調波電流

交流電圧：100V/50Hz、負荷：R＝69Ω、入力電力：100.5W、
力率：0.833、交流入力電流：1.206Arms

図3　全波位相制御整流回路の交流入力電流と高調波電流

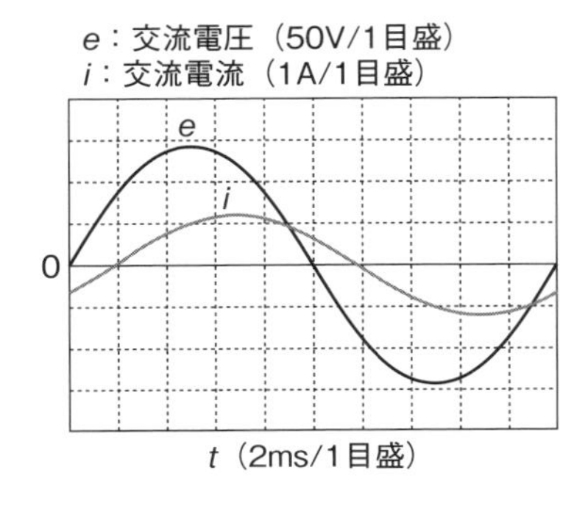

(a) 交流入力電流

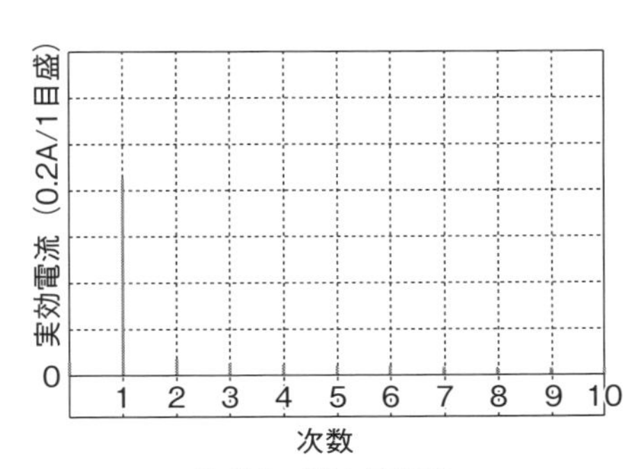

次数1：基本波電流

(b) 高調波電流

交流電圧：100V/50Hz、負荷：R＝100ΩとL＝200mHの直列回路、入力電力：75.6W、
力率：0.88、交流入力電流：0.859Arms

図4　抵抗とインダクタンスの直列回路が負荷のときの交流入力電流と高調波電流

5-3　抵抗負荷でも負荷が変動すると高調波電流が発生する

負荷が抵抗負荷のときは、力率が1で、基本波電流だけが流れており高調波電流は発生しません。それでは、基本波電流が周期的に変動したときはどうでしょうか？ 実は基本波の周波数を中心にして、変動する周波数間隔で次数間高調波電流が発生します。**図1**は、基本波電流が5 Hz（=1/200 ms）で変動したときの高調波電流の発生量を示したものです。50 Hzの基本波電流を中心に、5 Hz間隔で次数間高調波電流が発生します。

図2に示すように、基本波電流が周期的に変動したときの交流入力電流 i′ は、基本波電流 i に矩形関数 u(t) を掛け算すると得られます。基本波電流には高調波

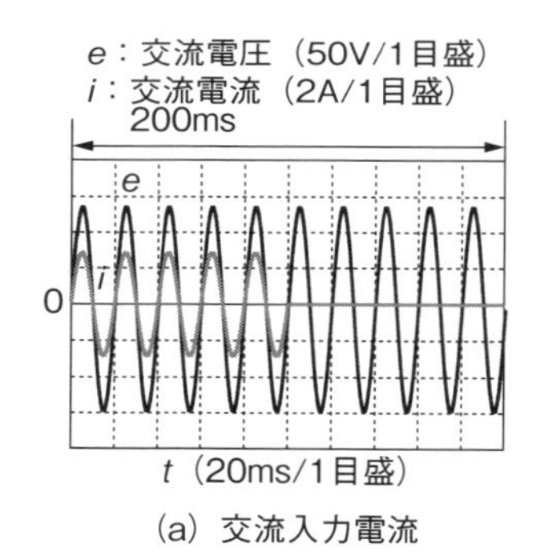

(a) 交流入力電流

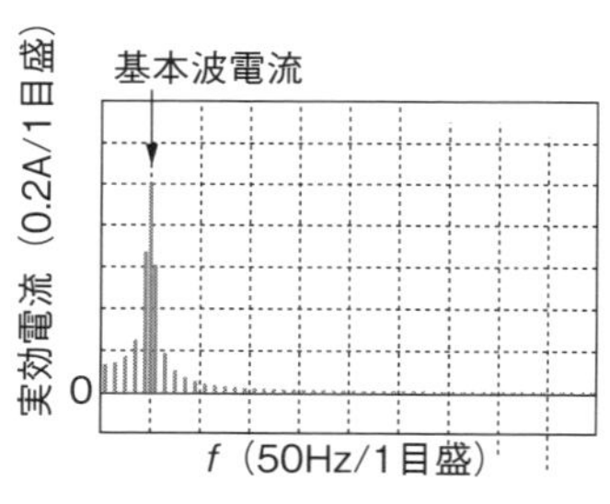

(b) 基本波電流と次数間高調波電流

交流電圧：100V/50Hz、負荷：R=50Ω、入力電力：100W、基本波電流：1Arms

図1　基本波電流が変動したときの交流入力電流と次数間高調波電流

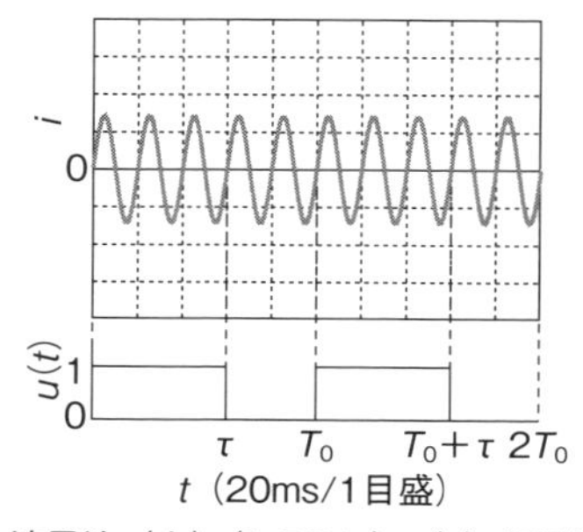

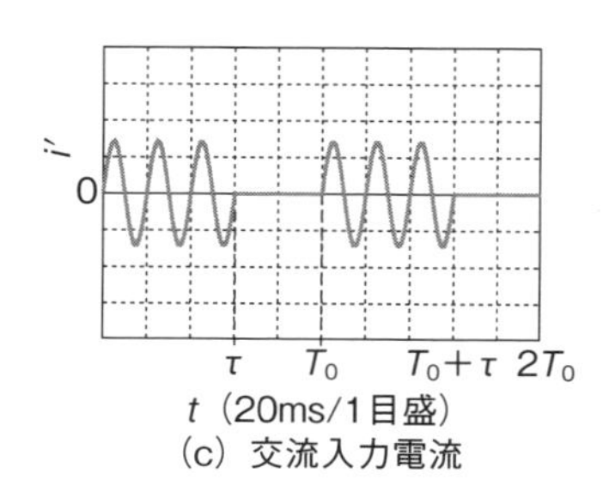

(c) 交流入力電流

(a) 基本波電流（上）（f=50Hz）（b）矩形関数u(t)（下）

交流入力電流i′は、基本波電流iに矩形関数u(t) を乗じた電流に等しくなります。

図2　基本波電流が周期的に変動したときの交流入力電流

電流は含まれていませんが、矩形関数 u(t) に高調波成分が含まれており、それらを掛け算した結果、次数間高調波が発生することになります。

図 2 の基本波電流 i は、振幅を I_{1m}、角速度（角周波数）を ω とすると、

$$i = I_{1m}\sin\omega t \tag{1}$$

となります。一方、矩形関数 u(t) をフーリエ展開すると、式(2)のようになります。

$$b_0 = \frac{1}{T}\int_o^T dt = \frac{1}{T_0}\int_o^\tau dt = \frac{\tau}{T_0}$$

$$a_n = \frac{2}{T}\int_o^T \sin n\omega_0 t dt = \frac{2}{T_0}\int_o^\tau \sin n\omega_0 t dt$$

$$= \frac{2}{T_0}\left[-\frac{\cos n\omega_0 t}{n\omega_0}\right]_0^\tau = \frac{1}{\pi}\left(\frac{1-\cos n\omega_0\tau}{n}\right)$$

$$b_n = \frac{2}{T}\int_o^T \cos n\omega_0 t dt = \frac{2}{T_0}\int_o^\tau \cos n\omega_0 t dt$$

$$= \frac{2}{T_0}\left[\frac{\sin n\omega_0 t}{n\omega_0}\right]_0^\tau = \frac{1}{\pi}\left(\frac{\sin n\omega_0\tau}{n}\right)$$

$$u(t) = b_0 + a_n\sin n\omega_0 t + bn\cos n\omega_0 t$$

$$= \frac{\tau}{T_0} + \frac{1}{\pi}\sum_{n=1}^{\infty}\left(\frac{1-\cos n\omega_0\tau}{n}\sin n\omega_0 t + \frac{\sin n\omega_0 t}{n}\cos n\omega_0 t\right)$$

$$= \frac{\tau}{T_0} + \frac{1}{\pi}\sum_{n=1}^{\infty}\frac{\sqrt{2(1-\cos n\omega_0\tau)}}{n}\sin(n\omega_0 t + \alpha_n) \tag{2}$$

ただし、$\alpha_n = \tan^{-1}\left(\frac{\sin n\omega_0\tau}{1-\cos n\omega_0\tau}\right)$、$\omega_0 = \frac{2\pi}{T_0}$ です。

式(1)と式(2)から、基本波電流 i が変動したときの交流入力電流 i′ は式(3)となります。

$$i' = i\cdot u(t)$$

$$= I_{1m}\sin\omega t\left\{\frac{\tau}{T_0} + \frac{1}{\pi}\sum_{n=1}^{\infty}\left(\frac{1-\cos n\omega_0\tau}{n}\cdot\sin n\omega_0 t + \frac{\sin n\omega_0\tau}{n}\cdot\cos n\omega_0 t\right)\right\}$$

$$= \frac{\tau}{T_0}I_{1m}\sin\omega t + \frac{I_{1m}}{\pi}\sum_{n=1}^{\infty}\frac{1-\cos n\omega_0\tau}{n}\cdot\sin n\omega_0 t\sin\omega t$$

$$+ \frac{I_{1m}}{\pi}\sum_{n=1}^{\infty}\frac{\sin n\omega_0\tau}{n}\cdot\cos n\omega_0 t\sin\omega t$$

$$=\frac{\tau}{T_0}I_{1m}\sin\omega t+\frac{I_{1m}}{\pi}\sum_{n=1}^{\infty}\frac{1-\cos n\omega_0\tau}{n}\left[-\frac{1}{2}\{\cos(\omega+n\omega_0)t\right.$$

$$\left.-\cos(\omega-n\omega_0)t\}\right]+\frac{I_{1m}}{\pi}\sum_{n=1}^{\infty}\frac{\sin n\omega_0\tau}{n}\cdot\left[\frac{1}{2}\{\sin(\omega+n\omega_0)t-\sin(\omega-n\omega_0)t\}\right]$$

$$=\frac{\tau}{T_0}I_{1m}\sin\omega t+\frac{I_{1m}}{2\pi}\sum_{n=1}^{\infty}\frac{\sqrt{2(1-\cos n\omega_0\tau)}}{n}[\sin\{(\omega+n\omega_0)t-\beta_n\}$$

$$+\sin\{(\omega-n\omega_0)t+\beta_n\}] \quad (3)$$

ただし、$\beta_n=\tan^{-1}\left(\frac{1-\cos n\omega_0\tau}{\sin n\omega_0\tau}\right)$です。

式(3)の第一項が基本波電流を示しています。第二項と第三項が次数間高調波電流であり、基本波の角周波数ωより$n\omega_0$高い角周波数を持つ高調波電流と、ωより$n\omega_0$低い角周波数を持つ高調波電流で占められます。第二項と第三項は変動する周波数間隔で発生しますが、

$$\sqrt{2(1-\cos n\omega_0\tau)}=0、\ n\omega_0\tau=2\pi$$

となる条件下では、次数間高調波電流はゼロになります。つまり、nが$n=T_0/\tau$となるときに、基本波の角周波数ωから$n\omega_0$離れた角周波数（$\omega\pm n\omega_0$）と、$n\omega_0$の整数倍離れた角周波数（$\omega\pm2n\omega_0$、$\omega\pm3n\omega_0$、$\omega\pm4n\omega_0$、$\omega\pm5n\omega_0$、……）の次数間高調波電流はゼロになります。周波数に換算すると、($f\pm nf_0$)、($f\pm2nf_0$)、($f\pm3nf_0$)、($f\pm4nf_0$)、($f\pm5nf_0$)、……の次数間高調波電流はゼロになります。

図１の交流入力電流では、次数間高調波電流がゼロになるのは、$n=T_0/\tau=2$のときになります。基本波電流の変動周波数f_0は５Hzであり、nf_0は$2\times5=10$ Hzになります。つまり、基本波の周波数fから±10 Hz離れた周波数と、±10 Hzの整数倍離れた周波数（下記の周波数）における次数間高調波電流はゼ

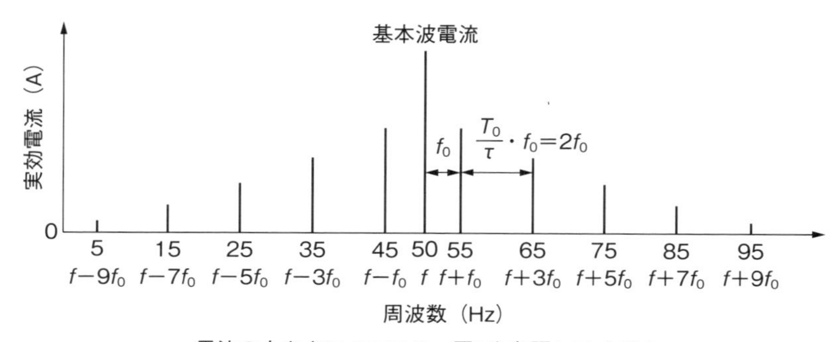

図３　基本波電流が変動したときの次数間高調波電流の周波数（$T_0/\tau=2$ の場合）

ロになります。その結果、次数間高調波は基本波周波数を中心に5 Hz間隔で発生しますが、10 Hz間隔でゼロになり、図1のようになります。なお、図1は、拡大すると**図3**のようになります。

$(f \pm nf_0) = 50 \pm 10$ Hz　⇒　40 Hzと60 Hz

$(f \pm 2nf_0) = 50 \pm 20$ Hz　⇒　30 Hzと70 Hz

$(f \pm 3nf_0) = 50 \pm 30$ Hz　⇒　20 Hzと80 Hz

以上で説明したのは、交流入力電流が基本波電流だけであり、それが変動したときの次数間高調波電流についてです。基本波電流のほかに、基本波電流の整数倍の周波数を持つ高調波電流が含まれており、それらが同時に変動したときは、基本波周波数と基本波周波数の整数倍の周波数を中心にして、次数間高調波電流が発生することになります。

基本波電流の位相が変化したときも、同様に次数間高調波電流が発生します。**図4**は、5 Hz（＝1/200 ms）の周波数で、基本波電流が180°の位相変化をしたときの高調波電流の発生量を示したものです。基本波周波数50 Hzを中心に、5 Hzの奇数倍の周波数間隔で次数間高調波電流が発生します。

図5に示すように、基本波電流の位相が周期的に変化したときの交流入力電流i′は、基本波電流iに矩形波関数v(t)を掛け算すると得られます。基本波電流には高調波電流は含まれていませんが、矩形波関数v(t)に高調波成分が含まれており、それらを掛け算した結果、次数間高調波が発生することになります。

矩形波関数v(t)をフーリエ展開すると、式(4)のようになります。

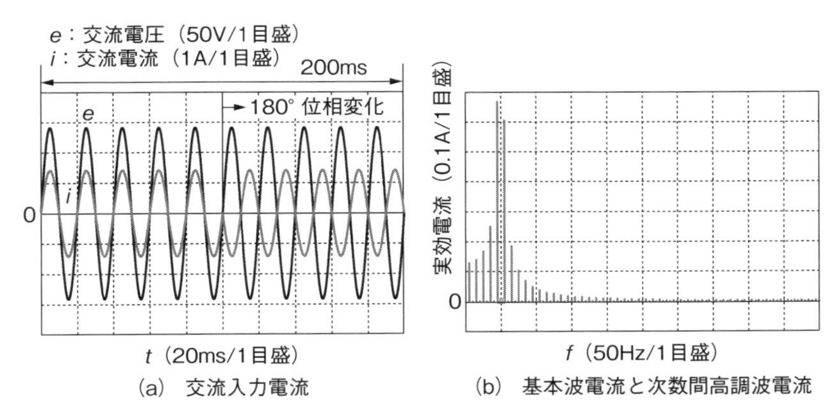

(a)　交流入力電流　　(b)　基本波電流と次数間高調波電流

交流電圧：100V/50Hz、負荷：R=100Ω、入力電力：100W、基本波電流：1Arms

図4　基本波電流が位相変化したときの交流入力電流と高調波電流

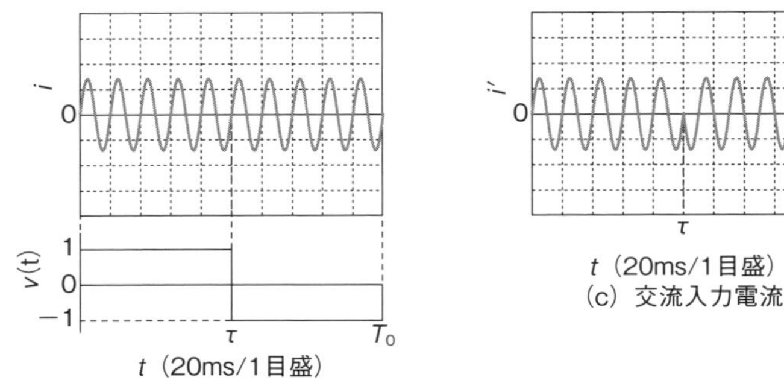

（a）基本波電流（上）（f=50Hz）（b）矩形波関数v(t)（下）

交流入力電流i′は、基本波電流iに矩形波関数v(t)を乗じた電流に等しくなります。

図5　基本波電流が周期的に変動したときの交流入力電流

$$v(t)=\frac{4}{\pi}\left(\sin\omega_0 t+\frac{1}{3}\sin 3\omega_0 t+\frac{1}{5}\sin 5\omega_0 t+\cdots\right)=\frac{4}{\pi}\sum_{n=1}^{\infty}\frac{\sin(2n-1)\omega_0 t}{2n-1} \tag{4}$$

式(1)と式(4)から、基本波電流iの位相変化したときの交流入力電流i′は式(5)となります。

$$\begin{aligned}i'&=I_{1m}\sin\omega t\cdot\frac{4}{\pi}\left(\sin\omega_0 t+\frac{1}{3}\sin 3\omega_0 t+\frac{1}{5}\sin 5\omega_0 t+\cdots\right)\\&=I_{1m}\sin\omega t\cdot\frac{4}{\pi}\sum_{n=1}^{\infty}\frac{\sin(2n-1)\omega_0 t}{2n-1}\\&=\frac{2I_{1m}}{\pi}\sum_{n=1}^{\infty}\frac{1}{2n-1}\cdot[\cos\{\omega t+(2n-1)\omega_0 t+\pi\}+\cos\{\omega t-(2n-1)\omega_0 t\}]\end{aligned} \tag{5}$$

式(5)から、基本波電流の位相が180°変化すると、基本波周波数50 Hzを中心に、5 Hzの奇数倍の周波数間隔（周波数でいうと、f=50±5 Hz=45、55 Hz、50±15 Hz=35、65 Hz、50±25 Hz=25、75 Hz、……になります）で、次数間高調波電流が発生します。

以上で説明したのは、交流入力電流が基本波電流だけであり、その位相が変化したときの次数間高調波電流についてです。基本波電流のほかに、基本波電流の整数倍の周波数を持つ高調波電流が含まれており、それらの位相が同時に変化したときは、基本波周波数と基本波周波数の整数倍の周波数を中心にして、次数間高調波電流が発生することになります。

5-4 高調波電流の大きさ

電気・電子機器に広く使用されているコンデンサインプット形ブリッジ整流回路の交流入力電流は、2.2 節で説明したように、非常に複雑な式になっています。そこで、式を簡単にするために、交流入力電流を、**図 1** に示すように、振幅が A、流れている期間が τ の対称波の矩形波電流と仮定し、高調波電流を求めてみましょう。

図 1 の交流入力電流をフーリエ展開し、基本波電流と高調波電流を求めます。

$$b_0=\frac{1}{T}\int_0^T idt=0$$

$$a_n=\frac{2}{T}\int_0^T i\sin n\omega tdt=\frac{2A}{T}\left(\int_0^\tau \sin n\omega tdt-\int_{T/2}^{T/2+\tau}\sin n\omega tdt\right)$$

$$=\frac{2A}{T}\left\{\frac{1-\cos n\omega\tau}{n\omega}-\frac{\cos n\pi(1-\cos n\omega\tau)}{n\omega}\right\}$$

$$b_n=\frac{2}{T}\int_0^T i\cos n\omega dt=\frac{2A}{T}\left(\int_0^\tau \cos n\omega tdt-\int_{T/2}^{T/2+\tau}\cos n\omega tdt\right)$$

$$=\frac{2A}{T}\left(\frac{\sin n\omega\tau}{n\omega}-\frac{\cos n\pi\cdot\sin n\omega\tau}{n\omega}\right)$$

n が偶数のときは、$\cos n\pi=1$ になるために、$a_n=0$、$b_n=0$ になります。

n が奇数のときは、$\cos n\pi=-1$ になるために、a_n と b_n は、

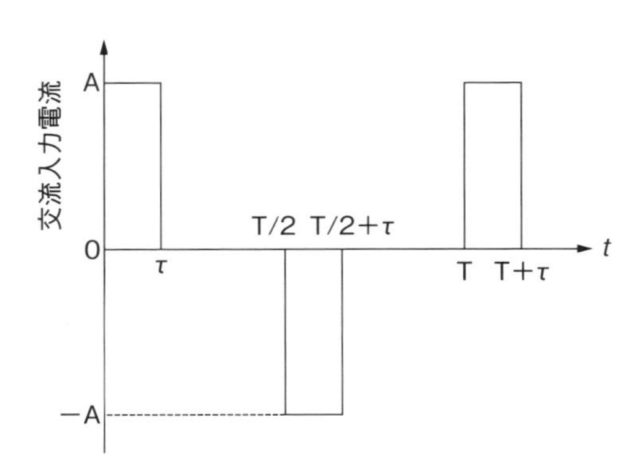

図 1 矩形波電流と仮定したときのコンデンサインプット形ブリッジ整流回路の交流入力電流

$$a_n=\frac{2A}{T}\left(\frac{1-\cos n\omega\tau}{n\omega}+\frac{1-\cos n\omega\tau}{n\omega}\right)=\frac{4A}{n\omega T}(1-\cos n\omega\tau)$$

$$b_n=\frac{2A}{T}\left(\frac{\sin n\omega\tau}{n\omega}+\frac{\sin n\omega\tau}{n\omega}\right)=\frac{4A}{n\omega T}\sin n\omega\tau$$

となります。交流入力電流は、対称波であるために、$b_n=0$ で a_n と b_n は奇数次だけになります。これより、n 次の高調波電流（n=1 のときは基本波電流になります）は次のようになります。

$$i_n=a_n\sin n\omega t+b_n\cos n\omega t=\sqrt{a_n^2+b_n^2}\sin(n\omega t+\phi_n)$$
$$=\frac{4A}{n\omega t}\sqrt{2(1-\cos n\omega\tau)}\sin(n\omega t+\phi_n) \qquad (1)$$

ここで、$\frac{4A}{n(\omega T)}=\frac{4A}{n(2\pi)}=\frac{2A}{n\pi}$を代入します。

$$i_n=\frac{2A}{n\pi}\sqrt{2(1-\cos n\omega\tau)}\sin(n\omega t+\phi_n) \qquad (2)$$

ただし、$\phi_n=\tan^{-1}\left(\frac{\sin n\omega\tau}{1-\cos n\omega\tau}\right)$です。

$$i_{nrms}=\sqrt{\frac{a_n^2+b_n^2}{2}}=\frac{2A}{n\pi}\sqrt{1-\cos n\omega\tau} \qquad (3)$$

式(3)の n 次高調波電流は、次数が高くなると減少します。**図 2** を参照してください。

矩形波電流の流れている期間 τ が伸びると、基本波電流が大きくなり、高調波

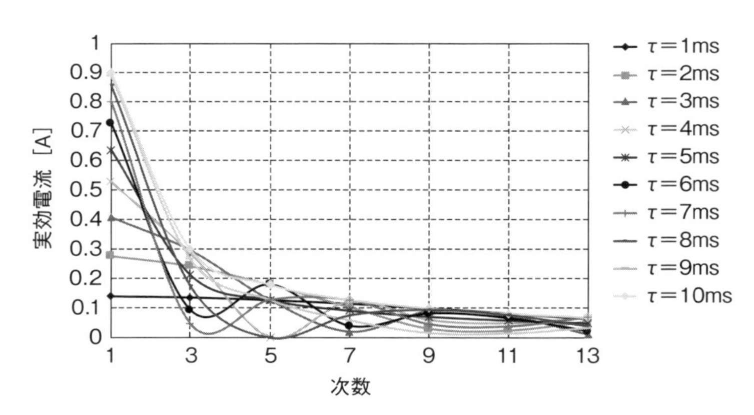

図 2　矩形波電流の次数に対する基本波電流および高調波電流（A=1）

電流の発生比率は減少します。**図 3** を参照してください。また、高調波電流は周期的に変化し、最小値はゼロになります。

式(3)から、高調波電流が最大となる期間 τ とゼロになる期間 τ は、基本波電流の一周期間を T とすると以下のようになります。

① i_{nrms} が最大となるのは、$\cos n\omega\tau=-1$ より $n\omega\tau=\pi$、つまり $\tau=\dfrac{\pi}{n\omega}=\dfrac{0.5T}{n}$ のときであり、$i_{nrms}(\max)=\dfrac{2\sqrt{2}}{n\pi}$ になります。

② i_{nrms} が最小となるのは、$\cos n\omega\tau=1$ より $n\omega\tau=2\pi$、つまり $\tau=\dfrac{2\pi}{n\omega}=\dfrac{T}{n}$ のときであり、$i_{nrms}(\min)=0$ になります。

3 次、5 次、7 次高調波電流が最大になる期間 τ とゼロになる期間 τ を求めると、**表 1** のようになり、図 3 と一致します。以上より、特定の高調波電流を減らそうとするときは、電流が流れている期間をゼロになる期間 τ に合わせれば良いこと

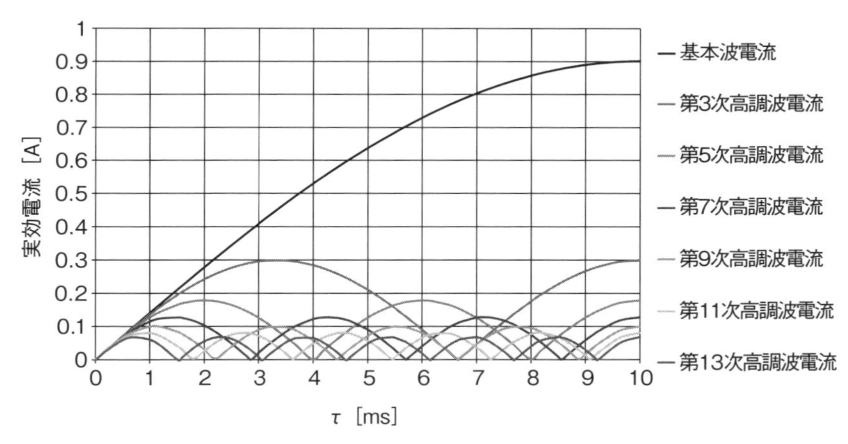

図 3　矩形波電流が流れている期間τと基本波電流および高調波電流（T=20 ms、A=1）

表 1　高調波電流が最大になる期間 τ とゼロになる期間 τ（交流電源：f=50 Hz、T=20 ms）

	i_{nrms} が最大になる τ [ms]	i_{nrms} がゼロになる τ [ms]
3 次高調波電流	3.33	6.67
5 次高調波電流	2	4
7 次高調波電流	1.43	2.86

になります。

同様に、半波整流回路の交流入力電流を、**図4**に示すように、振幅がA、流れている期間がτの矩形波電流と仮定し、高調波電流を求めてみましょう。

図4の交流入力電流をフーリエ展開すると、式(4)のようになります。式(4)において、第一項は直流分であり、半波整流回路を使うと直流電流が流れることになります。第二項が基本波と高調波電流であり、高調波電流は、コンデンサインプット形ブリッジ整流回路と違い、奇数次と偶数次のすべての次数が存在します。

$$i=\frac{\tau}{T}A+\frac{A}{\pi}\sum_{n=1}^{\infty}\left(\frac{1-\cos n\omega\tau}{n}\cdot\sin n\omega t+\frac{\sin n\omega\tau}{n}\cdot\cos n\omega t\right)$$
$$=A\left\{\frac{\tau}{T}+\frac{1}{\pi}\sum_{n=1}^{\infty}\frac{\sqrt{2(1-\cos n\omega\tau)}}{n}\cdot\sin(n\omega t+\phi_n)\right\} \quad (4)$$

ただし、$\phi_n=\tan^{-1}\left(\frac{\sin n\omega\tau}{1-\cos n\omega\tau}\right)$です。

式(4)からn次の高調波電流の実効値は式(5)となり、コンデンサインプット形ブリッジ整流回路と同様に、次数が高くなると減少します。また、矩形波電流の流れている期間τが伸びると、基本波電流が大きくなり、高調波電流の発生比率は減少します。

$$i_{nrms}=\frac{A\sqrt{(1-\cos n\omega\tau)}}{n\pi} \quad (5)$$

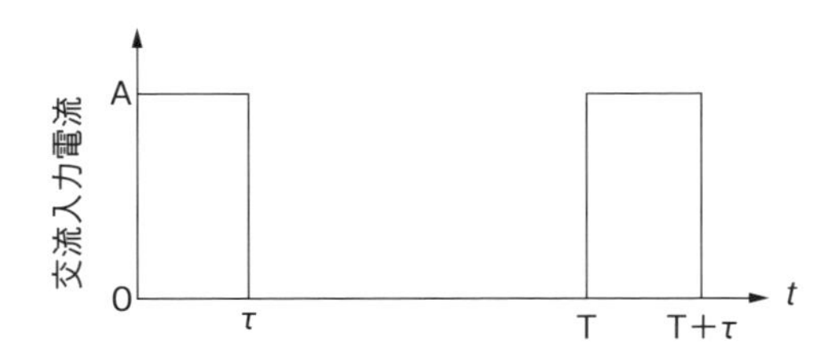

図4　矩形波電流と仮定したときの半波整流回路の交流入力電流

5–5　次数間高調波電流の大きさ

基本波電流が 5 Hz で変動したときの次数間高調波は、基本波電流が流れている期間 τ と T_0(※)の比 τ/T_0 に対して**図 1** のように変化し、$\tau/T_0=0.5$ でその総和が最大になります。また、基本波電流に対する次数間高調波電流の総和の比 R は式(3)で与えられ、τ/T_0 に対して**図 2** のように変化します。したがって、次数間高調波電流を少なくするためには、基本波電流が流れている期間 τ を伸ばし、期間（$T_0-\tau$）を短くすることが必要です。

基本波電流が変動したときの交流入力電流の実効値 i'_{rms} を求めると、

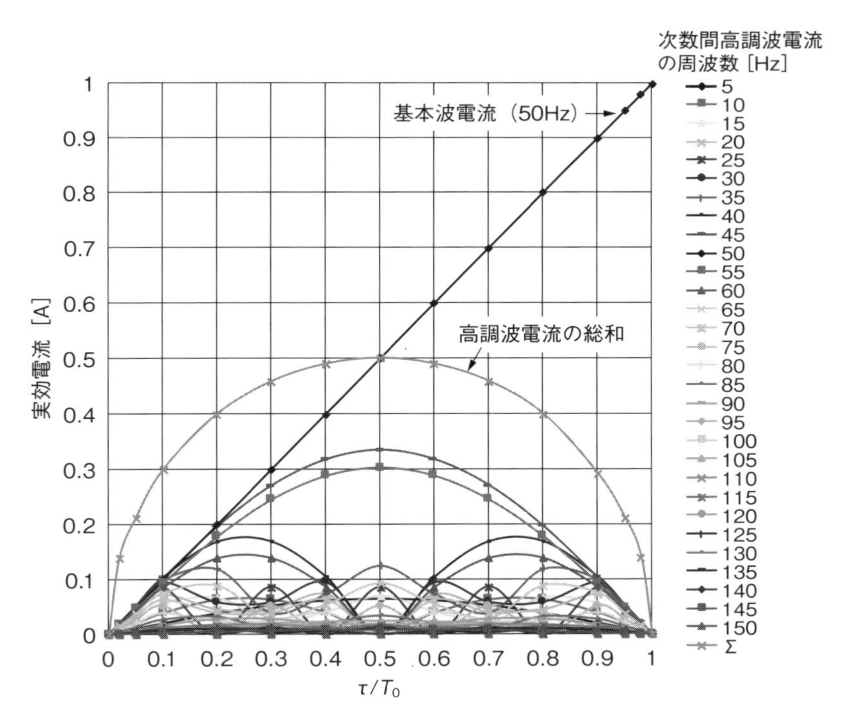

交流電圧：100V/50Hz、負荷：R=100Ω、変動周波数：f_0=5Hz

図 1　基本波電流が変動したときの次数間高調波電流（変動周波数：f_0=5 Hz）

※変動するときの一周期間を意味しています。変動周波数を f_0 とすると、$T_0=1/f_0$ で与えられます。$f_0=5$ Hz のときは、$T_0=200$ ms になります。詳細は 5.3 節を参照してください。

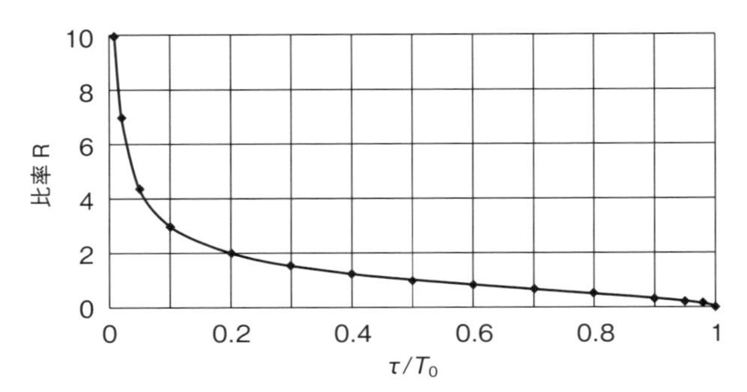

図2　基本波電流に対する次数間高調波電流（総和）の比R

$$i'_{rms}=\sqrt{\left(\frac{\tau}{T_0}I_{1rms}\right)^2+2\left(\frac{I_{1rms}}{\sqrt{2}\,\pi}\sqrt{1-\cos\omega_0\tau}\right)^2+\cdots+2\left(\frac{I_{1rms}}{\sqrt{2}\,\pi}\frac{\sqrt{1-\cos n\omega_0\tau}}{n}\right)^2}$$

$$=I_{1rms}\sqrt{\left(\frac{\tau}{T_0}\right)^2+\sum_{n=1}^{\infty}\frac{1-\cos n\omega_0\tau}{(n\pi)^2}} \quad (1)$$

となります。ただし、I_{1rms}は連続して流れているときの基本波電流の実効値です。式(1)において、ルートの中の第一項が基本波電流を、第二項が次数間高調波電流の総和を意味しています。一方、i'_{rms}は式(2)で与えられます。

$$i'_{rms}=I_{1rms}\sqrt{\frac{\tau}{T_0}} \quad (2)$$

式(1)と式(2)から、基本波電流に対する次数間高調波電流の総和の比率R（＝次数間高調波電流の総和/基本波電流）を求めると、式(3)のようになります。比率Rは、図2に示すように、τ/T_0が大きくなると小さくなります。

$$比率\ R=\frac{I_{1rms}\sqrt{\sum_{n=1}^{\infty}\frac{1-\cos n\omega_0\tau}{(n\pi)^2}}}{\frac{\tau}{T_0}I_{1rms}}=\frac{\sqrt{\frac{\tau}{T_0}\left(1-\frac{\tau}{T_0}\right)}}{\frac{\tau}{T_0}}=\sqrt{\frac{T_0}{\tau}-1} \quad (3)$$

また、負荷の変動周波数f_0が変化すると次数間高調波の周波数も変化しますが、τ/T_0が一定であれば、次数間高調波電流の総和は一定で変化しません。**図3**を参照してください。

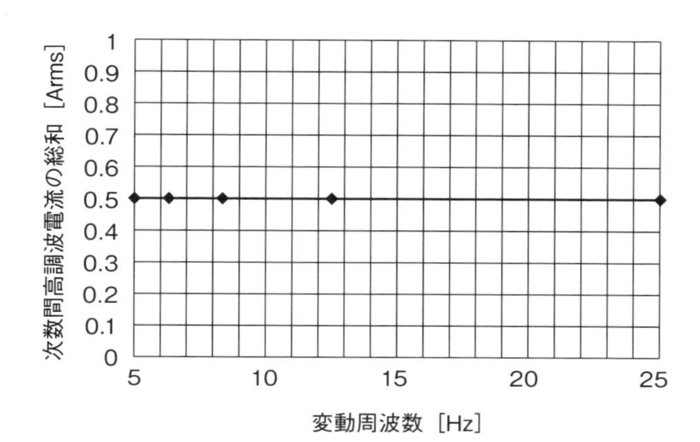

交流電圧：100V/50Hz、負荷：R＝100Ω、τ/T_0＝0.5、
基本波電流：0.5Arms

図 3　負荷変動周波数と次数間高調波電流の総和

5-6　力率と位相率は違う

交流電源から負荷に電流が流れているときの力率は、

$$PF=\frac{P}{S}=\frac{V_0 I_0+\sum_{n=1}^{\infty} V_n \cdot I_n \cdot \cos\phi_n}{V_{rms}\cdot I_{rms}}$$

$$=\frac{V_0 I_0+\sum_{n=1}^{\infty} V_n \cdot I_n \cdot \cos\phi_n}{\sqrt{(V_0^2+V_1^2+V_2^2+V_3^2+\cdots\cdots)}\sqrt{(I_0^2+I_1^2+I_2^2+I_3^2+\cdots\cdots)}}$$

$$=\frac{V_0 I_0+\sum_{n=1}^{\infty} V_n \cdot I_n \cdot \cos\phi_n}{\sqrt{V_0^2+\sum_{n=1}^{\infty} V_0^2}\cdot\sqrt{I_0^2+\sum_{n=1}^{\infty} I_0^2}}$$

となります。ただし、式中の記号はそれぞれ以下を意味しています。

P：有効電力、S：皮相電力、V_0：直流電圧、V_n：n 次電圧（基本波電圧および高調波電圧）、I_0：直流電流、I_n：n 次電流（基本波電流および高調波電流）、PF：力率、$\cos\phi$：位相率、V_0、V_n：実効電圧、I_0、I_n：実効電流。

特に電源電圧が基本波だけからなり、一方、電流は高調波電流を含むとすると、力率は、

$$PF=\frac{V_1 I_1 \cos\phi_1}{V_1\sqrt{\sum_{n=1}^{\infty} I_0^2}}=\frac{V_1 I_1 \cos\phi_1}{V_1\sqrt{(I_1^2+I_2^2+I_3^2+\cdots\cdots)}}=\frac{I_1 \cos\phi_1}{\sqrt{(I_1^2+I_2^2+I_3^2+\cdots\cdots)}} \quad (1)$$

となります。ここで、ϕ_1 は基本波電圧と基本波電流の位相差であり、$\cos\phi_1$ を位相率といいます。電圧と電流が基本波だけのときは、力率と位相率が一致します。**図 1 (a)** を参照してください。電圧と電流の位相差がなく位相率が 1 の場合でも、どちらかがひずんでいるときは、力率と位相率は一致しません。**図 1 (b)** を参照してください。

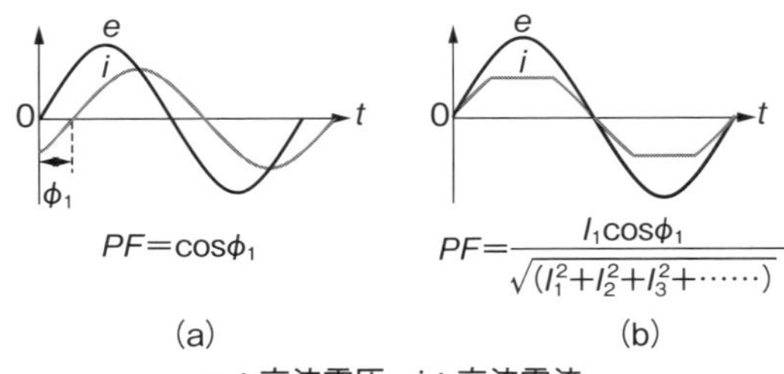

e：交流電圧、i：交流電流

図 1　力率と位相率の関係

5-7　総合高調波ひずみ率と力率の関係

電流の総合高調波ひずみ率（total harmonic distortion；THD）は、

$$電流\ THD=\frac{\sqrt{\sum_{n=2}^{\infty} I_n^2}}{I_1}=\frac{\sqrt{I_{rms}^2-I_1^2}}{I_1}=\frac{高調波電流の総和}{基本波電流} \tag{1}$$

で定義されています。しかし、電気・電子機器から発生する高調波電流の限度値を規定している JIS C 61000-3-2 や IEC61000-3-2 で規定している電流の総合高調波ひずみ率は、n は 40 次までとしています。

$$電流\ THD=\frac{\sqrt{\sum_{n=2}^{40} I_n^2}}{I_1}=\frac{40\ 次までの高調波電流の総和}{基本波電流} \tag{2}$$

また、基本波電流に対する n 次の高調波電流の比率を、n 次高調波電流ひずみといいます。

$$n\ 次高調波電流ひずみ=\frac{I_n}{I_1} \tag{3}$$

ここで、5.6 節で求めた力率に、式(1)の電流 THD を代入すると、以下のようになります。

$$PF=\frac{I_1\cos\phi_1}{\sqrt{(I_1^2+I_2^2+I_3^2+\cdots\cdots)}}$$

$$=\frac{\cos\phi_1}{\sqrt{1+(I_2/I_1)^2+(I_3/I_1)^2+(I_4/I_1)^2+\cdots\cdots}}=\frac{\cos\phi_1}{\sqrt{1+(THD)^2}} \tag{4}$$

式(4)の力率は、高調波電流が減少し、電流 THD が小さくなると大きくなり

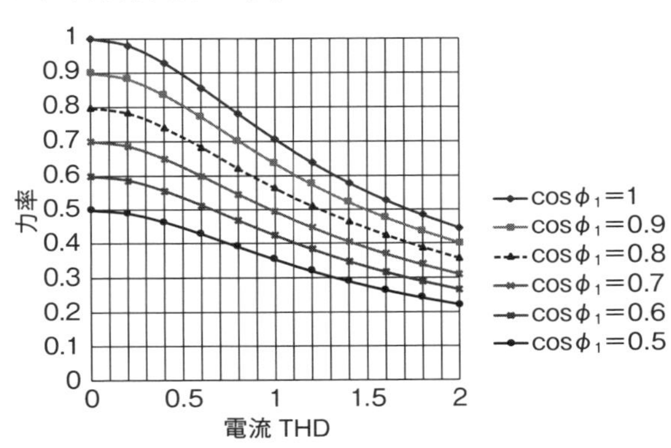

図 1　電流 THD と力率

ます（**図1**参照)。

図2はコンデンサインプット形ブリッジ整流回路（C=1 mF）で出力電力を変化させたときの、基本波と高調波電流の実測データです。このときの、電流THDと力率の関係をグラフにすると**図3**になります。図2および図3より、高調波電流が減少し、電流THDが小さくなると、力率が上昇します。

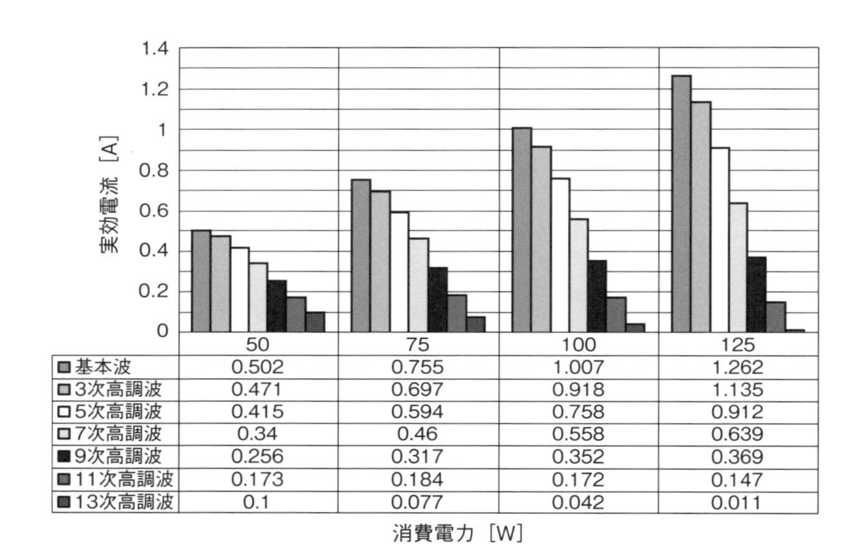

	50	75	100	125
基本波	0.502	0.755	1.007	1.262
3次高調波	0.471	0.697	0.918	1.135
5次高調波	0.415	0.594	0.758	0.912
7次高調波	0.34	0.46	0.558	0.639
9次高調波	0.256	0.317	0.352	0.369
11次高調波	0.173	0.184	0.172	0.147
13次高調波	0.1	0.077	0.042	0.011

図2　コンデンサインプット形ブリッジ整流回路（C=1 mF）の基本波と高調波電流

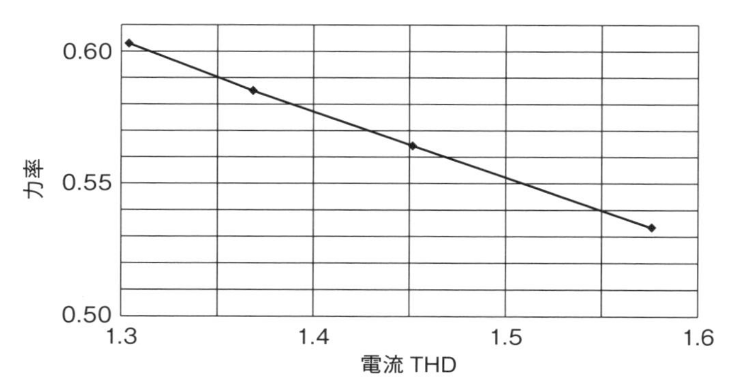

図3　コンデンサインプット形ブリッジ整流回路（C=1 mF）における電流THDと力率

5-8　家庭用電気・電子機器の等価回路と高調波電流の発生量

測定に使用したテレビジョン受信機、冷蔵庫、照明用インバータ、電球形蛍光ランプ、エア・コンデショナの定格と台数を**表1**に、等価回路と高調波電流の限度値を規定している JIS C 61000-3-2 で分類されている機器のクラス分け、および高調波抑制対策を**表2**に示します。また、**表3**は各電気・電子機器の高調波電流測定時の動作状態を示したものです。

交流電圧 100 V/50 Hz において、それぞれの機器について、高調波電流を測

表1　測定に使用した家庭用電気・電子機器の定格と台数

		定　格	台数
テレビジョン受信機		32 形ワイドテレビジョン受信機 定格消費電力：168 W 年間消費電力量：203 kWh/年	1
冷蔵庫		定格消費電力 電動機：110 W 電熱装置：112 W 消費電力量：38 kWh/年	1
照明用インバータ		消費電力：77 W 入力電流：0.79 A 二次電圧：260 V 全光束：6,520 lm エネルギー消費効率 84.7 lm/W 円形蛍光灯：FCL32/30×1、FCL40/38×1	1
電球形蛍光ランプ		定格消費電力：13 W 全光束：690 lm	5
冷暖房兼用エア・コンデショナ	暖房	能力：4.2 kW 消費電力：1,015（105～1,685）W 運転電流：11.28（最大 19.7）A	1
	冷房	能力：2.8 kW 消費電力：725（95～995）W 運転電流：8.06（最大 11.0）A	

表２　測定に使用した家庭用電気・電子機器の等価回路と機器のクラス分け（1）

	等価回路	クラス分け	高調波抑制対策
テレビジョン受信機	コンデンサインプット形ブリッジ整流回路 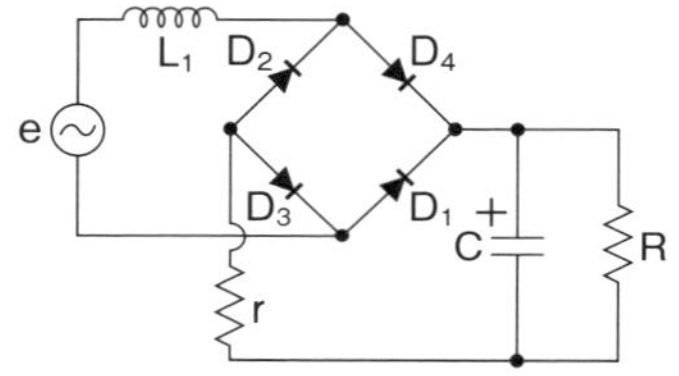 e, L_1, D_2, D_4, D_3, D_1, C, R, r r：0.47Ω、R：124Ω、C：1,500 μF、L_1：6.5 mH	D	○ 交流チョークコイル方式 L_1＝6.5 mH
冷蔵庫	圧縮機：カゴ形誘導電動機 主巻線抵抗：3.5Ω 助巻線抵抗：7.1Ω	A	× 特に設けていない
照明用インバータ	1石複合形インバータ 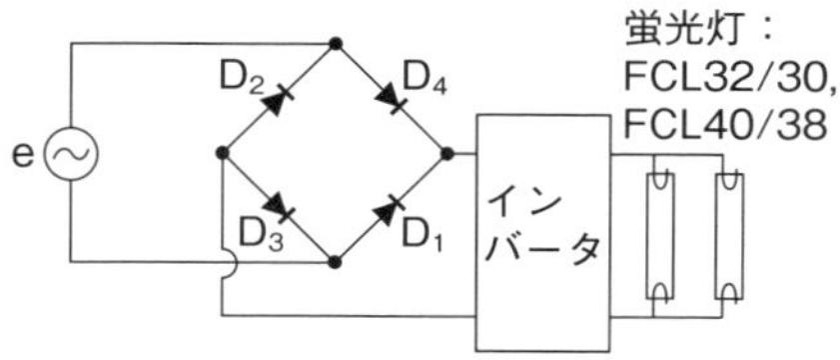 e, D_2, D_4, D_3, D_1, インバータ, 蛍光灯：FCL32/30, FCL40/38 整流出力以降のインバータの等価抵抗：120Ω 蛍光灯：FCL32/30、FCL40/38	C	○ 従来のインバータに PFC 機能を持たせた

クラス分け：JIS C 61000-3-2 では電気・電子機器は４つのクラスに分類され、それぞれの高調波電流の限度が規定されています。詳細は5.13 節を参照してください。

表 2　測定に使用した家庭用電気・電子機器の等価回路と機器のクラス分け (2)

	等価回路	クラス分け	高調波抑制対策
電球形蛍光ランプ	コンデンサインプット形ブリッジ整流回路 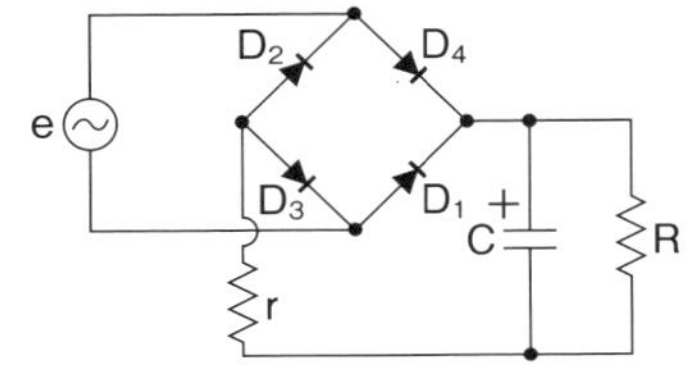 e, D_1, D_2, D_3, D_4, C, R, r r：4.7Ω、R：1,200Ω、C：22 μF	C	○ r と C の定数を変更し、対策している
冷暖房兼用エア・コンディショナ	コンデンサインプット形全波倍電圧整流回路 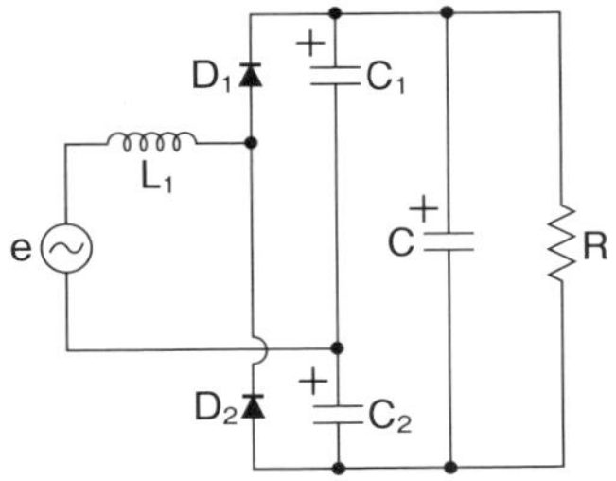 e, L_1, D_1, D_2, C_1, C_2, C, R C_1、C_2：360 μF、C：1,600 μF、L_1：6 mH	A	○ 交流チョークコイル方式、 L_1=6 mH

表 3　高調波電流測定時の各電気・電子機器の動作状態

		消費電力 [W]	力率	電流 THD	交流入力電流	
					t_s [ms]	Δt [ms]
テレビジョン受信機		154.6	0.757	0.760	3.28	4.38
冷蔵庫		128.6	0.625	0.187	3.13	10.0
照明用インバータ		81.6	0.978	0.172	0.0	10.0
電球形蛍光ランプ（5セット）		81.3	0.618	1.130	2.42	3.05
冷暖房兼用エア・コンデショナ	暖房	1,110.0	0.898	0.441	1.80	6.60
	冷房	640.0	0.854	0.533	2.34	5.86

t_s：交流入力電流が流れ始める時刻（ただし、基本波周波数：50 Hz、T/2=10 ms です）、
Δt：交流入力電流が流れている期間

定した結果を以下に示します。そのときの交流入力電流iを、式(1)～式(5)に示しています。ただし、高調波電流は13次までとしています。

①テレビジョン受信機（図1参照）

$$
\begin{aligned}
i=&2.314\sin(\omega t-0.278)+1.608\sin(3\omega t+2.268)+0.731\sin(5\omega t-1.613)\\
&+0.195\sin(7\omega t+0.093)+0.147\sin(9\omega t+1.1711)\\
&+0.068\sin(11\omega t+2.896)+0.061\sin(13\omega t-2.475)
\end{aligned}
\tag{1}
$$

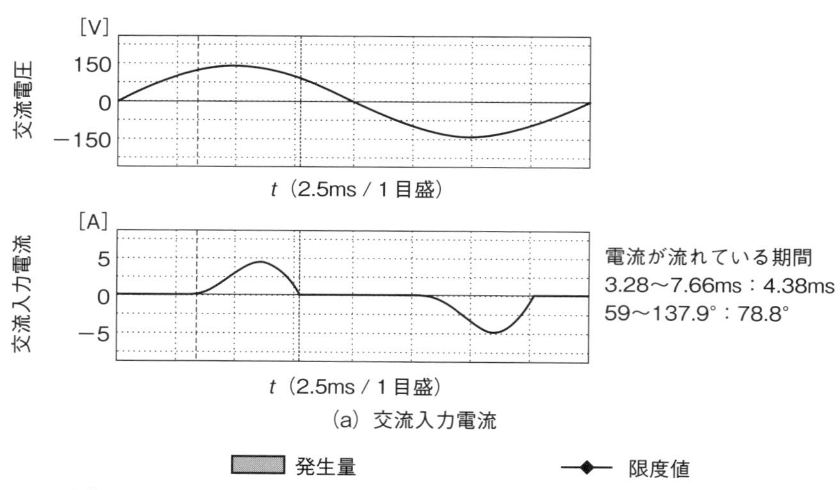

(a) 交流入力電流

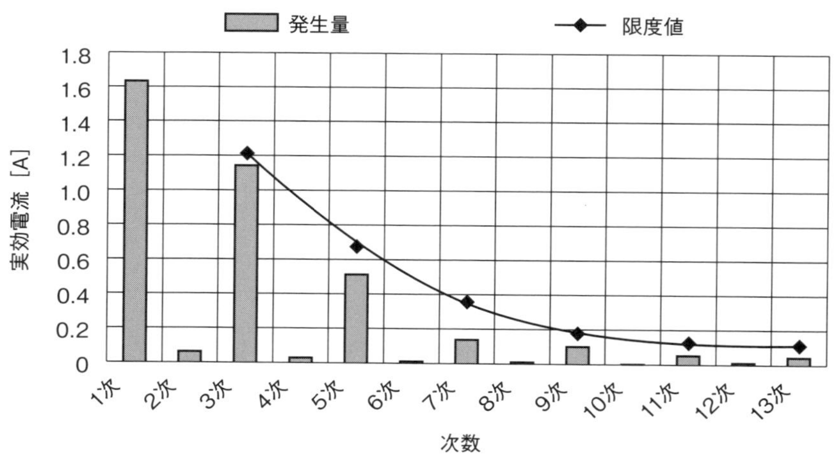

(b) 高調波電流の発生量

図1　テレビジョン受信機の交流入力電流と高調波電流の発生量

②冷蔵庫（図2参照）

$$i=2.858\sin(\omega t-0.925)+0.095\sin(3\omega t+2.06)+0.051\sin(5\omega t+0.236)$$
$$+0.031\sin(7\omega t-2.051)+0.02\sin(9\omega t+1.861)+0.01\sin(11\omega t+0.904)$$
$$+0.011\sin(13\omega t-1.187) \qquad (2)$$

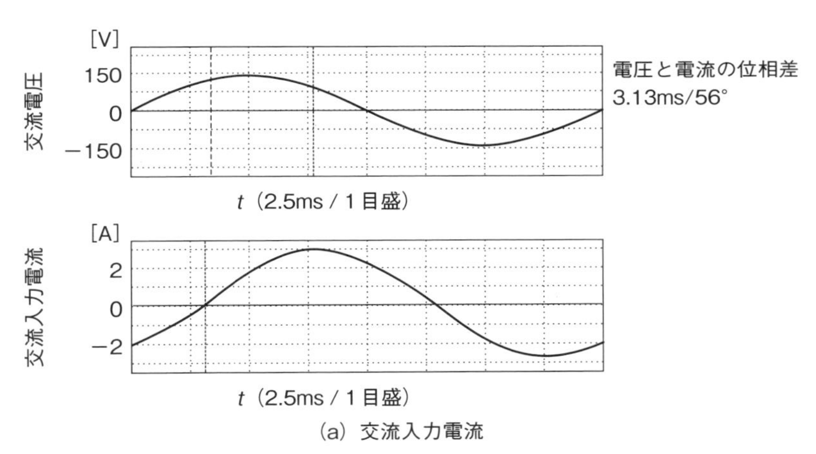

(a) 交流入力電流

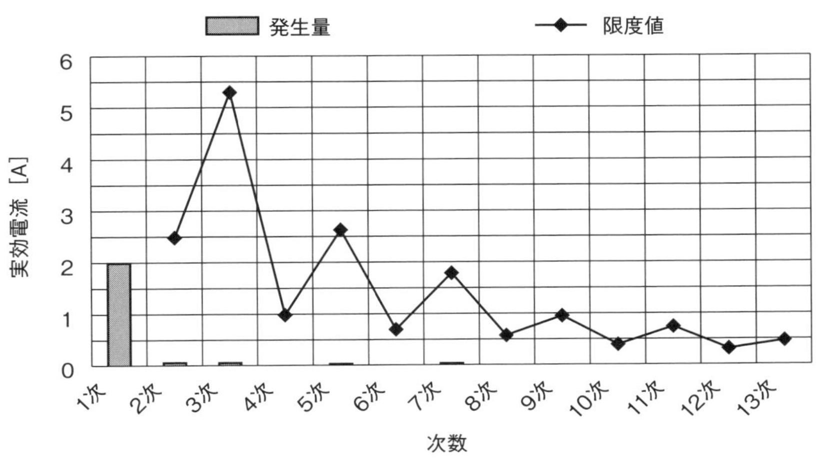

(b) 高調波電流の発生量

図2　冷蔵庫の交流入力電流と高調波電流の発生量

③照明用インバータ（図３参照）

$$i=1.162\sin(\omega t+0.098)+0.191\sin(3\omega t-2.813)+0.092\sin(5\omega t+0.326)$$
$$+0.028\sin(7\omega t-0.538)+0.017\sin(9\omega t+0.009)+0.016\sin(11\omega t-0.215)$$
$$+0.014\sin(13\omega t-0.168) \qquad (3)$$

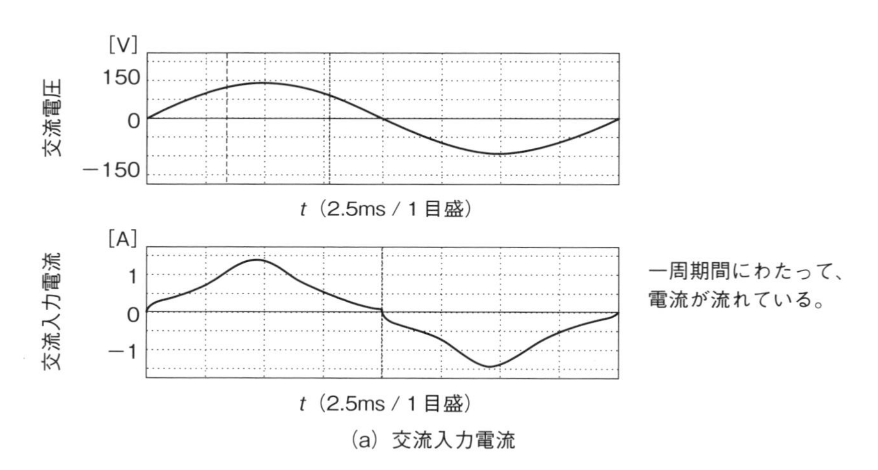

(a) 交流入力電流

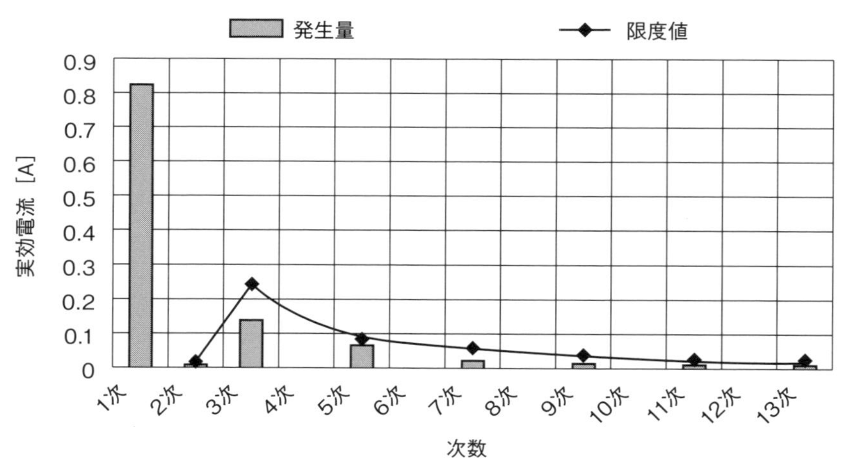

(b) 高調波電流の発生量

図３　照明用インバータの交流入力電流と高調波電流の発生量

④電球形蛍光ランプ（5 セット）（図 4 参照）

$$i=1.249\sin(\omega t+0.394)+1.028\sin(3\omega t-1.955)+0.69\sin(5\omega t+2.075)+0.388\sin(7\omega t+0.077)+0.265\sin(9\omega t-1.545)+0.248\sin(11\omega t+2.933)+0.192\sin(13\omega t+0.925) \quad (4)$$

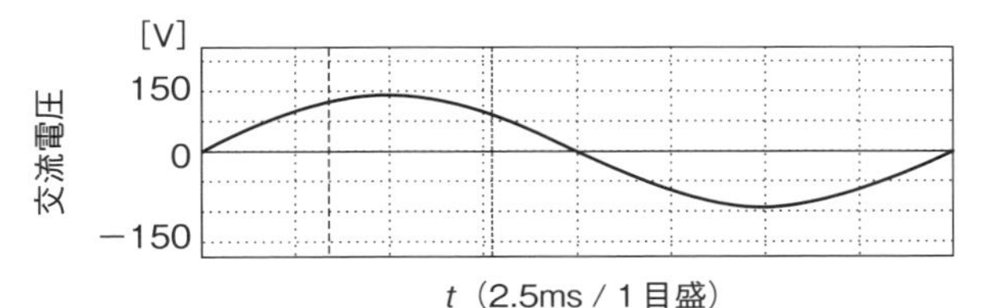

[A]
交流入力電流
4
0
−4

電流が流れている期間
2.42～5.47ms：2.85ms
43.6～98.5°：54.9°
ピークに達する位相：56°

t（2.5ms / 1 目盛）

(a) 交流入力電流

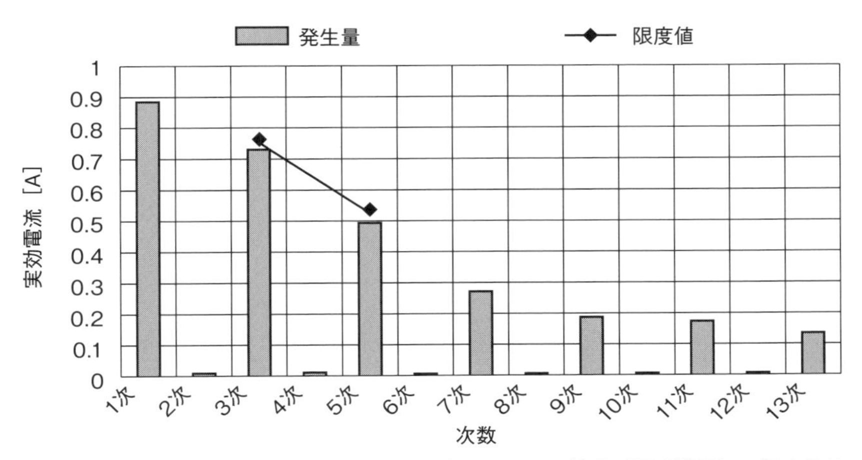

有効入力電力が25W以下（家庭用は35W以下）のクラスC機器（照明機器）の限度値は、以下のいずれかを満足すれば良いことになっています。上図には（ロ）が書いてあります。

（イ）クラスDの電力比例限度値を超えない。

（ロ）基本波電流に対する3次高調波電流の比率が86%以下、5次高調波電流の比率が61%以下で、入力電流のピーチは65°またはそれ前であって、かつ、90°より後ろでゼロにならなければならない。

(b) 高調波電流の発生量

図 4　電球形蛍光ランプ（5 セット）の交流入力電流と高調波電流の発生量

⑤エア・コンデショナ（暖房時）（図5参照）

$$i = 15.98\sin(\omega t - 0.127) + 6.8\sin(3\omega t + 2.704) + 0.59\sin(5\omega t - 2.372) + 0.86\sin(7\omega t - 1.159) + 0.368\sin(9\omega t + 0.108) + 0.283\sin(11\omega t + 0.597) + 0.184\sin(13\omega t + 2.365) \quad (5)$$

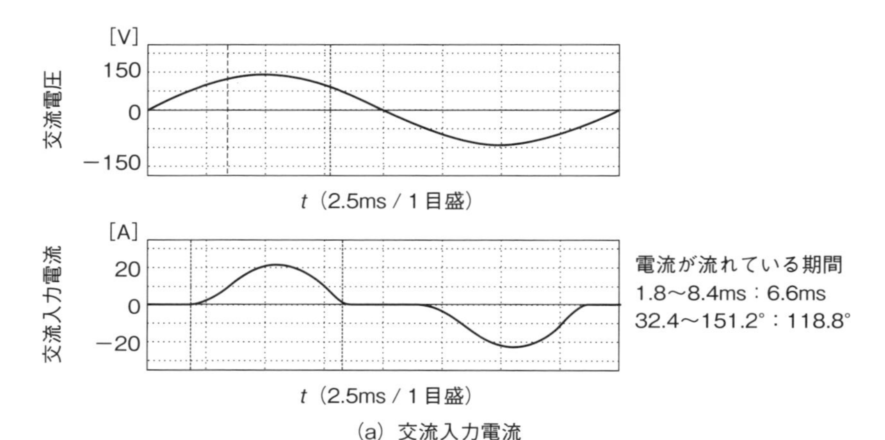

(a) 交流入力電流

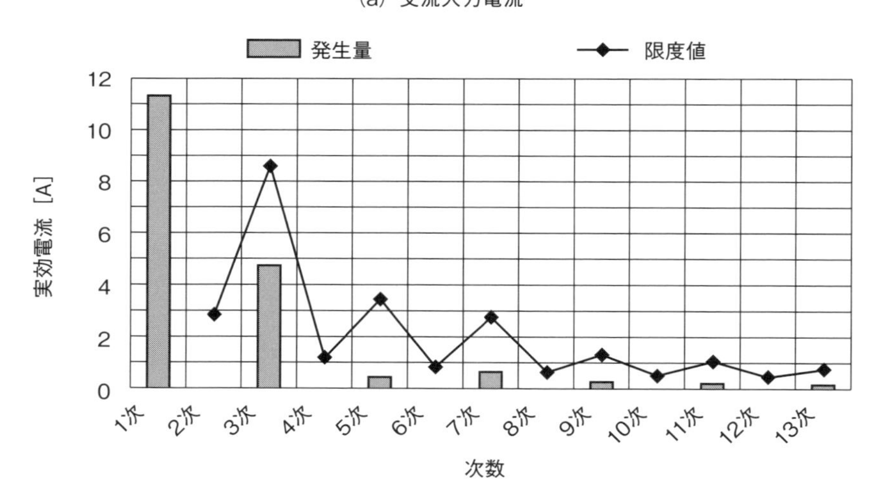

(b) 高調波電流の発生量

図5　エア・コンデショナ（暖房時）の交流入力電流と高調波電流の発生量

家庭用電気・電子機器の基本波電流と、高調波電流の発生量は**図6**になります。同時比較するために、消費電力が100 Wのときの電流に換算しています。高調

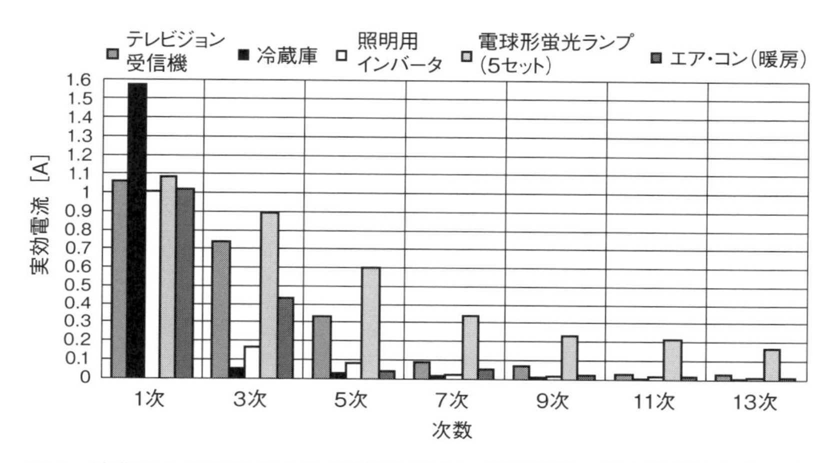

図6　消費電力100 W当たりの家庭用電気・電子機器の基本波電流と高調波電流の発生量

表4　電気・電子機器が単独で動作したときの高調波電流の合計値(A)と同時に動作したときの高調波電流(B)の比較

	電気・電子機器の組合せ					各次数における比率：(B/A)×100［%］						力率
	①	②	③	④	⑤	3次	5次	7次	9次	11次	13次	
1	●	●				51.0	35.8	100	44.7	49.3	55.8	0.898
2	●		●			91.2	84.2	100	94.8	67.8	75.5	0.868
3	●			●		97.2	88.6	87.5	84.7	90.9	98.0	0.756
4	●				●	95.7	80.0	89.6	82.4	96.8	69.4	0.894
5		●		●		85.6	92.2	91.2	99.5	98.9	97.2	0.820
6			●	●		79.2	89.1	71.4	76.9	55.6	100	0.808
7				●	●	97.8	85.5	96.5	74.2	91.8	94.2	0.900
8	●	●		●		50.2	29.8	99.1	42.6	100	64.2	0.869
9	●		●	●		88.9	76.1	88.9	84.6	60.6	65.6	0.830
10	●			●	●	92.5	70.9	88.3	79.4	90.2	71.8	0.897
11	●	●	●	●		49.9	26.2	94.7	53.6	91.3	60.9	0.909
12	●		●	●	●	90.7	63.6	87.3	76.9	90.2	62.8	0.907
13	●	●	●	●	●	79.1	53.1	56.4	86.7	18.1	76.5	0.920

①テレビジョン受信機、②電球形蛍光ランプ、③照明用インバータ、④冷蔵庫、⑤エア・コンデショナ（暖房）

波電流が一番大きいのは、電球形蛍光ランプであり、その次がテレビジョン受信機、エア・コンデショナ、照明用インバータ、冷蔵庫の順になっています。冷蔵庫は主回路が抵抗とインダクタンスの直列回路になっており、交流電圧に対して交流入力電流の位相は遅れますが、ほとんどひずんでなく、高調波電流の発生量は最も少なくなっています。

家庭用電気・電子機器から発生する高調波電流の位相は、式(1)～式(5)に示すように機器によって異なっており、それらの機器を併用したときの高調波電流は、単独で動作したときの高調波電流の合計値よりも少なくなります（**表4**参照）。

家庭用電気・電子機器を併用したときの交流入力電流の波形を、**図7**に示しています。単独で動作したときよりも、交流入力電流の流れている期間が伸びており、波形も正弦波に近づいています。その結果、高調波電流が減り、力率が高くなります。なお、力率については表3と表4を比較してください。

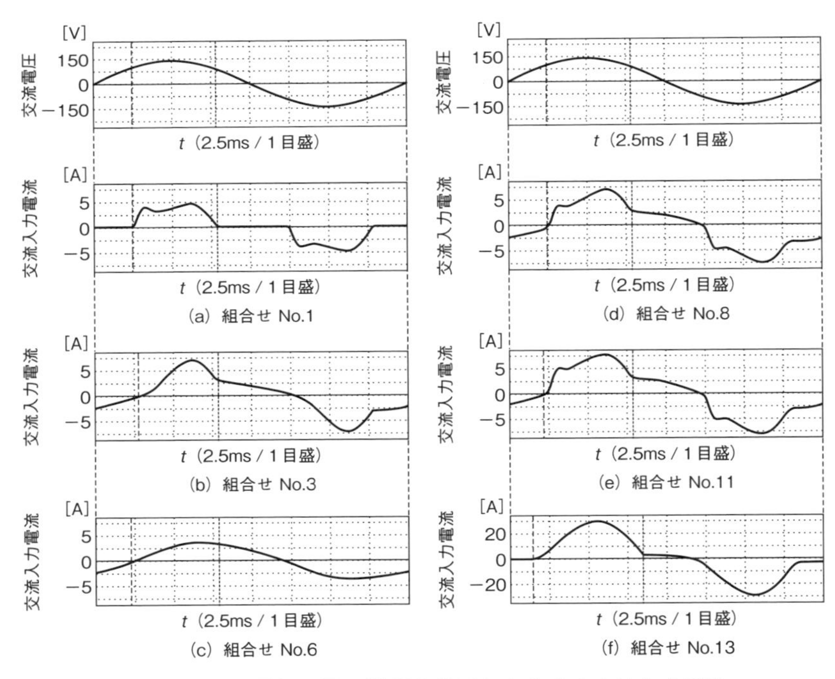

図7　家庭用電気・電子機器を併用したときの交流入力電流

5–9　送配電系統に存在する高調波電流はなぜ5次高調波電流が最大になるのか？

電気・電子機器から発生する高調波電流は、5.8節で示したように、奇数次であり、次数が低いほど大きくなっています。しかし、一番次数の低い3次と3の倍数次の高調波電流は、系統に存在する変圧器（トランス）のΔ巻線によって短絡されるために、送配電系統に存在する高調波電流は、次に次数の低い5次高調波電流が最大となります。

図1は一次側がΔ結線、二次側がY結線されたトランスの相電流（I_U、I_V、I_W）と線電流（I_{UV}、I_{WV}、I_{VU}）を表したものです。ここで、n次の高調波電流の振幅をI_nとすると、相電流は、

$$\left.\begin{aligned} I_U &= \sum_{n=1}^{\infty} I_n \sin n(\omega t) \\ I_V &= \sum_{n=1}^{\infty} I_n \sin n(\omega t + 2\pi/3) \\ I_W &= \sum_{n=1}^{\infty} I_n \sin n(\omega t - 2\pi/3) \end{aligned}\right\} \qquad (1)$$

となります。このときのトランス一次側の線電流は、

$$\left.\begin{aligned} I_{UW} &= I_W - I_U = \sum_{n=1}^{\infty} I_n \{\sin n(\omega t - 2\pi/3) - \sin n(\omega t)\} \\ I_{WV} &= I_V - I_W = \sum_{n=1}^{\infty} I_n \{\sin n(\omega t + 2\pi/3) - \sin n(\omega t - 2\pi/3)\} \\ I_{VU} &= I_U - I_V = \sum_{n=1}^{\infty} I_n \{\sin n(\omega t) - \sin n(\omega t + 2\pi/3)\} \end{aligned}\right\} \qquad (2)$$

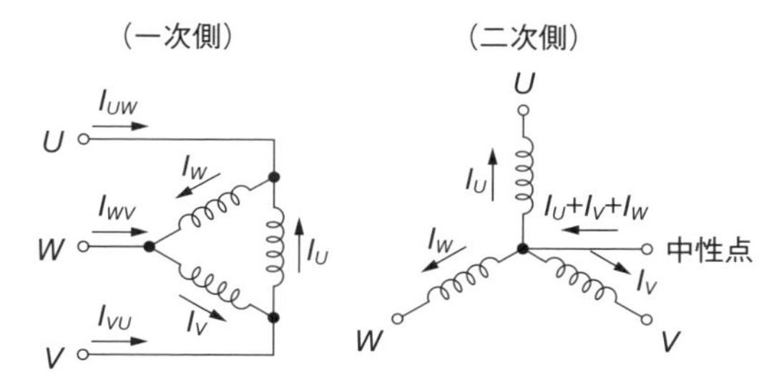

図1　三相トランスにおける相電流と線電流（Δ–Y結線）

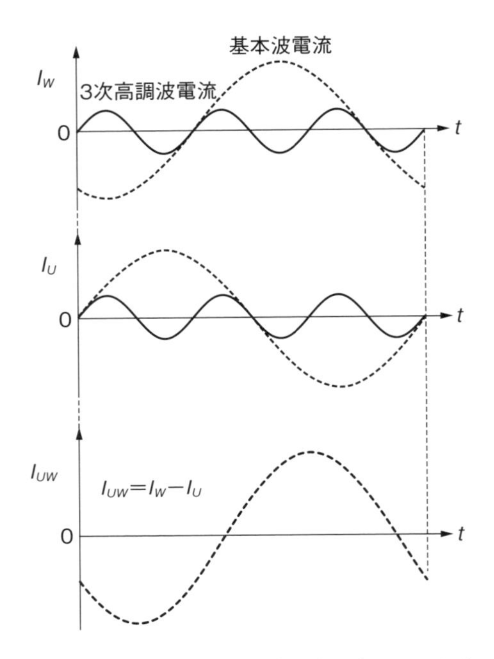

I_W と I_U が相電流を、I_{UW} が線電流を表しています。

図2　Δ巻線を持つトランスの線電流 I_{UW}

となります。

式(2)に n=3 を代入し、I_{UW} の3次高調波電流 $I_{UW、3}$ を求めるとゼロになります。I_{WV} の3次高調波電流 $I_{WV、3}$ および I_{VU} の3次高調波電流 $I_{VU、3}$ もゼロになります。

$$I_{UW,3}=I_3\{\sin(3\omega t-2\pi)-\sin 3\omega t\}=0$$

$$I_{WV,3}=I_3\{\sin(3\omega t+2\pi)-\sin(3\omega t-2\pi)\}=I_3\{\sin 3\omega t-\sin 3\omega t\}=0$$

$$I_{VU,3}=I_3\{\sin 3\omega t-\sin(3\omega t+2\pi)\}=I_3\{\sin 3\omega t-\sin 3\omega t\}=0$$

図2は、トランス一次側の相電流 I_W と I_U、および線電流 I_{UW} を示したものですが、相電流 I_W と I_U の3次高調波電流は同一位相であるために、I_W から I_U を減じた線電流 I_{UW} は基本波電流だけになり、3次高調波電流はなくなります。

3の倍数次の高調波電流も同様にゼロになります。つまり、3次と3の倍数次の高調波電流は、系統に存在する変圧器（トランス）のΔ巻線を循環し、消滅することになります。その結果、送配電系統に存在する高調波電流は、5次高調波電流が最大となります。

5-10　電力用コンデンサの等価回路と直列リアクトルの役目

一般的に、交流電源に接続される負荷の電流は、交流電圧に対して位相が遅れており、電力用コンデンサを並列に接続し、位相差少なくし力率を改善します。**図1**は電力用コンデンサの等価回路を示したものですが、コンデンサ本体にほかに、直列リアクトルと放電コイルが付属品として付いています。そのうちの、直列リアクトルが5次高調波電流により最も被害を受けており、過熱したり、焼損したりする障害が発生しています。

放電コイルは、コンデンサに生じる直流電圧を放電されるためのものです。直列リアクトルは、電力用コンデンサを接続したときに、5次高調波電圧が増幅されるのを防ぐためのものです。以下に電力用コンデンサを負荷に並列に接続したときに、直列リアクトルがない場合と、ある場合にどういった差が生じるかを示します。

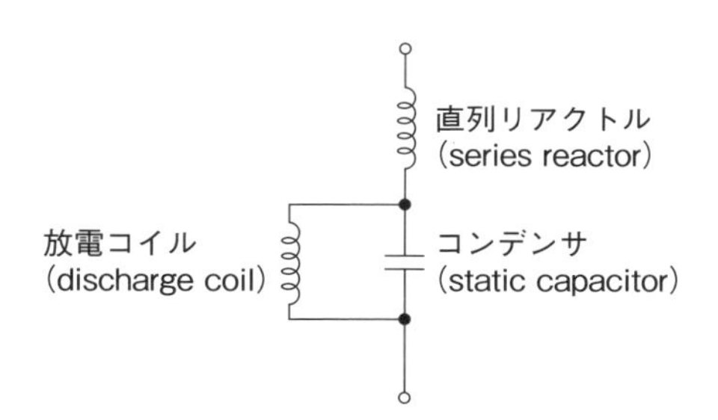

図1　電力用コンデンサの等価回路

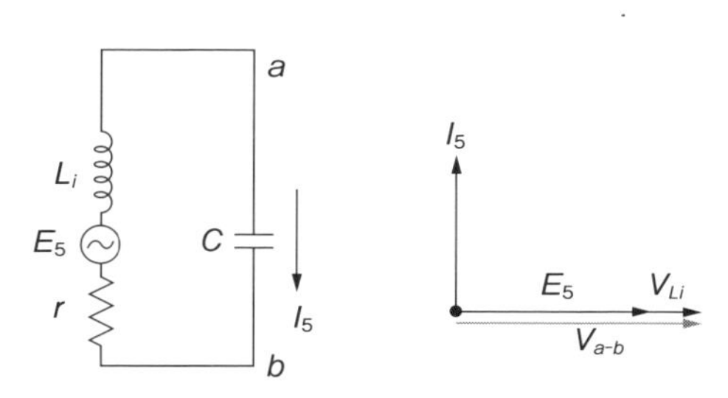

L_i：電源の内部インダクタンス、r_i：電源の内部抵抗、E_5：5次高調波電圧、V_{Li}：L_iに発生する電圧、$V_{a\text{-}b}$：端子a-b間の電圧、I_5：5次高調波電流

図2　直列リアクトルがない場合の端子a-b間電圧

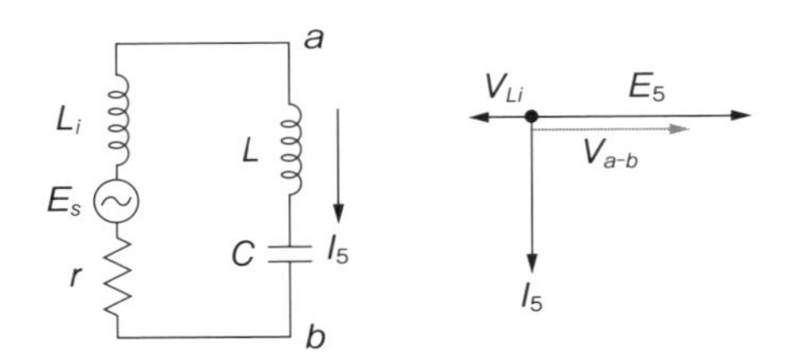

L_i：電源の内部インダクタンス、r_i：電源の内部抵抗、E_5：5次高調波電圧、V_{Li}：L_iに発生する電圧、$V_{a\text{-}b}$：端子a-b間の電圧、I_5：5次高調波電流

図3　直列リアクトルがある場合の端子a–b間電圧

①直列リアクトルがない場合の5次高調波電圧（図2参照）

5次高調波電流I_5の位相が5次高調波電圧E_5より90°進みます。電源の内部インダクタンスL_iに発生する電圧V_{Li}は、5次高調波電流I_5より90°遅れるために、5次高調波電圧E_5と位相が同じになり、端子a–b間の電圧はV_{Li}だけ大きくなってしまいます。

$$V_{a-b}=E_5+V_{Li} \tag{1}$$

②直列リアクトルがある場合の5次高調波電圧（図3参照）

直列リアクトルを挿入し、端子a–b間のインピーダンスを誘導性にします。そうすると、5次高調波電流I_5の位相が5次高調波電圧E_5より90°遅れます。電源の内部インダクタンスL_iに発生する電圧V_{Li}は、5次高調波電流I_5より90°遅れるために、5次高調波電圧E_5と位相が180°ずれることになり、端子a–b間の電圧はV_{Li}だけ小さくなります。

$$V_{a-b}=E_5-V_{Li} \tag{2}$$

端子a–b間のインピーダンスを誘導性にするためには、以下の式を満足しなければなりません。

$$5\omega L>\frac{1}{5\omega C}$$

$$\omega L>\frac{1}{25\omega C}=0.04\left(\frac{1}{\omega C}\right) \tag{3}$$

万が一、電源の角周波数ωが低下すると左辺のωLが減少してしまい、式(3)を満足しなくなる場合が生じます。そのために、実際にはωLは$(1/\omega C)$の5％から6％に選びます。最も一般的なのが6％であり、6％のものを6％直列リアクトルといいます。

5-11　高調波電流と EMC

高調波電流の規格は低周波 EMC(※)に関する規格の1つとして検討されています。電子機器は、本体から出すノイズに関してエミッション性能と、外部から入ってくるノイズに関してイミュニティ性能が要求されます。電子機器から出るノイズは電磁妨害（EMI；electro-magnetic interference）と呼ばれており、障害波の伝搬経路によって輻射雑音（RN；radiation noise）と伝導雑音（CN；conduction noise）に分類されます。輻射雑音は空中に電磁波として放出されるノイズであり、伝導雑音は主に商用電源線を伝わって伝導するノイズをいいます。高調波電流を分類すると、伝導雑音に入ります。**図2**を参照してください。

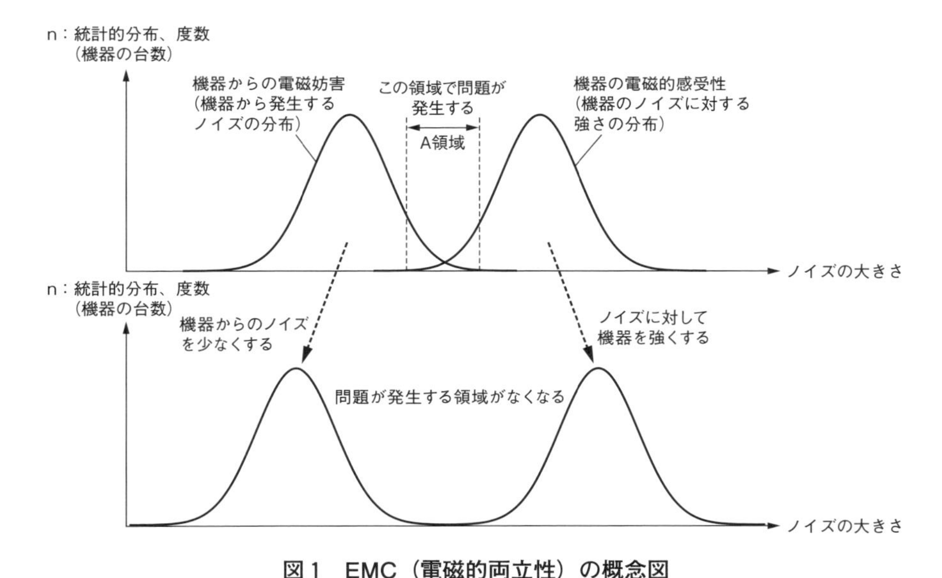

図1　EMC（電磁的両立性）の概念図

※ EMC（electro-magnetic compatibility、電磁的両立性）
　市場には、様々な電気・電子機器が存在します。ノイズが大きい機器とノイズに弱い機器が同じ場所にあった場合、**図1**のA領域で問題が発生してしまいます。そこで、電磁妨害波であるノイズを少なくし、妨害を受けた機器をノイズに対して強くすると、問題が発生する領域がなくなります。電磁的両立性とは、電気・電子機器から発生するノイズがほかの機器やシステムに対しても妨害を与えず、また、ほかの機器から電磁妨害を受けても問題なく動作する耐性を持つことを意味しています。

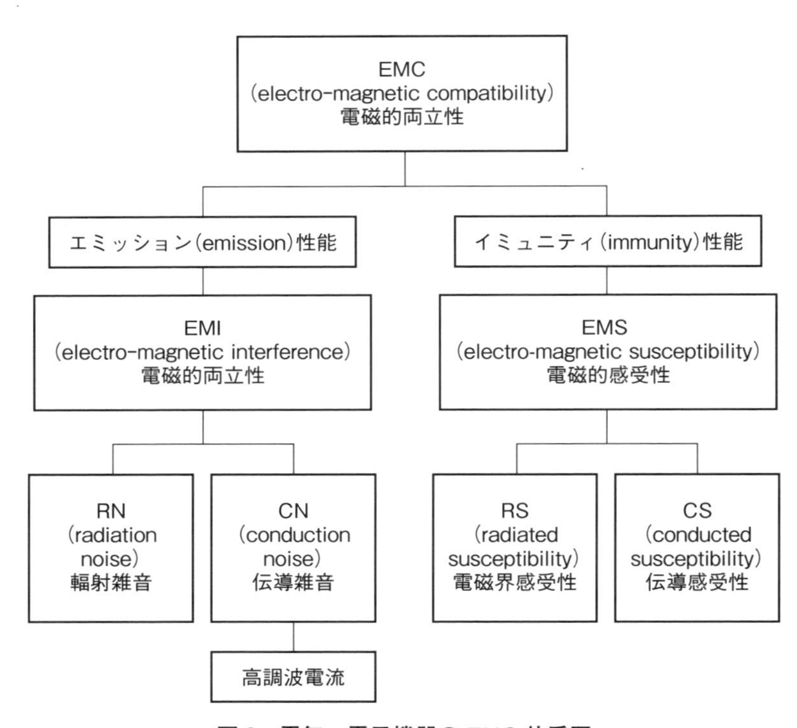

図２　電気・電子機器の EMC 体系図

5-12　高調波問題の検討と JIC C 61000-3-2 制定の経緯

高調波電流による問題の検討を開始したのは、1979 年になります。1987 年には抑制目標が制定され、1994 年には、高調波電流を抑制するための 2 つのガイドライン、「家電・汎用品高調波抑制対策ガイドライン」（初版）と「高圧または特別高圧で受電する需要家の高調波抑制対策ガイドライン」が制定されました。その後、1996 年 1 月から、ガイドラインに基づき、工業会ごとに電気・電子機器に対策を入れることを開始しました。2003 年には、「家電・汎用品高調波抑制対策ガイドライン」に代わり、JIS C 61000-3-2（初版）「電磁両立性―第 3-2 部：限度値―高調波電流発生限度値（1 相当たりの入力電流が 20 A 以下の機器）」が制定されました。現在、第 4 版が審議されており、2018 年中には制定される見込みです。

以下に高調波問題の検討と JIS C 61000-3-2 制定の経緯を示します。

- 1979 年 01 月　(社)電気共同研究会の「配電線高調波対策専門委員会」で検討を開始した。
- 1987 年 05 月　資源エネルギー庁「電力利用基盤強化懇談会（高調波問題専門委員会)」において、「高調波電流による商用電力系統の総合電圧ひずみ率を、6.6 kV の配電線で 5 %、および 7 kV 以上の特別高圧線で 3 %に抑えることが妥当」との指標が示される（**表 1** 参照)。

表 1　電圧ひずみ率の抑制目標（単位：%）

	3 次	5 次	7 次	11 次	13 次	17 次	19 次	23 次	25～39 次	総合
配電系統	3.0	4.0	3.0	2.0	2.0	1.5	1.5	1.0	1.0	5.0
特別高圧系統	2.0	2.5	2.0	1.5	1.5	1.0	1.0	0.5	0.5	3.0

配電系統：5 万 V 未満の配電線系統、特別高圧系統：7 kV を超える特別高圧線の系統

- 1989 年 11 月　(社)電気共同研究会で、1979 年度～1987 年度までの 8 年間で 162 件の高調波電流による障害が報告される。障害を受けた機器は合計 264 台にのぼり、その内の 201 台（76 %）が電力用コンデンサ本体とその付属品であった（**表 2**、**図 1** 参照)。
- 1990 年 06 月　(社)電気共同研究会「高調波対策専門委員会」から、高調波電流の抑制目標が示される。2010 年において、高調波環境レベルを超えないための抑制量を、以下とする必要があることが示された。

・特定需要家　：1990年の発生量の50％を抑制する。

・家電・汎用品：1990年の発生量の25％を抑制する。

● 1990年09月　資源エネルギー庁の要請で、電気用品調査委員会の高調波専門部会（事務局：(社)日本電気協会）で家電製品に対する高調波抑制対策ガイドラインの検討を開始した。

● 1994年09月　通商産業省の資源エネルギー庁公益事業部発行の広報にて「家電・汎用品高調波抑制対策ガイドライン」（初版）と「高圧または特別高圧で受電する需要家の高調波抑制対策ガイドライン」が制定される。

表2　障害を受けた機器の内訳（1979年度～1987年度）

	電力用コンデンサ				④	⑤	⑥	⑦	合計
	①	②	③	小計					
台数	157	43	1	201	9	8	42	4	264
比率［%］	59.5	16.3	0.4	76	3.4	3.0	15.9	1.5	100

①コンデンサ本体、②直列リアクトル、③ヒューズ、④モーター用ブレーカ、⑤家電製品など、⑥その他、⑦電力側機器

出展：(社)電気共同研究会、電力系統における高調波とその対策、電気共同研究、第46巻、2号、pp. 17、1990年

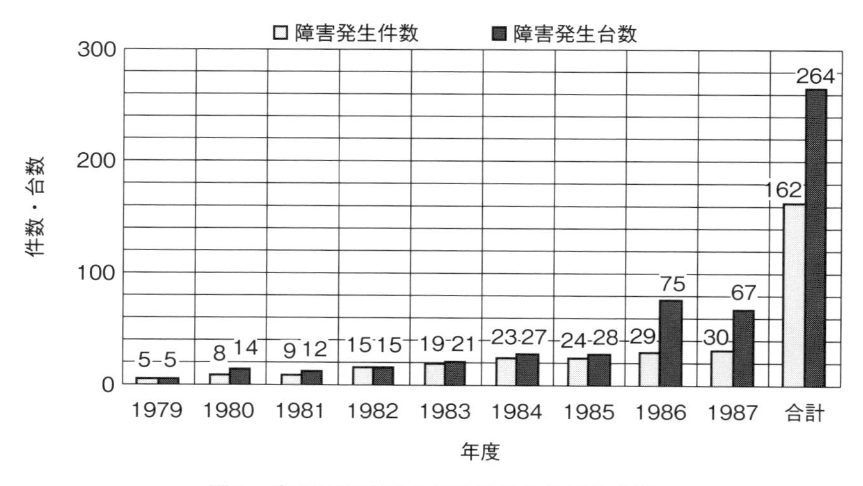

図1　高調波電流による障害発生件数と台数

出展：(社)電気共同研究会、電力系統における高調波とその対策、電気共同研究、第46巻、2号、pp. 17、1990年

● 1996年01月　「家電・汎用品高調波抑制対策ガイドライン」に基づいてファクシミリなどの製品が自主規制（対策を入れること）を開始した。

・日本事務機械工業会……ファクシミリ、ほか

・日本電子工業振興協会……有効入力電力が75 Wを越え1 kW以下の電子計算機および関連機器

● 1996年05月　電気用品調査委員会の高調波専門部会で、「家電・汎用品高調波抑制対策ガイドライン」の改定の検討を開始した。

● 1997年01月　テレビジョン受信機、エア・コンデショナ、電子レンジ、電気こたつなどが自主規制を開始した。

・日本電子機械工業会……テレビジョン受信機、ほか（有効入力電力が75 Wを超えるクラスDの機器）

・日本電機工業会……エア・コンデショナ、電子レンジ、電気こたつ、電動工具

・日本冷凍空調工業会……パッケージエア・コンデショナ、ショーケース

● 1997年09月　通商産業省の資源エネルギー庁公益事業部発行の広報にて、「家電・汎用品高調波抑制対策ガイドライン」（改訂版1）が制定される。有効入力電力が35 W以下の電球形蛍光ランプの限度値が、新たに規定される。

● 1997年10月　有効入力電力が35 W以下の電球形蛍光ランプを除く照明器具（クラスC機器）の暫定限度値の適用が、開始した。

● 1998年01月　有効入力電力が35 W以下の電球形蛍光ランプを除く照明器具（クラスC機器）の限度値の適用が、開始した。

● 1999年01月　有効入力電力が35 W以下の電球形蛍光ランプに対する限度値の適用が、開始した。

● 1999年10月　「家電・汎用品高調波抑制対策ガイドライン」（改訂版2）が制定される。600 Wを超えるエア・コンデショナ、電子計算機、汎用インバータおよびサーボアンプに、600 Wを超える部分について電力比例にした限度値を適用する期間（暫定期間）を、「1999年12月31日まで」から「2003年12月31日まで」に延期した。

● 2000年12月　「家電・汎用品高調波抑制対策ガイドライン」（改訂版3）が制定される。照明機器を除く有効入力電力75 W以下のクラスDの機器(※)には、

※クラスDの機器：「特殊な電流波形」の入力電流を持つ機器で、かつ有効入力電力が600 W以下の機器。現在のJIS C 61000-3-2では、パーソナルコンピュータおよびパーソナルコンピュータ用モニタ、テレビジョン受信機、インバータで制御する圧縮機を搭載する冷蔵庫が、クラスDの機器に分類されています。

2003年12月31日まで、限度値を適用しないこととした。

●2001年03月　家電・汎用品高調波抑制対策ガイドライン改定案（後のJIS C 61000-3-2の初版）について、審議を開始した。

●2003年08月　JIS C 61000-3-2の初版に、以下の改定内容を盛り込んだ。

①照明機器を除く有効入力電力が75 W以下のクラスD機器には、限度値を適用しない。

②有効入力電力が600 Wを超えるエア・コンデショナには、新しい限度値を適用する。

●2003年12月　JIS C 61000-3-2の初版（JIS C 61000-3-2：2003）が発行された。

●2005年03月　JIS C 61000-3-2の改正版（JIS C 61000-3-2：2005）が発行された。IEC 61000-3-2の最新版に整合した改正案が改正原案作成委員会で審議され、発行された。

●2011年02月　JIS C 61000-3-2の第3版（JIS C 61000-3-2：2011）が発行された。IEC 61000-3-2の最新版に整合した改正案が改正原案作成委員会で審議され、発行された。

●現在　第4版（JIS C 61000-3-2：2018）が審議されており、2018年中には制定される見込みです。

5-13 日本における高調波電流の規制

日本の高調波電流の規制はJIS C 61000-3-2「電磁両立性—第3-2部：限度値—高調波電流発生限度値（1相当たりの入力電流が20 A以下の機器）」と「高圧又は特別高圧で受電する需要家の高調波抑制対策ガイドライン」の2本立てになっています。300 V以下の商用電源系統に接続して使用する1相当たりの定格電流が20 A以下の電気・電子機器は、JIS C 61000-3-2が適用されます。それ以上の定格の電気・電子機器は、機器に対する規定はなく、それらの機器を使用する需要家ごとに、需要家から流出する高調波電流が、「高圧又は特別高圧で受電する需要家の高調波抑制対策ガイドライン」で決められており、これに適合するようにしなければなりません。これらの関係を**図1**に示します。

国際規格では、1相当たりの入力電流が16 A以下の電気・電子機器（電源電圧：単相/三相220 V/380 V、230 V/400 V、240 V/415 V）に対してはIEC 61000-3-2(※)で、16 Aを超え75 A以下の電気・電子機器に対してはIEC 61000-3-12(※)で、高調波電流の限度が規定されています。

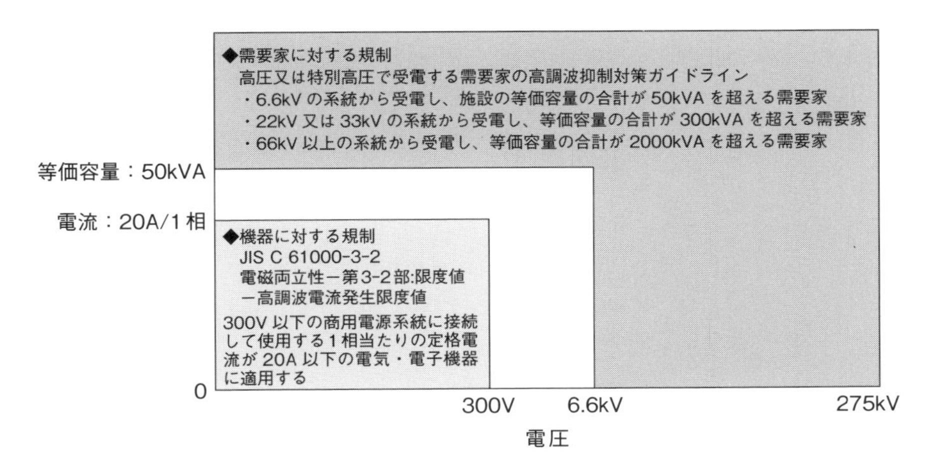

図1 JIS C 61000-3-2と高圧又は特別高圧で受電する需要家の高調波抑制対策ガイドラインの適用範囲（概念図）

※ IEC 61000-3-2
Electromagnetic compatibility (EMC) − Part3: Limits–Limits for harmonic current emissions (equipment input current ≦ 16 A per phase).

※ IEC 61000-3-12
Electromagnetic compatibility (EMC) − Part 3-12: Limits–Limits for harmonic currents produced by equipment connected to public low-voltage systems with input current>16 A and ≤ 75 A per phase.

※ IEC
International electrotechnical commission、国際電気標準会議

欧州や中国では、需要家に対する規制はなく、IEC 61000–3–2とIEC 61000–3–12に準じた規格が制定されており、電気・電子機器ごとに高調波電流を限度値以下にすることが義務付けられています。**表1**を参照してください。日本では、IEC 61000–3–12が制定される以前に「高圧又は特別高圧で受電する需要家の高調波抑制対策ガイドライン」が制定され、自主規制が開始されていたために、IEC 61000–3–12に準じた規格は制定されておりません。

JIS C 61000–3–2では、300 V以下の商用電源系統に接続して使用する1相当たりの定格電流が20 A以下の電気・電子機器が、4つのクラスに分類され、高調波電流の限度が規定されています。機器の分類を**表2**に示します。なお、それらの中で、クラスC（照明機器）に関する限度が最も厳しい値になっています。夜になると、照明機器を一斉に使います。その同時使用性を考慮して、限度が厳しくなっています。例として、**図2**に基本波電流に対する5次高調波電流の含有率限度値を示します。これ以外の詳細については、JIS C 61000–3–2を参照してください。

表1　高調波電流の限度に関する規格

	国際規格	欧州規格	中国規格
1相当たりの電流が16 A以下の電気・電子機器	IEC 61000–3–2	EN 61000–3–2	BG 17625.1
1相当たりの電流が16 Aを超え75 A以下の電気・電子機器	IEC 61000–3–12	EN 61000–3–12	BG/T 17625.8

表2　JIS C 61000–3–2での機器の分類

	対象機器	備考
クラスA	・平衡三相機器 ・家庭用電気機器（クラスDに分類される機器を除く） ・電動工具（手持ち形を除く） ・白熱電球用調光器 ・音響機器	
クラスB	・手持ち形電動工具 ・専門家用でないアーク溶接装置	
クラスC	・照明機器	
クラスD	・パーソナルコンピュータおよびパーソナルコンピュータ用モニタ ・テレビジョン受信機 ・インバータで制御する圧縮機を搭載する冷蔵庫	

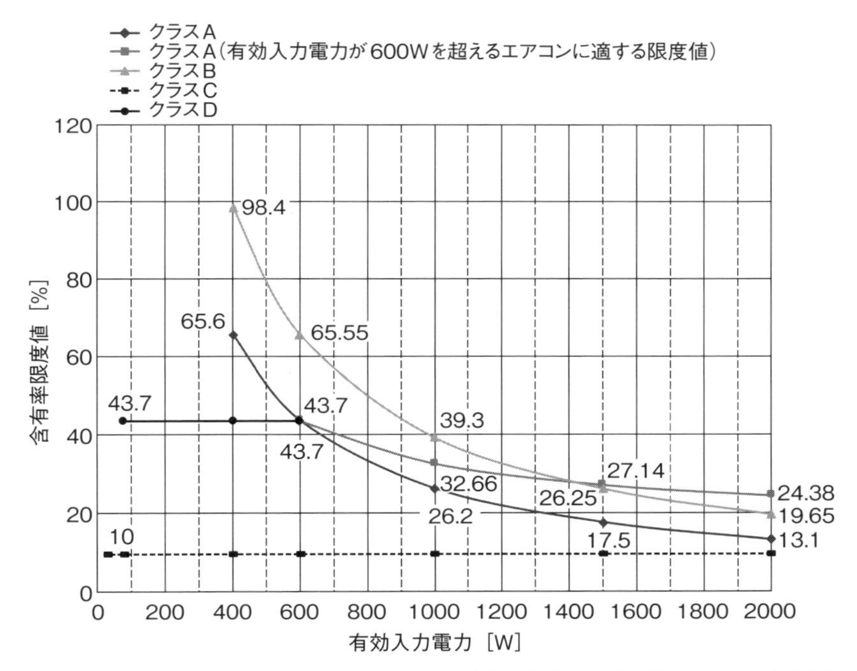

含有率限度値：力率が１のときの基本波電流に対する比率、含有率限度値＝（５次高調波電流の限度値／基本波電流）×100［%］
クラスA、Bは有効入力電力が400W以下を省略しています。
クラスCは25Wを超える照明機器に対する含有率限度値を示しており、25W以下の機器については省略しています。
クラスD：75Wを超え600W以下のクラスD機器の含有率限度値を示しています。

図２　JIS C 61000-3-2で規定されている５次高調波電流の含有率限度値

5-14　高調波電流の対策原理

交流入力電流が正弦波状に一周期間に渡って流れるようにすることで、力率を上げ高調波電流を少なくすることができます。抵抗負荷において、交流入力電流が流れている期間を伸ばすと、**図１**のように高調波電流の発生量が少なくなります。

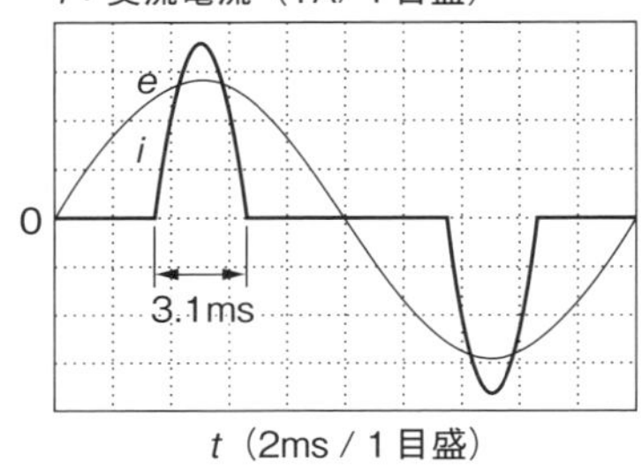

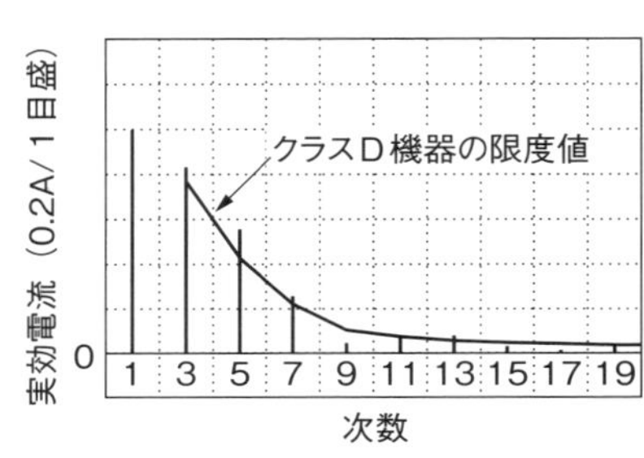

(a) 入力電力：100.4W、交流入力電流：1.444Arms、力率：0.695、電流 THD：1.034

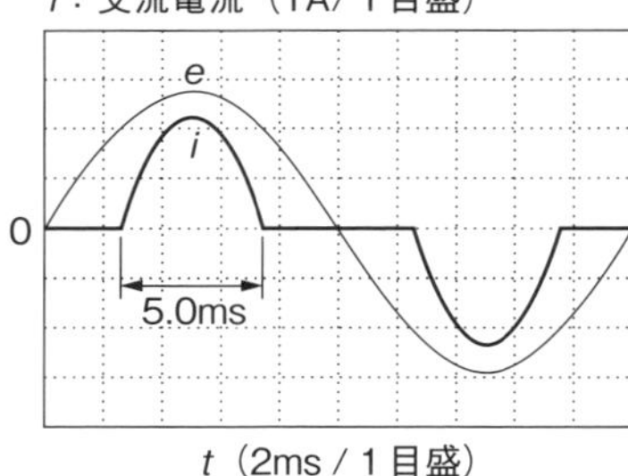

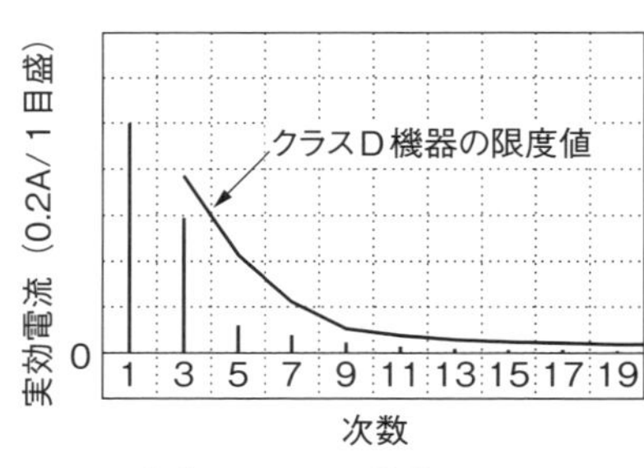

(b) 入力電力：100.5W、交流入力電流：1.178Arms、力率：0.853、電流 THD：0.6108

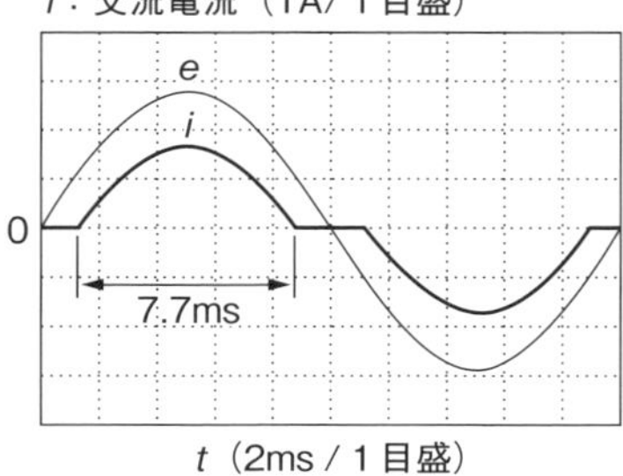

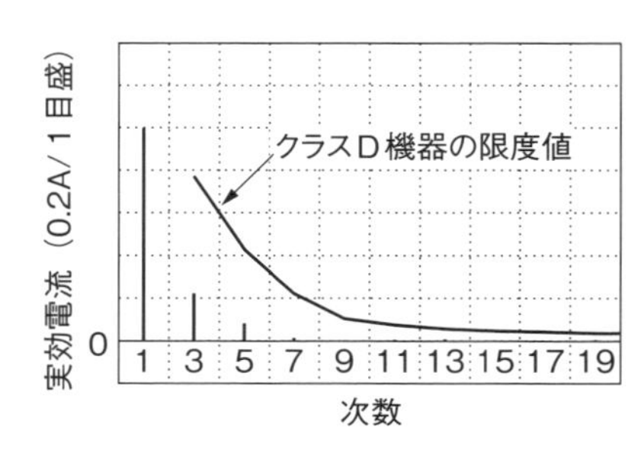

(c) 入力電力：100.6W、交流入力電流：1.035Arms、力率：0.972、電流 THD：0.2422

図１　交流入力電流が流れている期間と高調波電流の発生量（交流電圧：100 V/50 Hz）

交流入力電流が流れている期間が長くなると、**図2**のように、高調波電流が減少します。その結果、**図3**のように、力率が上がり、電流 THD（電流の総合高調波ひずみ率）が減少します。

抵抗負荷であっても、負荷が変化すると次数間高調波電流が発生します。このときの、次数間高調波電流は、変化量が大きいほど大きくなります。また、変化している期間が長いほど大きくなります。したがって、対策するためには負荷変化を小さくし、変化している期間を短くすることが必要になります。

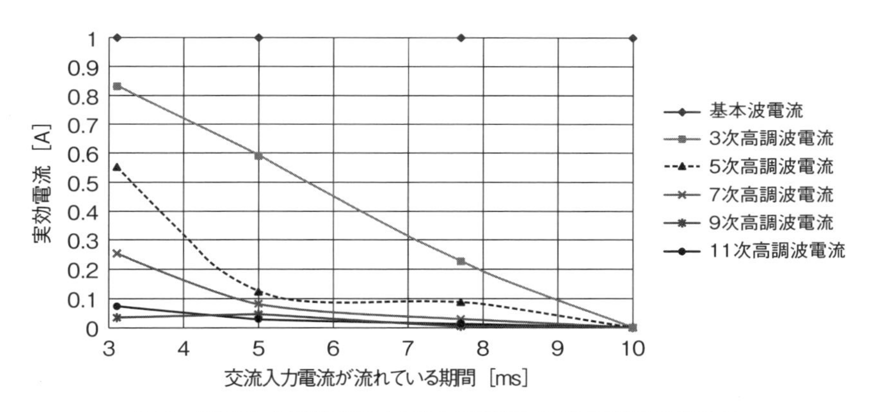

図2　交流入力電流が流れている期間と高調波電流の発生量

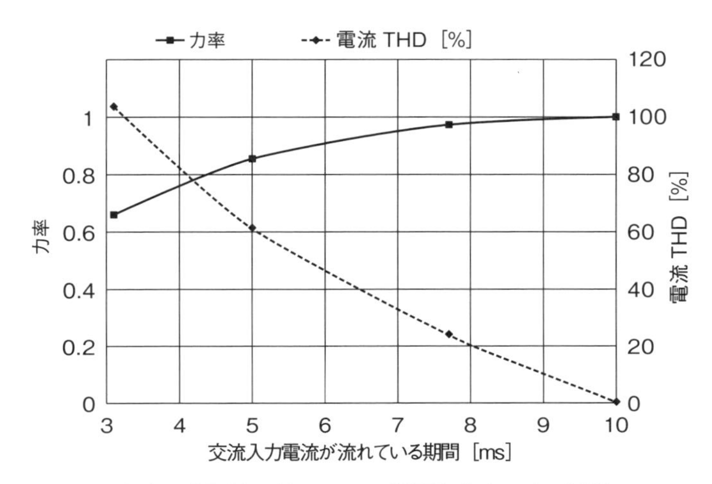

図3　交流入力電流が流れている期間と力率および電流 THD

5-15　交流チョークコイルで高調波電流を対策する

図 1 に示すように、交流電源とコンデンサインプット形ブリッジ整流回路の間に交流チョークコイル L_1 を入れると、高調波電流に対する整流回路のインピーダンスが上がり、交流入力電流の流れている期間が伸びて、波形が正弦波に近づきます。このことにより、高調波電流の発生量が減少し、力率を上げることができます。高調波の次数が高くなるほど、交流チョークコイルのインピーダンスが高くなりますので、効果も大きくなります。**図 2** は 150 W 程度の電気・電子機器に使われた交流チョークコイルです。交流チョークコイル方式は簡単で安価ですが、形状が大きく重い、高調波電流の抑制効果が少なく、力率も 0.75〜0.77 程度にしか上がらないなどの欠点があります。また、ブリッジ整流回路の出力電圧（平滑コンデンサ C の電圧）E_i が下がってしまいます。DC–DC コンバータとの組合せで使用したときの AC–DC 効率も、入力電力が 150 W で 0.5 %、50 W で 1.8 %ほど低下します。

図 3 はインラッシュ電流防止抵抗 r＝1Ω、平滑コンデンサ C＝1,000 μF、入力電力 Pi＝125 W で交流チョークコイル L_1 のインダクタンスを変化させたときの、高調波電流の発生量を示したものです。インダクタンスが大きくなると、高調波電流が減少しているのが確認できます。ただし、3 次高調波電流は最も周波数が低いために、効果が少なくなっています。

図 4 は、交流チョークコイル L_1 のインダクタンスに対する力率と電流 THD（電流の総合高調波ひずみ率）の変化を示したものです。電流 THD は、インダクタンスが大きくなると高調波電流が減少するために、低くなります。力率は、インダクタンスとともに上昇しますが、10 mH を過ぎると大きな変化はなくな

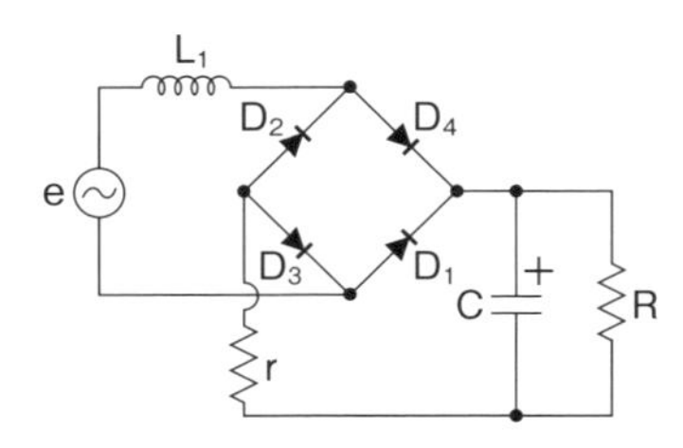

図 1　コンデンサインプット形ブリッジ整流回路と交流チョークコイル L_1

図 2　交流チョークコイルの外観

e：交流電圧（50V/1目盛）
i：交流電流（2A/1目盛）

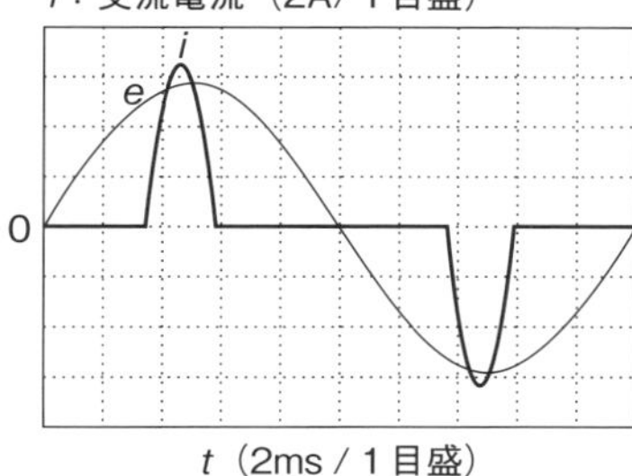

(a)　L_1＝0、入力電力：124.9W、交流入力電流：2.128Arms、力率：0.587、
電流 THD：1.371、整流出力電圧：131.9V

e：交流電圧（50V/1目盛）
i：交流電流（2A/1目盛）

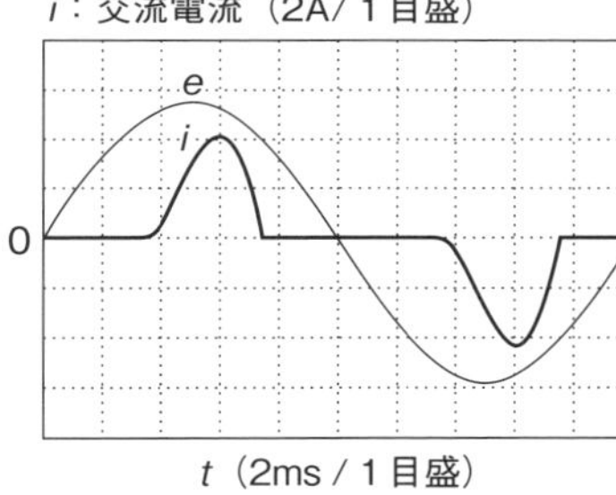

(b)　L_1＝5mH、入力電力：125.2W、交流入力電流：1.753Arms、力率：0.7155、
電流 THD：0.9084、整流出力電圧：127.4V

e：交流電圧（50V/1目盛）
i：交流電流（2A/1目盛）

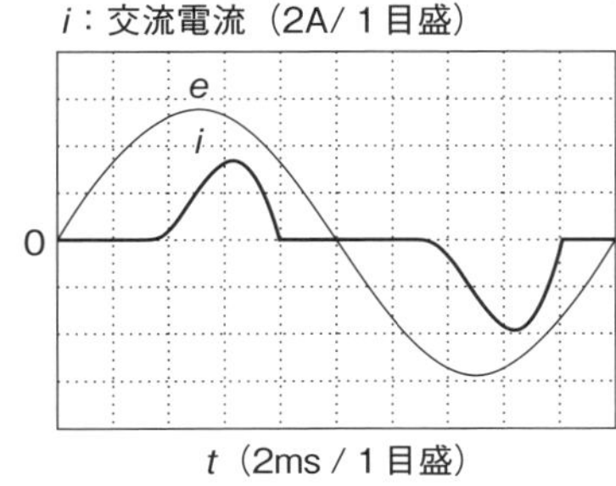

(c)　L_1＝10mH、入力電力：124.9W、交流入力電流：1.664Arms、力率：0.7507、
電流 THD：0.7523、整流出力電圧：122.5V

図3　交流チョークコイル L_1 のインダクタンスと高調波電流の発生量（交流電圧：100 V/50 Hz）

ります。インダクタンスが大きくなると、交流入力電流が流れる期間が長くなりますが、交流電圧に対する交流入力電流の位相（交流入力電流がピーク値に達する時刻）が遅れていきます。そのために、インダクタンスがある値を過ぎると、力率はあまり変化しなくなります。最大でも、力率は0.75～0.77程度までしか上がりません。

交流チョークコイルのインダクタンスを大きくすると、コンデンサインプット形ブリッジ整流回路の充電電流が制限されるために、整流出力電圧が低下してし

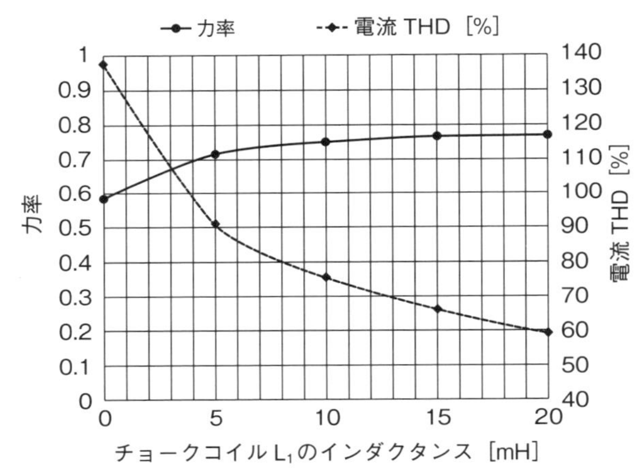

図4　交流チョークコイル L_1 のインダクタンスと力率および電流THD

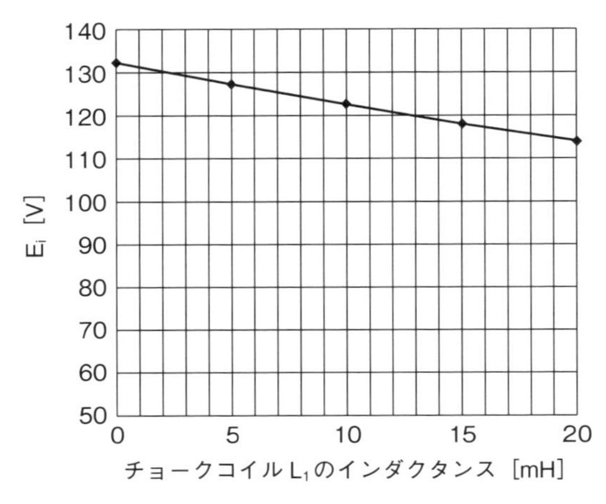

図5　交流チョークコイル L_1 のインダクタンスと整流回路の出力電圧 E_i

まいます。**図 5** はこの関係を示したものであり、交流チョークコイルを使用するときは、この後に接続される定電圧回路の動作範囲を確認する必要があります。

以前はブラウン管を使用したテレビジョン受信機に、交流チョークコイルが使われていました。テレビジョン受信機はクラス D 機器に分類されています。そこで、交流チョークコイルのインダクタンスを変化させたときの、入力電力 100 W のテレビジョン受信機のクラス D の限度値に対する高調波電流の発生比率を求めると、**図 6** のようになります。交流チョークコイルの抑制効果は 3 次高調波電流が最も少なく、3 次高調波電流を限度値以下にするためには、インダクタンスは少なくとも 7 mH 以上必要になります。

入力電力を変えたときの交流チョークコイルの必要なインダクタンスは、**図 7**

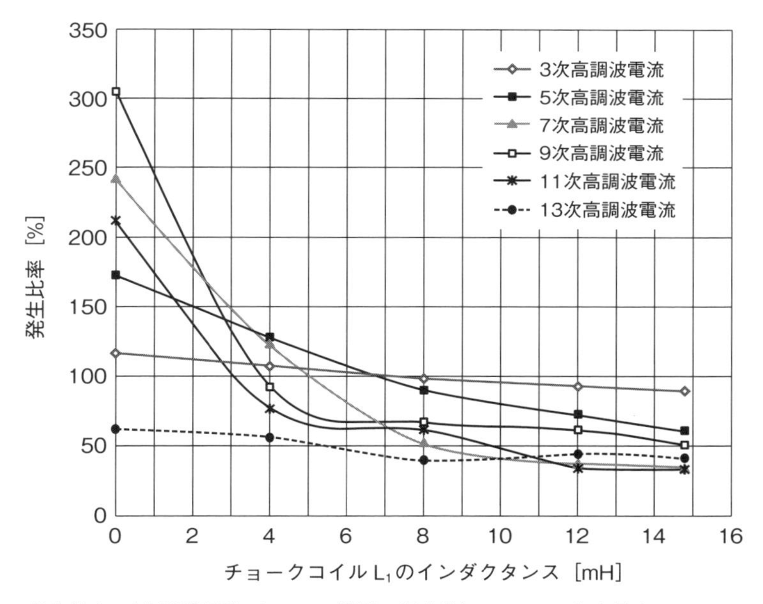

発生比率＝(高調波電流/クラス D 機器の限度値)×100%、入力電力：100W、
ブリッジ整流回路の定数：r＝1.0Ω、C＝1,000μF

図 6　交流チョークコイル L_1 の高調波電流抑制効果

表 1　入力電力と必要なインダクタンス

入力電力	必要なインダクタンス	備考
50 W	15 mH 以上	
75 W	10 mH 以上	
100 W	7 mH 以上	
125 W	6 mH 以上	

より求めると、**表1**のようになります。インダクタンスを決めるときの目安にしてください。

また、そのときのブリッジ整流回路の出力電圧は、入力電力が50 Wで約10 V、入力電力が125 Wで6.5 V程度低下します。**図8**を参照してください。

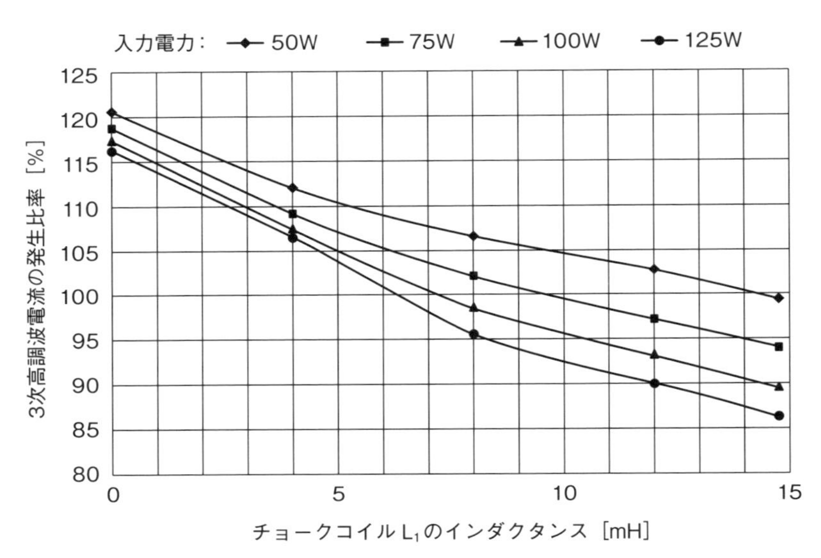

発生比率＝(高調波電流/クラスD機器の限度値)×100%、ブリッジ整流回路の定数：r＝1.0Ω、C＝1,000μF

図7　交流チョークコイルL_1のインダクタンスと3次高調波電流の発生量

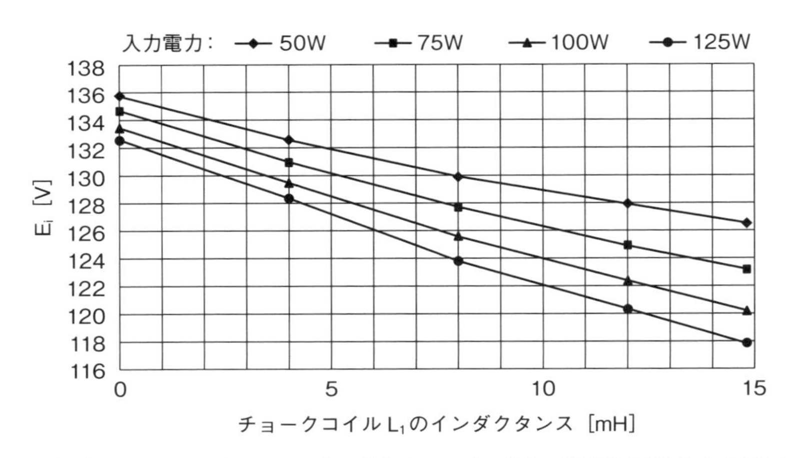

図8　交流チョークコイルL_1のインダクタンスとブリッジ整流回路の出力電圧E_i

5-16　新部分平滑回路で高調波電流を対策する

部分平滑回路の構成を**図1**に示します。点線の枠内が、従来からある部分平滑回路になります。ダイオード3点とコンデンサ2点で構成されており、ブリッジ整流回路の出力と負荷の間に配置されています。

部分平滑回路の一周期間における動作状態は、**表1**に示すように、5つに分けることができます。各動作状態における等価回路を**図2**に、また、動作波形を**図3**に示します。

動作状態1と動作状態5の期間（t_0～t_1 期間と t_4～T/2 期間）は、コンデンサ C_1 と C_2 の電圧 V_{C1} と V_{C2} は交流電圧より高く、ブリッジ整流回路はオフ状態にあります。したがって、負荷電流はコンデンサ C_1 と C_2 から供給されます（図2(a)参照）。逆に動作状態2と動作状態4の期間（t_1～t_4 期間）は交流電圧の方が V_{C1}、V_{C2} より高いために、ブリッジ整流回路が導通しており、負荷電流は交流電源から供給されます（図2(b)参照）。動作状態3の期間（t_2～t_3 期間）も同様であり、負荷電流は交流電源から供給されますが、ダイオード D_7 がオンしコン

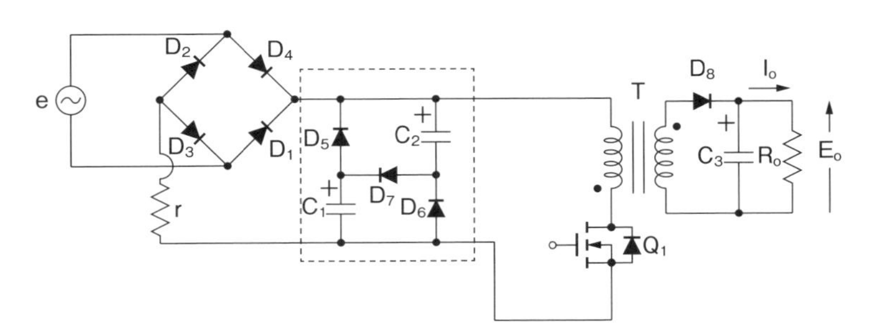

図1　部分平滑回路

表1　部分平滑回路の動作状態（t_0～T/2 期間、T：交流電源の一周期間）

	動作状態1	動作状態2	動作状態3	動作状態4	動作状態5
	t_0～t_1 期間	t_1～t_2 期間	t_2～t_3 期間	t_3～t_4 期間	t_4～T/2 期間
ブリッジ整流回路	off	on	on	on	off
D5	on	off	off	off	on
D6	on	off	off	off	on
D7	off	off	on	off	off

ブリッジ整流回路：D_1～D_4 からなる整流回路。導通するときは、D_1・D_2 もしくは D_3・D_4 がオンします。

デンサC_1とC_2を充電します。時刻t_2になると、交流電圧がV_{C1}とV_{C2}を加算した電圧$(V_{C1}+V_{C2})$より高くなるために、ダイオードD_7がオンしコンデンサC_1とC_2を充電します。その後、時刻t_3で交流電圧が$(V_{C1}+V_{C2})$より低くなるとダイオードD_7がオフし、コンデンサの充電が終了します（図2(c)参照）。以上の動作により、交流入力電流の流れている時間が伸び、高調波電流が抑制されます。

部分平滑回路は回路構成が簡単で安価ですが、以下に述べる欠点があります。

・交流入力電流が特殊な波形であるために、3次、5次の高調波電流は少ないが、7次、9次、11次の高調波電流が多い。

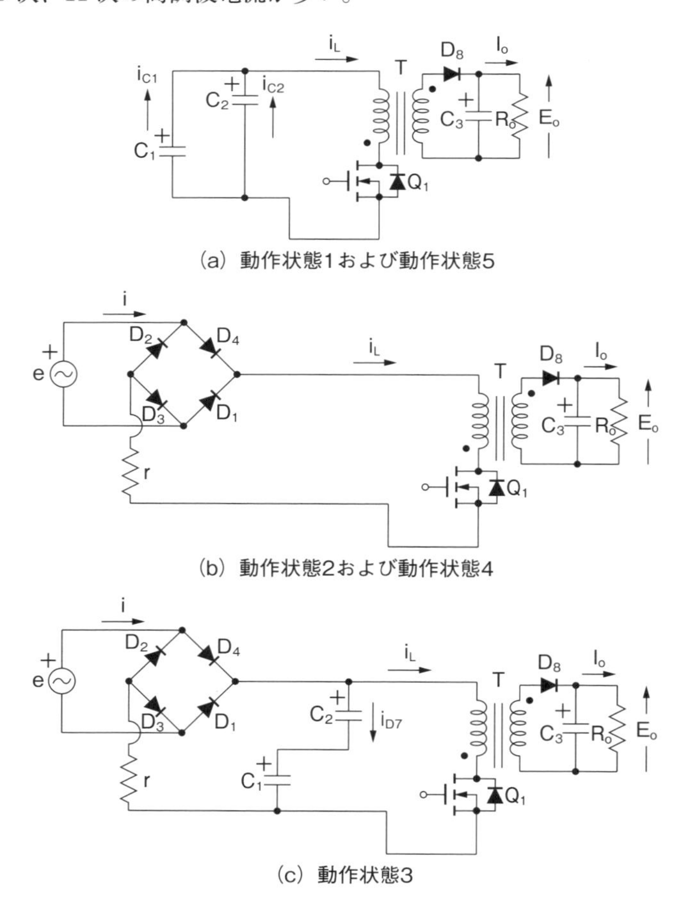

図2　部分平滑回路の各動作状態における等価回路

・部分平滑回路の出力電圧に含まれるリプル電圧が大きい。スイッチングレギュレータの出力電圧で数百 mV のリプル電圧が発生する。
・インバータとの組合せで照明用として使われたことがあるが、高調波電流の発生量をクラス C の限度以下にすることができず、使われなくなった。

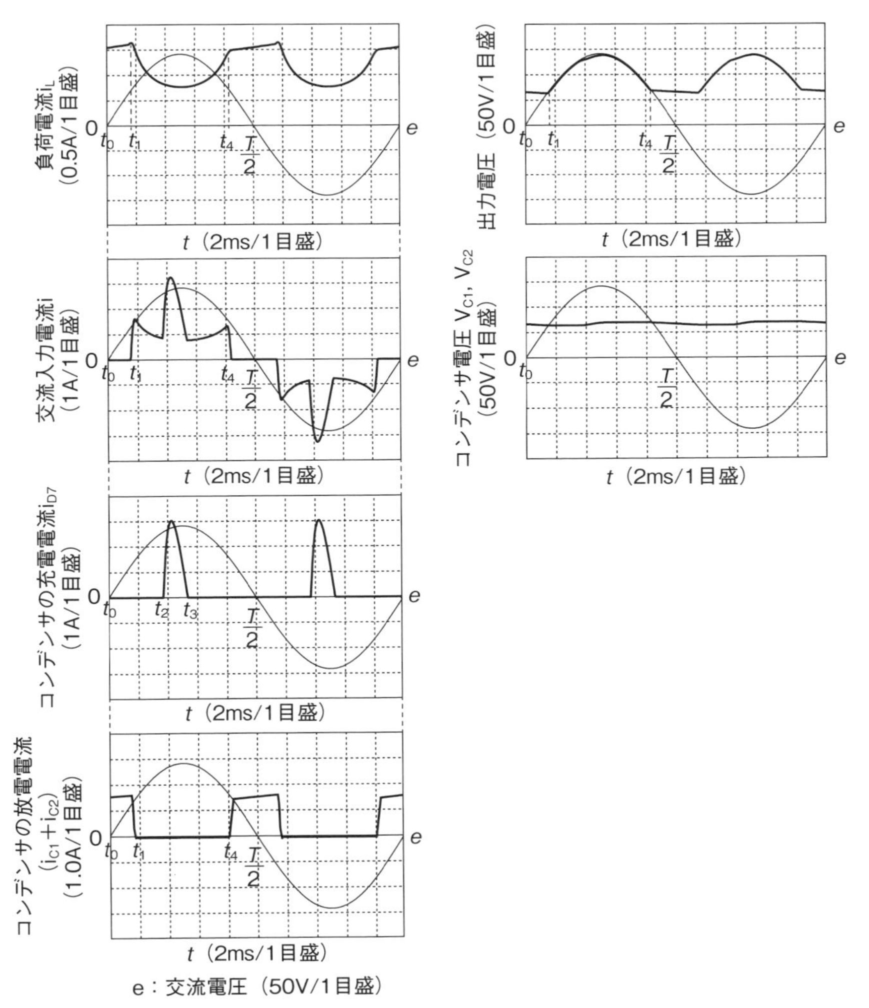

交流電圧：100V/50Hz、r=1Ω、C_1=C_2=470μF、入力電力：109.1W、出力電力：100W（定電力負荷）、交流入力電流：1.253Arms、力率：0.8705、電流THD：0.551

図 3　部分平滑回路の動作波形

図4は、部分平滑回路を使用したときの回路定数が r＝1Ω、$C_1＝C_2$＝470 μF、入力電力が 109.1 W、出力電力が 100 W の定電力負荷における高調波電流の発生量を示したものです。高調波電流の発生量は、クラス A 機器の限度以下ですが、クラス C 機器とクラス D 機器の限度を超えてしまっています。したがって、音響機器などのクラス A の機器には使用できますが、クラス C 機器とクラス D 機器には現在の回路のままでは使用できません。なお、このときの力率は 0.87、電流 THD は 55.1 %になっています。

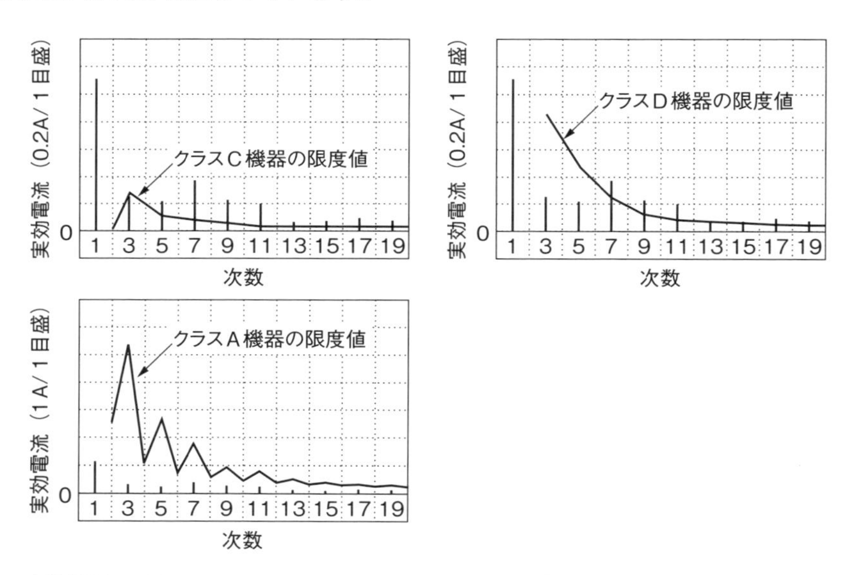

交流電圧：100V/50Hz、r＝1Ω、$C_1＝C_2$＝470μF、入力電力：109.1W、出力電力：100W（定電力負荷）、交流入力電流：1.253Arms、力率：0.8705、電流 THD：0.551

図4　部分平滑回路の高調波電流の発生量

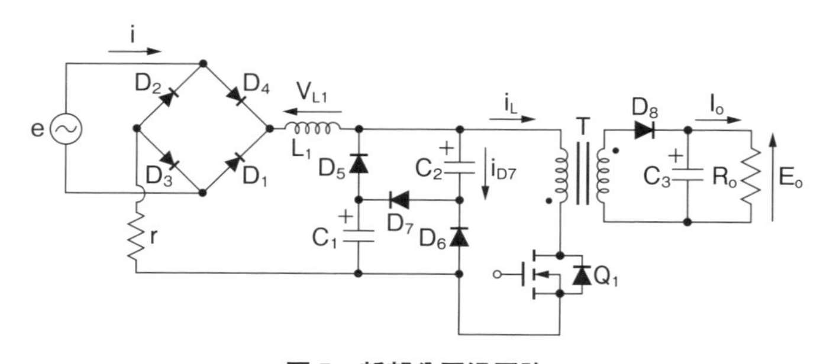

図5　新部分平滑回路

図5は高調波電流をさらに少なくするために、新しく開発した新部分平滑回路です。ブリッジ整流回路と従来の部分整流回路の間に、新たにコイル L_1 を挿入しています。コイル L_1 のインダクタンスを 30 μH 程度に選ぶと、高調波電流の発生量をクラスDの限度以下にすることができます。**図6**を参照してください。コイル L_1 には負荷電流 i_L により、逆起電力 V_{L1} が図5の向きに発生します。このために、コンデンサ C_1 と C_2 の充電電流が流れる時間が伸び、交流入力電流 i が従来の回路より正弦波に近づきます。このときの交流入力電流 i の波形とコイル電圧 V_{L1} を**図7**に示します。これにより、高調波電流の発生量が少なくなり、クラスDの限度以下にすることができます。なお、このときの力率は 0.931、電流 THD は 38.64 %になっています。

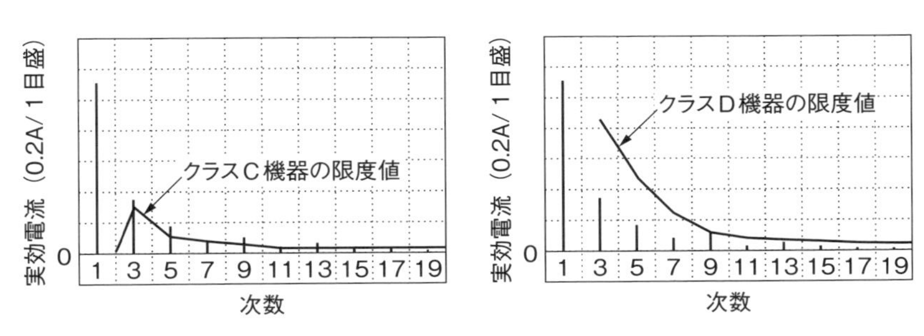

交流電圧：100V/50Hz、r＝1Ω、C_1＝C_2＝470μF、L_1＝30μH、入力電力：109.5W、力率：0.931、電流 THD：0.3864、交流入力電流：1.176Arms

図6　新部分平滑回路での高調波電流の発生量

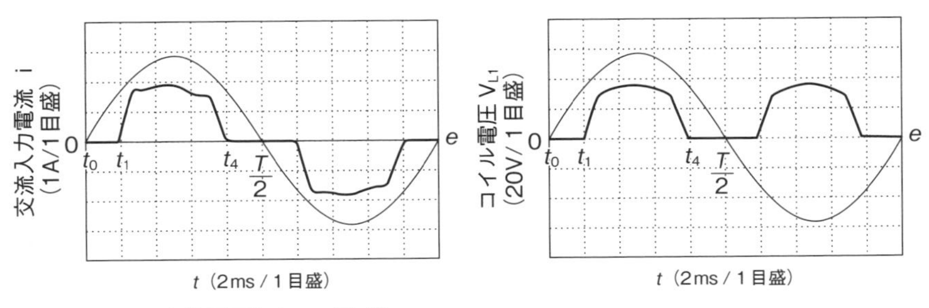

交流電圧：100V/50Hz、r＝1Ω、C_1＝C_2＝470μF、L_1＝30μH、入力電力：109.5W、力率：0.931、電流 THD：0.3864、交流入力電流：1.176Arms

図7　新部分平滑回路での交流入力電流とコイル電圧

5-17　部分スイッチング方式で高調波電流を対策する

部分スイッチング方式の回路構成を**図1**に示します。交流電源とコンデンサインプット形ブリッジ整流回路の間に交流チョークコイル L_1 が挿入されており、交流チョークコイルを通った後の交流電源の両極間に、ACスイッチ回路が設けられています。ACスイッチ回路の Q_1 のゲートには制御用マイコンが、また、制御用マイコンには交流電圧がゼロになったことを検出するゼロ電圧検出が接続されています。交流電圧がゼロの時刻から設定された時刻まで、制御用マイコンから Q_1 にゲート電圧が供給されるようになっています。

部分スイッチング方式の一周期間における動作状態は、**表1**に示すように2つに分けることができます。各動作状態における等価回路を**図2**に、また、動作波形を**図3**に示します。時刻 t_0 でゲート電圧が Q_1 に供給されると、ACスイッチ回路がオンし、交流入力電流が図2(a)のように流れます。時刻 t_1 にはゲート電圧がなくなりACスイッチ回路はオフしますが、その後はブリッジ整流回路がオンし、交流入力電流はここを通って図2(b)のように流れます。このときの交流入力電流の波形は図3のようになります。このように、交流電源の半サイクル毎にACスイッチをオンさせ、交流チョークコイル L_1 に強制的に電流を流すことにより、交流入力電流の流れる時間が伸び、波形が正弦波に近づきます。その結果、高調波電流の発生量を少なくすることができます。

この方式は、以下のような特徴を持っています。

・PFC回路などに比較すると、回路が簡単でコストが安い。

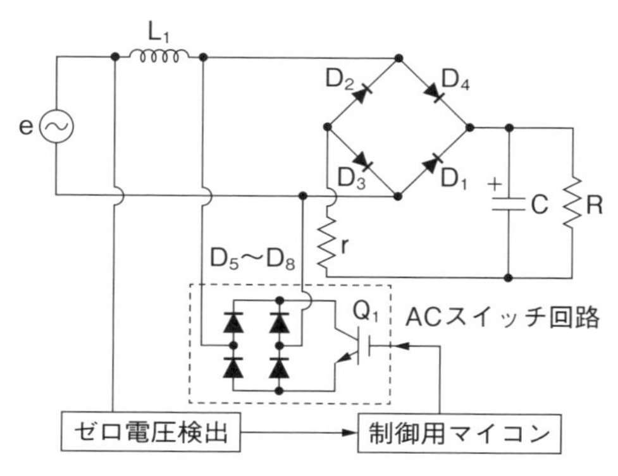

図1　部分スイッチング方式の回路構成

表 1　部分スイッチング方式の動作状態

	動作状態 1	動作状態 2
	t_0〜t_1 期間	t_1〜t_2 期間
AC スイッチ（Q_1、D_5〜D_8）	on	off
ブリッジ整流回路（D_1・D_2、D_3・D_4）	off	on

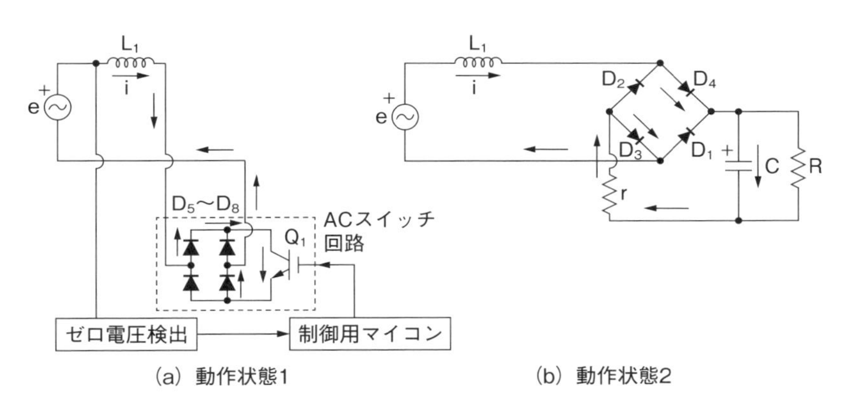

図 2　部分スイッチング方式の各動作状態における等価回路

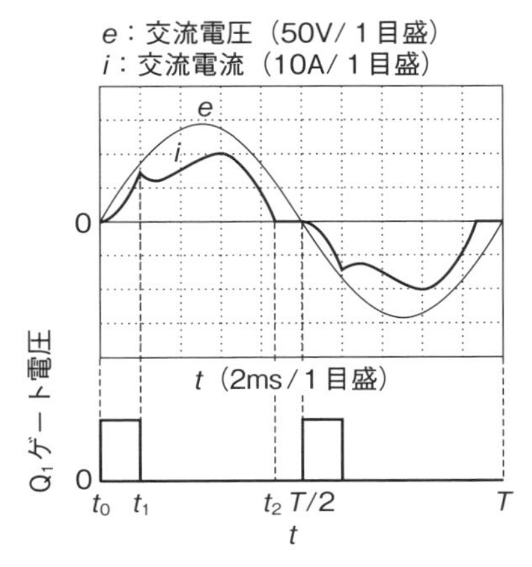

交流電圧：100V/50Hz、L_1＝5mH、r＝1Ω、C＝1,000μF、Q_1オン時間（0〜t_1）：2ms、入力電力：1,250W、出力電力：1,000W（定電力負荷）、交流入力電流：12.78Arms、力率：0.978、電流 THD：0.208、整流出力電圧：109.3V

図 3　部分スイッチング方式の動作波形

・力率を 0.99 くらいまで上げることができる。

・整流出力電圧が昇圧される。

交流チョークコイル L_1 のインダクタンスが 5 mH、平滑コンデンサ C が 1,000 μF、Q_1 オン時間（0〜t_1）が 2 ms、入力電力が 1,250 W のときの高調波電流の発生量を**図 4** に示しますが、クラス A の限度には十分に入っています。このときの力率は 0.978、電流 THD は 20.8 %でした。

図 5 は Q_1 のスイッチング時間を変えたときの、ブリッジ整流回路の出力電圧を示したものです。スイッチング時間が長くなると、図 5 のように整流出力電圧が昇圧され、上昇します。

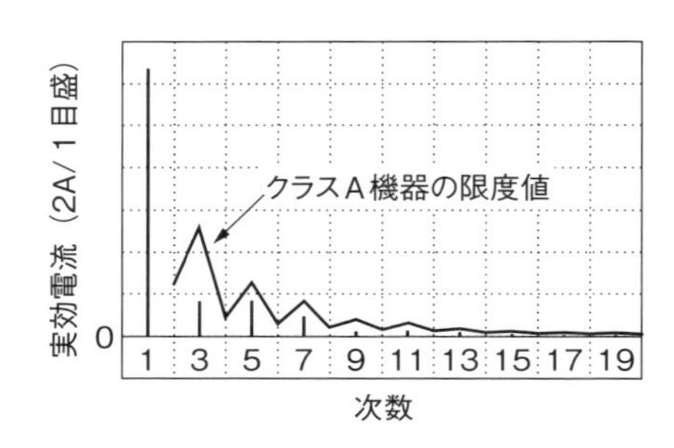

図 4　部分スイッチング方式での高調波電流の発生量

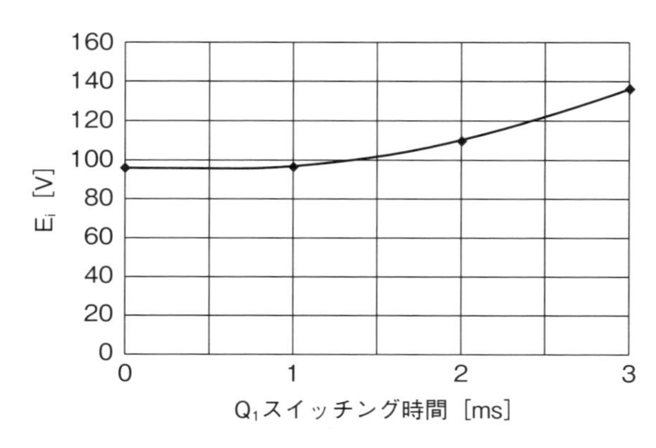

図 5　Q_1 のスイッチング時間と整流出力電圧 E_i

5-18　昇圧形力率改善回路で高調波電流を対策する

非絶縁のDC–DCコンバータを利用して、高調波電流を抑制します。この回路を力率改善（power factor correction；PFC）回路といいます。力率改善回路には、昇圧形、昇降圧形、降圧形がありますが、昇圧形が最も多く使われています。昇圧形力率改善回路を使用したときの接続と、それぞれの回路の役目を**図1**に示します。ブリッジ整流回路の出力に昇圧形力率改善回路が接続されており、その後に絶縁形DC–DCコンバータが配置されています。点線の枠が昇圧形力率改善回路になります。DC–DCコンバータが2つありますので、2コンバータ方式ともいわれます。

昇圧形力率改善回路は以下の述べるような特徴があり、いろいろな電気・電子機器に使用されています。

（長所）

- 力率を1近くまで上げ、高調波電流をほとんど無くすことができる。**図2**を参照してください。
- 後段の絶縁形DC–DCコンバータの入力電圧を一定にでき、最適設計により、損失が少なく効率の良い絶縁形DC–DCコンバータを得ることができる。
- 交流電圧のワイド入力（AC100～240 V）対応が容易に実現できる。
- 入力電圧の瞬低、瞬断に対する特性が向上する。

（短所）

- 部品点数が多く、回路が複雑となる。

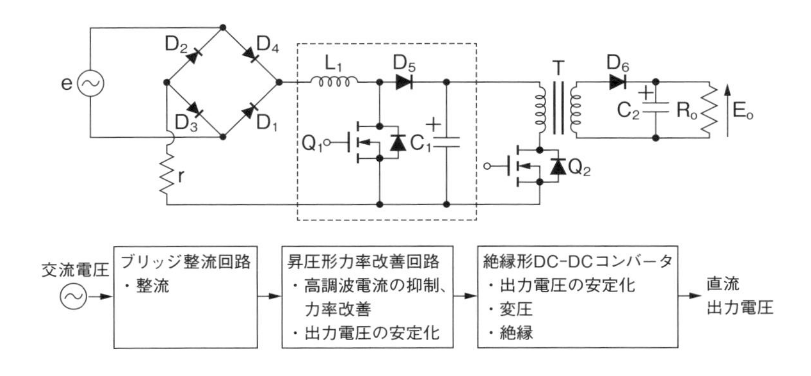

図1　昇圧形力率改善回路の構成と役目

・スイッチ回路が2つになるために、損失が大きくなり、効率が下がる。交流電圧のワイド入力対応した電源の効率例を**図3**に示しますが、力率改善回路を付けると、AC100 V で 5.3 %、AC220 V で 2.2 %、効率が下がる。
・輻射ノイズ、伝導ノイズが増える。

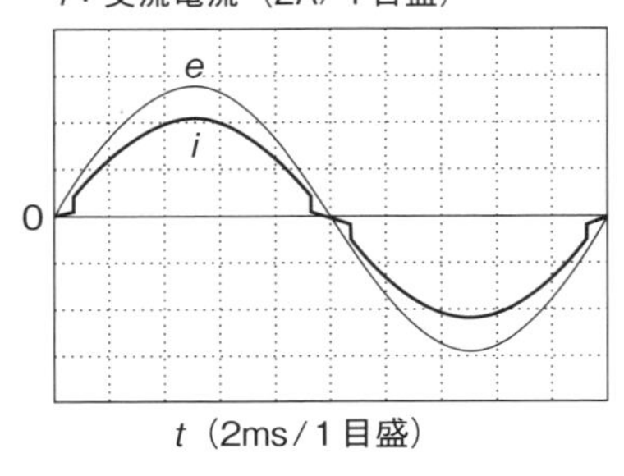

(a) 交流入力電流

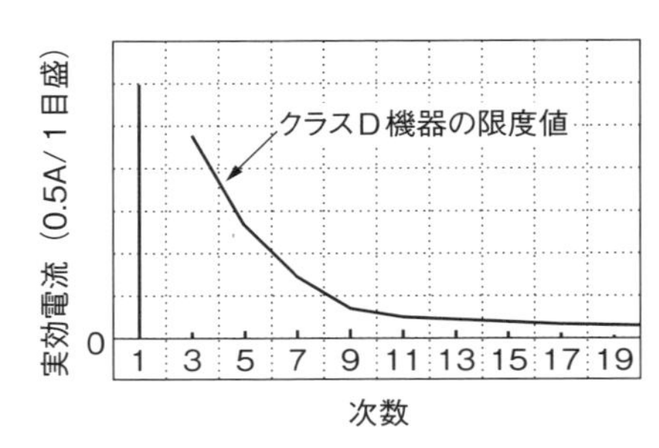

(b) 高調波電流の発生量

交流電圧：100V/50Hz、r＝1Ω、L_1＝170μH、C_1＝1,000μF、入力電力：300W、力率：0.9984、電流 THD：5.6%、交流入力電流：3.0Arms、電流臨界モード動作

図2　昇圧形力率改善回路の交流入力電流と高調波電流

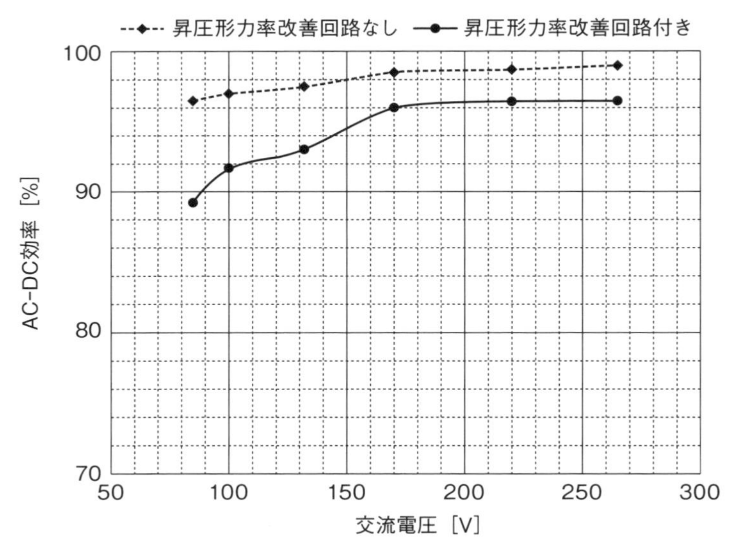

力率改善回路の出力電圧：380V、出力電力：1,250W、動作周波数：100kHz、電流連続モード

図3　AC-DC 効率の比較

昇圧形力率改善回路は、動作モードにより3つの方式に分類できます。動作モードについては4.5節を参照してください。ここでは、コイル電流が連続している電流連続モードと、電流臨界モードの昇圧形力率改善回路について説明します。**表1**に2方式の用途と特徴を示します。

表1　昇圧形力率改善回路2方式の用途と特徴

	電流連続モード	電流臨界モード
用途	出力電力が大・中容量の電気・電子機器 最大は2kW程度	出力電力が中・小容量の電気・電子機器 最大は400W程度 小形機器に最も多く使われている
特徴	・増幅器が2つあり、制御回路が複雑 ・動作周波数は固定 ・力率をほぼ1にできる ・スイッチのピーク電流が小さく、オン損失が少ない ・交流入力電流のリプルが少ない ・出力ダイオードのリカバリ電流が大きく、損失とノイズが大きい	・制御回路が簡単で安価 ・動作周波数が変化する ・力率をほぼ1にできる ・スイッチのピーク電流が大きく、オン損失が大きい ・交流入力電流のリプルが大きく、伝導ノイズが大きい ・出力ダイオードのリカバリ電流が小さい

(1)　電流連続モード力率改善回路

図4に電流連続モードの昇圧形力率改善回路の構成を示します。正弦波の基準電圧が減衰器を通して乗算器に加えられています。乗算器のもう1つの入力端子には、直流電圧が加えられており、正弦波の基準電圧と直流電圧を掛け合せた電圧が増幅器1の − 入力端子に出力されます。増幅器1の + 入力端子には電流検出抵抗 R_d に生じる電圧が加えられており、乗算器の出力電圧と電流検出抵抗 R_d に生じる電圧を比較して、入力電流（コイル L_1 を流れる電流）の平均値が正弦波になるように、スイッチ Q_1 をパルス幅制御します。

スイッチの一周期間における動作状態は**表2**に示すように2つに分けることができます。そのときの動作波形を**図5**に示します。昇圧形コンバータとしての動作は4.3節を参照してください。力率改善回路としての動作について説明します。比較器の + 入力端子には正弦波を反転した電圧が、− 入力端子には発振器の出力電圧が加えられています。ここで、+ 入力端子の電圧 V_+ が − 入力端子の電圧 V_- より高い動作状態1の期間は、比較器からドライブ回路に出力電圧が加えられ、スイッチ Q_1 がオンします。逆に電圧 V_+ が電圧 V_- より低い動作状態2の期間は、スイッチ Q_1 はオフし、ダイオード D_5 がオンします。電圧 V+ は正弦波を反転させた波形をしており、Q_1のオン期間とオフ期間は図５のように変化し、入力電流（コイルL_1を流れる電流）の平均値は正弦波状になります。この動作によって、高調波電流が減り、力率が１に近くなります。なお、回路中に乗算器が使われていますが、入力電圧か出力電圧のどちらかが変動したときに、

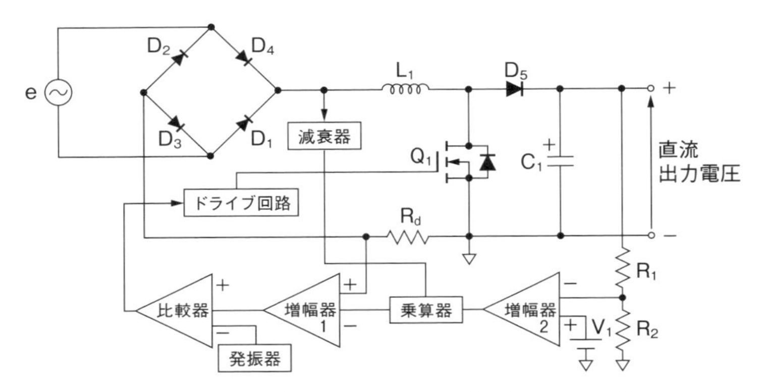

図４　電流連続動作の昇圧形力率改善回路の構成

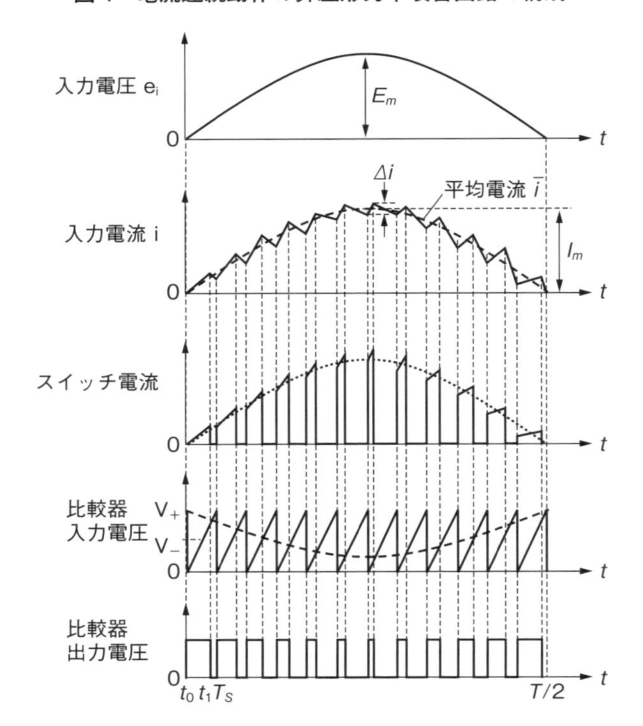

図５　電流連続モード昇圧形力率改善回路の動作波形

表2 電流連続モードの昇圧形力率改善回路の動作状態

	動作状態1 t_0〜t_1 期間	動作状態2 t_1〜T_S 期間
ブリッジ整流回路 (D_1・D_2、D_3・D_4)	on	on
Q_1	on	off
D_5	off	on

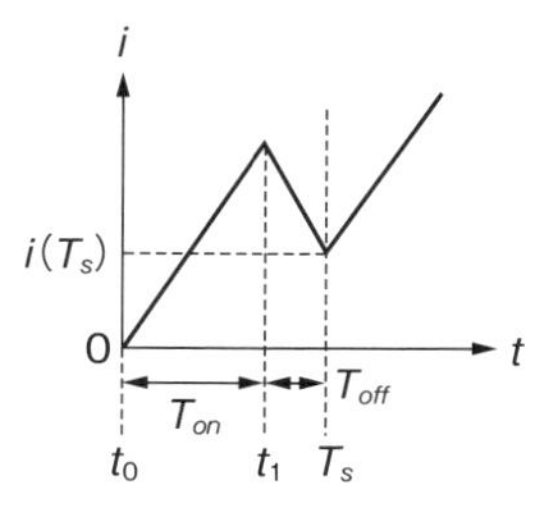

図6 コイルL_1を流れる電流i

PFCとしての機能（交流入力電流の波形を正弦波状にする機能）を損なわないで出力電圧を一定にするためのものです。

図6は入力電流（コイルL_1を流れる電流）iを図示したものです。変数を以下のように定め、Q_1のスイッチング動作の一周期間後の$i(T_S)$を求めます。

e_i：入力電圧、E_o：出力電圧、T_S：Q_1スイッチング動作の一周期間、T_{on}：Q_1のオン期間、T_{off}：Q_1のオフ期間。

初期をゼロとすると、$i(T_S)$は、

$$i(T_S)=\frac{e_i}{L_1}T_{on}-\frac{E_o-e_i}{L_1}T_{off}=\frac{e_i(T_{on}+T_{off})-E_o T_{off}}{L_1}=\frac{e_i T_S-E_o T_{off}}{L_1} \quad (1)$$

となります。$i(T_S)$が入力電圧に比例するためには、分子の第一項よりT_Sが一定であり、第二項よりT_{off}がe_iに比例しなければなりません。これより、$i(T_S)$を正弦波状にするためには、周波数は一定で、T_{off}を正弦波状に変化させなければなりません。これらの関係を**図7**に示します。

Q_1のスイッチング動作の一周期間T_Sは交流電源の半周期間（T/2）に対して十分に短いために、時刻T/4において次の関係式が成り立ちます。**図8**を参照してください。ただし、式中のE_mは入力電圧e_iの振幅を意味します。

$$\frac{E_m}{L_1}T_{on}=\frac{E_o-E_m}{L_1}T_{off} \quad より \quad T_{on}=\frac{E_o-E_m}{E_m}T_{off}$$

$$T_S=T_{on}+T_{off}=\left(\frac{E_o-E_m}{E_m}+1\right)T_{off}=\frac{E_o}{E_m}T_{off}$$

$$T_{off}=\frac{E_m}{E_o}T_S \quad (2)$$

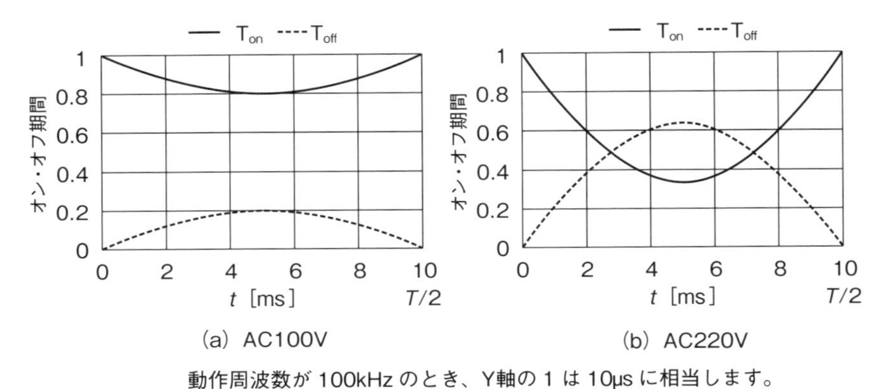

動作周波数が 100kHz のとき、Y軸の 1 は 10μs に相当します。

図7　電流連続モード昇圧形力率改善回路のオン・オフ期間

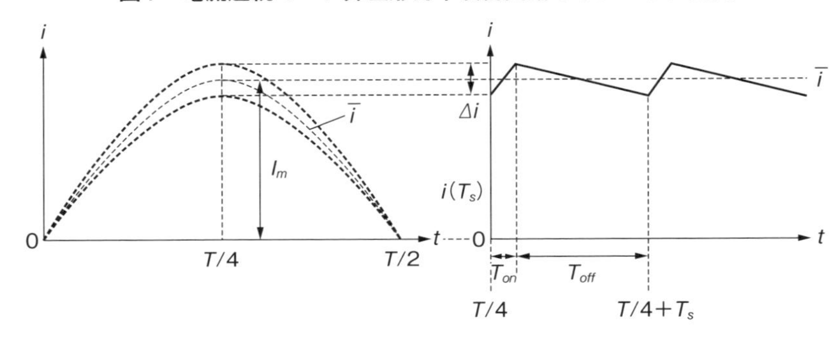

図8　時刻 T/4 における入力電流 i

これより、交流電源の半周期期間における T_{off}、T_{on} を求めることができます。

$$T_{off}=\frac{E_m}{E_o}T_S\sin\omega t \tag{3}$$

$$T_{on}=T_S-T_{off}=\left(1-\frac{E_m}{E_o}\sin\omega t\right)T_S \tag{4}$$

式(3)と式(4)で与えられる T_{off}、T_{on} は、交流電源の周期で見ると図7のように変化します。この動作によって、入力電流が正弦波状になります。

また、交流電圧と負荷電力が変化したときの T_{on} と T_{off} の変化を、**図9**と**図10**に示します。交流電圧が上がると、時刻 T/4 における T_{on} は短くなり、T_{off} は長くなります。また、負荷電力が増えると、T/4 における T_{on} は長くなり、T_{off} は短くなります。

入力電流の変化分 Δi の振幅 I_m（平均電流 $\bar{i}$ の振幅）に対する比を K とします。

Δi と I_m は図 5 を参照してください。K はコイルのインダクタンスの大きさを考慮して、一般的には 0.15～0.4 程度に選びます。この関係から式(5)を導くことができます。なお、式中の P_i は入力電圧、P_o は出力電力、η は力率改善回路の効率です。式(5)において、交流電圧、動作周波数、出力電圧、および出力電力が決まると、インダクタンスを計算することができます。

$K=\Delta i/I_m$、力率 $\cong$1 とします。

$$\Delta i=KI_m=\frac{E_m}{L_1}T_{on}=\frac{E_o-E_m}{L_1}T_{off}=\frac{E_o-E_m}{L_1}\cdot\frac{E_m}{E_o}T_S$$

$$T_S=\frac{KL_1 I_m E_o}{E_m(E_o-E_m)}=\frac{KL_1\sqrt{2}\,i_{rms}\sqrt{2}\,e_{i-rms}E_o}{E_m^2(E_o-E_m)}=\frac{2KL_1 P_i E_o}{E_m^2(E_o-E_m)}$$

$$=\frac{2KL_1 P_0 E_o}{\eta E_m^2(E_o-E_m)}=\frac{1}{f_S}$$

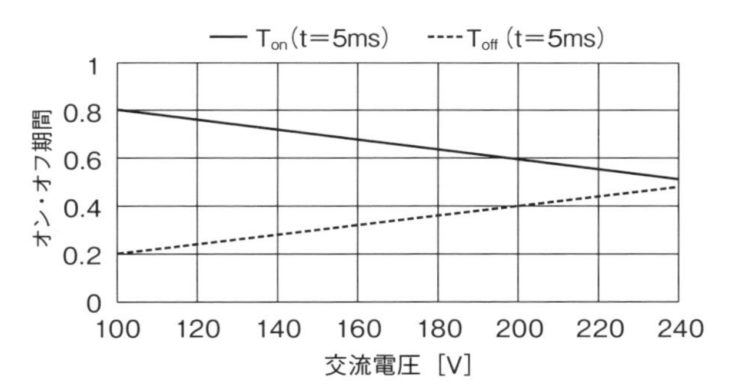

t=5ms(T/4)における T_{on} と T_{off} です。動作周波数が 100kHz のとき、Y軸の 1 は 10μs に相当します。

図 9　交流電圧に対するオン・オフ期間

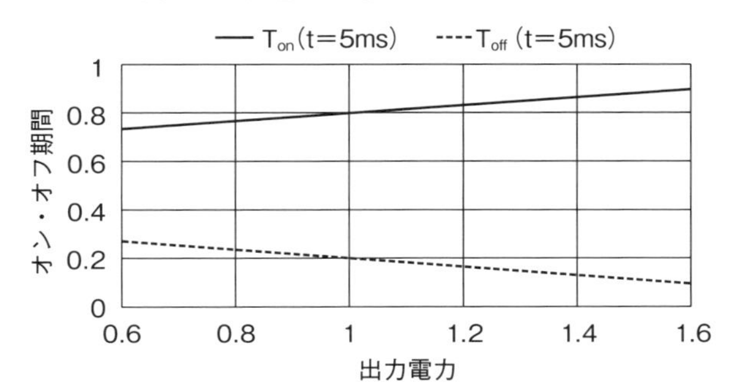

交流電圧：100V/50Hz、t=5ms(T/4)における T_{on} と T_{off} です。動作周波数が 100kHz のとき、Y軸の 1 は 10μs に相当します。

図 10　出力電力に対するオン・オフ期間

$$L_1=\frac{\eta E_m^2(E_o-E_m)}{2KP_oE_of_S} \tag{5}$$

交流電圧のワイド入力対応の場合は、$E_m=E_o/2$ のときに Δi が最大になります。このときに必要なインダクタンスは以下となります。

$$L_1=\frac{E_o-E_m}{\Delta i}\cdot\frac{E_m}{E_o}T_S=\frac{E_o}{4\Delta if_S} \tag{6}$$

(2)　電流臨界モード力率改善回路

図11 に電流臨界モードの昇圧形力率改善回路の構成を示します。回路にはフリップフロップ回路が設けられており、入力側のセット端子には比較器2の出力が、リセット端子には比較器1の出力が加えられています。また、その出力がドライブ回路に加えられています。このフリップフロップ回路を使い、スイッチ Q_1 のオンする時刻とオフする時刻を制御し、入力電流の平均値が正弦波になるようにします。交流電源の周期で見たとき、Q_1 のオン期間は一定ですが、オフ期間は変化します。入力電流がゼロになるのを検出して Q_1 をオンさせます。これにより、オフ期間が変化し、入力電流の平均値は正弦波状になります。

スイッチの一周期期間における動作状態は、連続動作モードと同様に2つに分けることができます（表2参照）。そのときの動作波形を**図12** に示します。昇圧形コンバータとしての動作は4.3節を参照してください。力率改善回路としての動

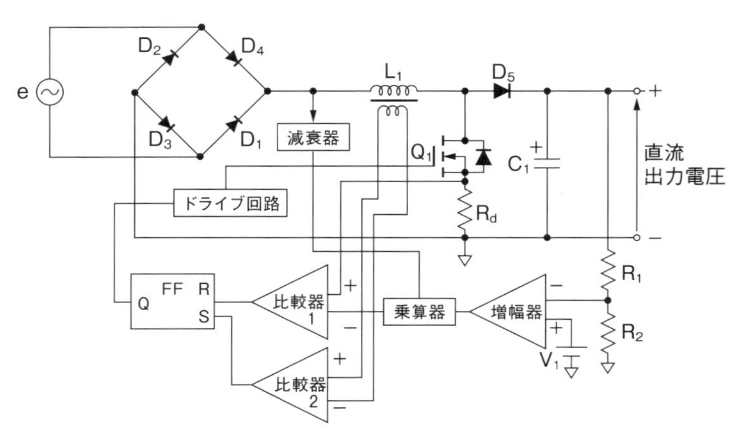

FF：フリップフロップ回路、R：リセット端子、S：セット端子、Q：出力

図11　電流臨界モードの昇圧形力率改善回路の構成

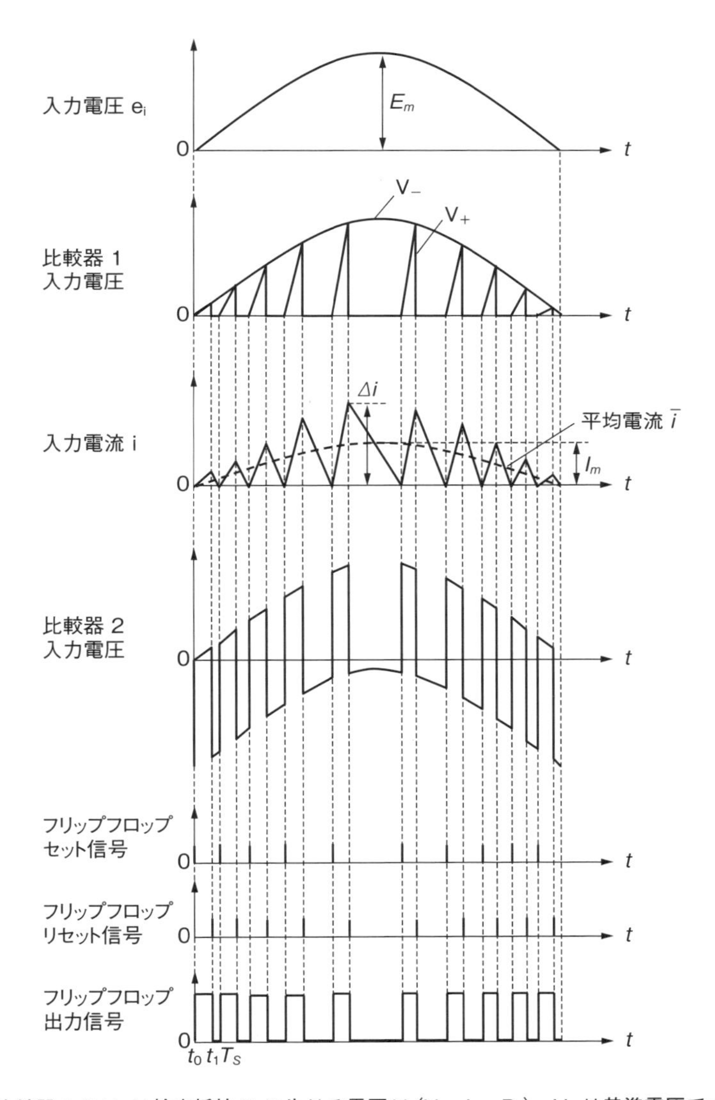

比較器 1 の V_+ は検出抵抗 R_d に生じる電圧 V_d($V_d = i_Q \cdot R_d$)、V_- は基準電圧です。

図 12　電流臨界モード昇圧形力率改善回路の動作波形

作について説明します。比較器1の＋入力端子にはスイッチ電流 i_Q により検出抵抗 R_d に生じる電圧 V_d（$V_d = i_Q \cdot R_d$）が、－入力端子には基準電圧（正弦波電圧）が加えられています。また、比較器2はコイルの二次側に発生する電圧が加えられています。時刻 t_0 で、比較器2の入力電圧が正になるので、比較器2からフリップフロップ回路にセット信号が送られます。その結果、フリップフロップ回路から出力がドライブ回路に供給され、スイッチ Q_1 がオンします。その後、スイッチに流れる電流は時間に対して直線的に上昇し、V_d も電流に比例して大きくなります。時刻 t_1 になると、比較器1の－入力端子の基準電圧よりも＋入力端子に加えられている V_d が大きくなり、比較器1からリセット信号が送られ、フリップフロップ回路の出力はゼロになります。このために、スイッチ Q_1 はオフします。このときの V_d のピーク値は基準電圧に等しく、図12に示すように正弦波状になります。したがって、スイッチ電流のピーク値も正弦波状になります。入力電流のピーク値と平均値も同様に正弦波状になります。この動作によって、高調波電流が減り、力率が1に近くなります。時刻 T_S で入力電流（コイル L_1 を流れる電流）がゼロになると、比較器2からフリップフロップにセット信号が送られ、スイッチ Q_1 は再びオンし、次の周期の動作に入ります。

ここで、スイッチ Q_1 のオン期間 T_{on} とオフ期間 T_{off} がどう変化するか求めてみましょう。比較器1の＋入力端子の電圧を V_+、－入力端子の電圧を V_- とすると、時刻 t_1 において $V_+ = V_-$ が成り立ちます。これより T_{on} を求めると、式(7)に示すように一定になります。ただし、k は比例定数です。

$$V_+ = \Delta i \cdot R_d = \left(\frac{e_i}{L_1} T_{on}\right) R_d$$

$$V_- = k e_i$$

$$V_+ = V_-$$

$$T_{on} = k \frac{L_1}{R_d} \tag{7}$$

入力電流のオン期間に上昇する分と、オフ期間に下降する分は等しく、

$$\Delta i = \frac{e_i}{L_1} T_{on} = \frac{E_o - e_i}{L_1} T_{off}$$

が成り立ちます。これより、T_{off} は次のようになります。

$$T_{off} = \frac{e_i}{E_o - e_i} T_{on} = \frac{E_m \sin \omega t}{E_o - E_m \sin \omega t} T_{on} \tag{8}$$

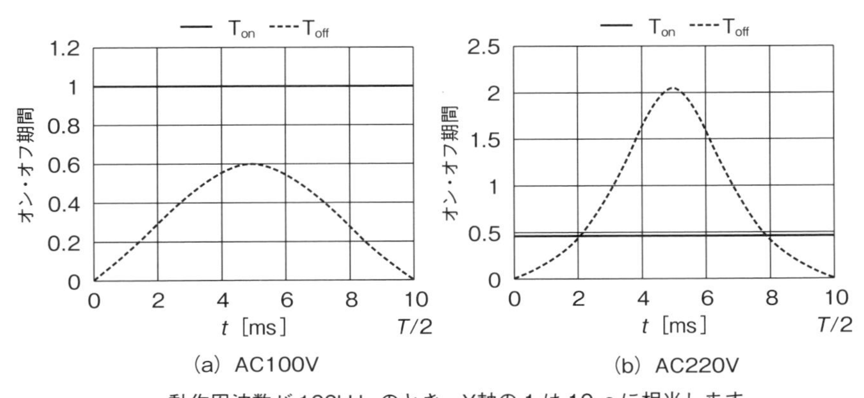

(a) AC100V　　(b) AC220V

動作周波数が 100kHz のとき、Y軸の 1 は 10μs に相当します。

図 13　電流臨界モード昇圧形力率改善回路のオン・オフ期間

T_{on} は一定ですが、式(8)で与えられる T_{off} は**図 13** のように変化します。

また、交流電圧と負荷電力が変化したときの T_{on} と T_{off} の変化を、**図 14** と**図 15** に示します。交流電圧が上がると、T_{on} は短くなり、T_{off} は長くなります。また、負荷電力が増えると、T_{on} と T_{off} はともに長くなります。

入力電流の T_S 期間における平均値を $\bar{i}$、変化分を Δi とすると、

$$\Delta i = 2\bar{i} = \frac{e_i}{L_1} T_{on} = \frac{E_o - e_i}{L_1} T_{off}$$

が成り立ちます。Δi と $\bar{i}$ については図 12 を参照してください。これから、スイッチ Q_1 のオン期間 T_{on} とオフ期間 T_{off} および一周期期間 T_S が以下のように求められます。なお、I_m は $\bar{i}$ の振幅を、E_m は e_i の振幅を意味します。図 12 を参照してください。

$$T_{on} = \frac{2L_1 \bar{i}}{e_i} = \frac{2L_1 I_m \sin\omega t}{E_m \sin\omega t} = \frac{2L_1 \sqrt{2}\, i_{rms} \sin\omega t}{\sqrt{2}\, e_{i-rms} \sin\omega t} = \frac{2L_1 i_{rms}}{e_{i-rms}}$$
$$= \frac{2L_1 e_{i-rms} i_{rms}}{e_{i-rms}^2} = \frac{2L_1 P_i}{e_{i-rms}^2} = \frac{2L_1 P_o}{\eta e_{i-rms}^2} \qquad (9)$$

$$T_{off} = \frac{e_i}{E_o - e_i} T_{on} = \frac{E_m \sin\omega t}{E_o - E_m \sin\omega t} T_{on} = \frac{E_m \sin\omega t}{E_o - E_m \sin\omega t} \cdot \frac{2L_1 P_o}{\eta e_{i-rms}^2} \qquad (10)$$

$$T_S = T_{on} + T_{off} = \left(\frac{E_o}{E_o - E_m \sin\omega t} \right) T_{on} = \left(\frac{1}{1 - E_m \sin\omega t / E_o} \right) \frac{2L_1 P_o}{\eta e_{i-rms}^2} \qquad (11)$$

式(11)から動作周波数は式(12)となります。また、最高周波数と最低周波数は

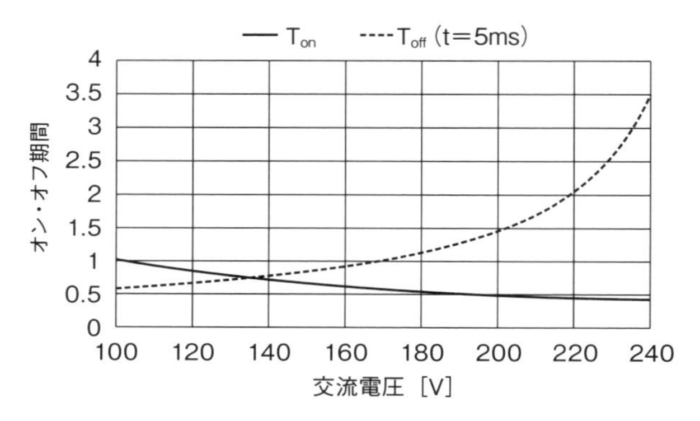

t=5ms(T/4)における T_{off} です。T_{on} は時間に関係なく一定です。
動作周波数が 100kHz のとき、Y軸の 1 は 10μs に相当します。

図 14　交流電圧に対するオン・オフ期間

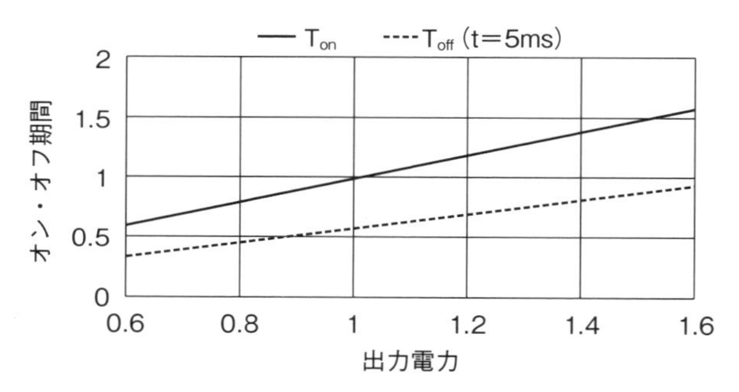

交流電圧：100V/50Hz、t=5ms(T/4)における T_{off} です。T_{on} は時間に関係なく一定です。動作周波数が 100kHz のとき、Y軸の 1 は 10μs に相当します。

図 15　出力電力に対するオン・オフ期間

式(13)となります。

$$f_S=\frac{1}{T_S}=\left(1-\frac{E_m\sin\omega t}{E_o}\right)\frac{1}{T_{on}}=\left(1-\frac{E_m\sin\omega t}{E_o}\right)\frac{\eta e_{i-rms}^2}{2L_1P_o} \tag{12}$$

$$\left.\begin{aligned} f_{S-\max}&=\frac{\eta e_{i-rms}^2}{2L_1P_o}\\ f_{S-\min}&=\left(1-\frac{E_m}{E_o}\right)\frac{\eta e_{i-rms}^2}{2L_1P_o}\end{aligned}\right\} \tag{13}$$

式(12)および式(13)において、交流電圧、動作周波数、出力電圧、および出力電力が決まると、インダクタンスを計算することができます。

5–19　高力率部分共振リンギングチョーク形コンバータで高調波電流を対策する

図1は高力率部分共振リンギングチョーク形コンバータの構成を示します。4.21節で説明した部分共振リンギングチョーク形コンバータに、コイルL_1とL_2およびダイオードD_5とD_6が新たに追加されています。また、平滑コンデンサC_1の接続を図1の位置に変更しています。この方式はDC–DCコンバータが1つしかなく、1コンバータ方式に分類されます。

高力率部分共振リンギングチョーク形コンバータは以下に述べる特徴があり、絶縁形矩形波コンバータを使用したいろいろな電気・電子機器に応用することができます。

（長所）

・DC–DCコンバータは1つであり、部品点数が少なく、非常に安価である。

・高調波電流の発生量が少なく、0.9以上の高い力率を得ることができる。

・力率改善機能を追加したときの効率は入力電力が100 Wで1.3 %ほど低下するが、昇圧形力率改善回路に比べて効率の低下が少なく、ノイズも小さい。

・リンギングチョーク形コンバータだけでなく、フライバック形コンバータにも応用できる。

（短所）

・交流電圧のワイド入力（AC100～240 V）対応が困難です。

・平滑コンデンサC_1の電圧（E_i）が昇圧されるために、C_1の耐圧を上げる必要がある。特に、軽負荷のときの電圧上昇が大きい。

高力率部分共振リンギングチョーク形コンバータの一周期間における動作状態は、部分共振リンギングチョーク形コンバータに同じで、**表1**に示すように基本的に3つに分けることができます。各動作状態における等価回路を**図2**に示しま

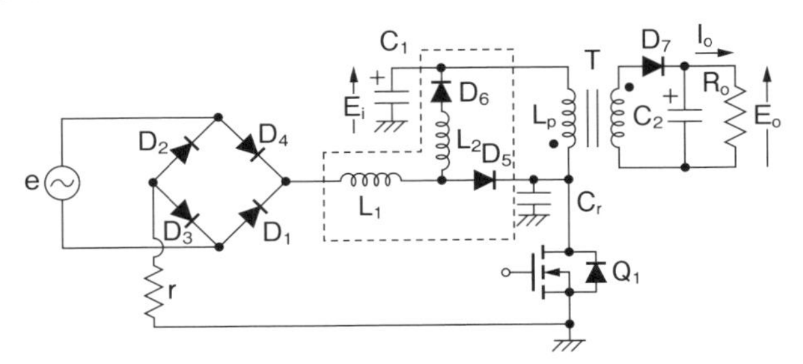

図1　高力率部分共振リンギングチョーク形コンバータの構成

す。DC-DCコンバータとしての動作は4.21節を参照してください。力率改善回路としての動作について説明します。スイッチQ_1がオンすると、入力電圧e_iから、ダイオードD_5とコイルL_1を通して入力電流i_1が流れます（動作状態1）。オフすると、前の動作でコイルL_1に蓄えられたエネルギーは、コイルL_2を流れる電

表1　高力率部分共振リンギングチョーク形コンバータの基本動作状態

	動作状態1	動作状態2	動作状態3
ブリッジ整流回路（D_1・D_2、D_3・D_4）	on	on	on
Q_1	on	off	off
D_7	off	on	off

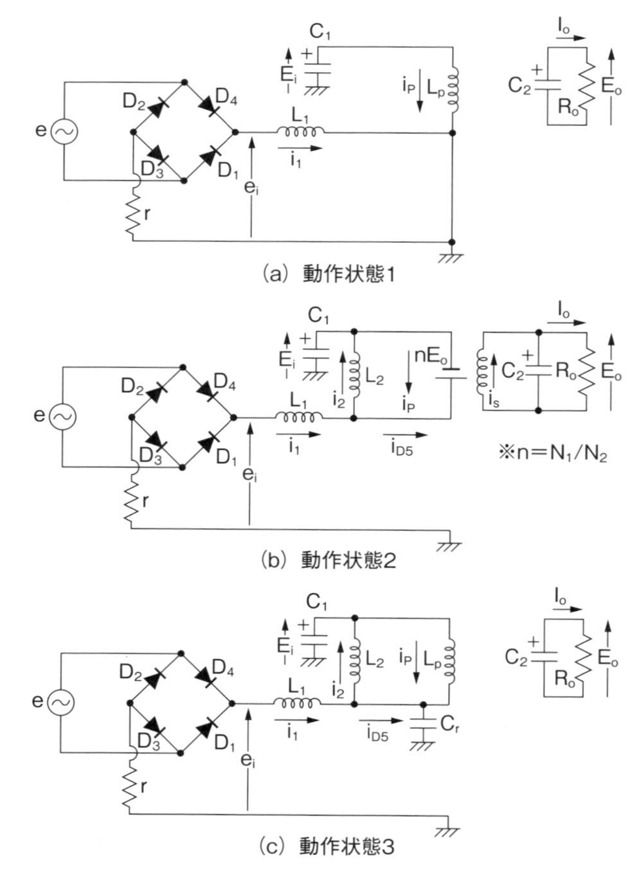

図2　高力率部分共振リンギングチョーク形コンバータの基本動作状態における等価回路

流 i_2 とトランスの一次巻線電圧(※)を流れる電流 i_P として放出され、D_5 と D_6 で整流され、平滑コンデンサ C_1 を充電します（動作状態 2、3）。Q_1 は数十 kHz の周波数で交流電源の一周期期間に渡ってスイッチするために、交流電源からの入力電流波形は L_1 を流れる電流 i_1 のそれぞれの周期ごとの平均値となり、正弦波に近づくことになります。この動作より、高調波電流が少なくなり、力率が向上します。

実際の入力電流波形は**図 3** のようになります。交流電源の半周期期間 T/2 は、高力率部分共振リンギングチョーク形コンバータの動作と入力電流の波形より、T_1、T_2、T_3 期間に分けることができます。

それぞれの期間について、入力電流（コイル L_1 を流れる電流）の平均値 $\bar{i}_1$ を求めましょう。

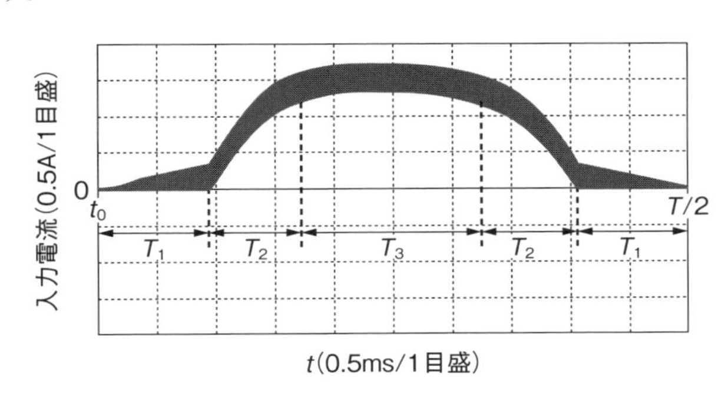

図 3　高力率部分共振リンギングチョーク形コンバータの入力電流波形

(1)　T_1 期間

動作波形を**図 4** に示しますが、D_5 と D_6 の動作を入れると、動作状態は 5 つに分けることができます（**表 2** 参照）。各動作状態について検討し、入力電流 i_1 の一周期期間（Ts）における平均値 $\bar{i}_1$ を求めます。

①動作状態 1（t_0～t_1 期間）　Q_1：オン、D_5：オン、D_6：オフ

等価回路は図 2(a) になります。スイッチ Q_1 はオンしており、コイル L_1 とダイオード D_5 の直列回路に入力電圧 e_i が加わります。D_5 がオンし、コイル L_1 には時間に対して直線的に増加する入力電流 i_1 が流れます。このとき入力電流 i_1 は、

$$i_1 = i_{D5} = \frac{e_i}{L_1} t \tag{1}$$

※一次巻線電圧：nE_o、E_o：出力電圧、n：巻線比 $n = N_1/N_2$、N_1：一次巻線巻数、N_2：二次巻線巻数

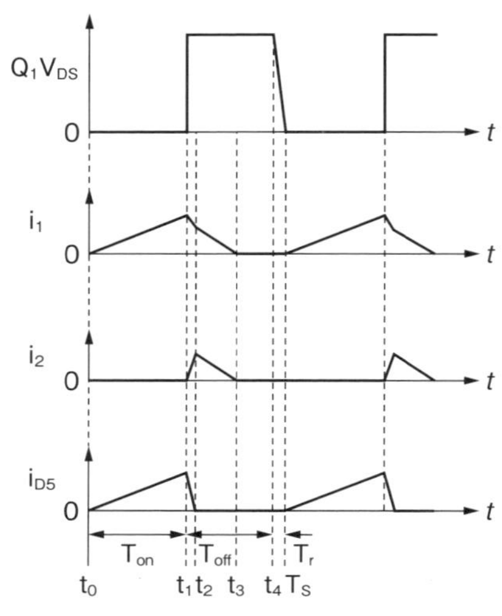

Ton：Q1のオン期間、Toff：Q1のオフ期間、
Tr：共振期間

図4　T1期間における動作波形

表2　T1期間における動作状態

動作状態1	t_0～t_1期間
動作状態2	t_1～t_2期間
動作状態3	t_2～t_3期間
動作状態4	t_3～t_4期間
動作状態5	t_4～T_S期間

で与えられます。時刻 t_1 では、

$$i_1(t_1)=i_{D5}(t_1)=\frac{e_i}{L_1}T_{on} \tag{2}$$

となります。なお、D_6 はオフしており、電流 i_2 は流れません。

②動作状態2（t_1～t_2期間）　Q_1：オフ、D_5：オン、D_6：オン

等価回路は図2(b)になります。時刻 t_1 でスイッチ Q_1 がオフします。コイル L_1 とダイオード D_5 の直列回路に、逆方向の電圧 $\{(E_i+nE_o)-e_i\}$ が加えられるために i_{D5} は直線的に減少し、時刻 t_2 でダイオード D_5 はオフします。

$$i_{D5}=i_1(t_1)+\frac{e_i-(E_i+nE_o)}{L_1}t=\frac{e_i}{L_1}T_{on}-\frac{(E_i+nE_o)-e_i}{L_1}(t-t_1) \tag{3}$$

時刻 t_2 において $i_{D5}=0$ とおくと、

$$\frac{e_i}{L_1}T_{on}-\frac{(E_i+nE_o)-e_i}{L_1}(t_2-t_1)=0$$

より、(t_2-t_1) が求められます。

$$(t_2-t_1)=\frac{e_i}{E_i+nE_o-e_i}T_{on} \tag{4}$$

D_5 がオンしており、コイル L_2 とダイオード D_6 の直列回路には nE_o が加えら

れることになり、その結果 D_6 がオンし、直線的に増加する電流 i_2 が流れます。

$$i_2 = \frac{nE_o}{L_2}(t-t_1) \tag{5}$$

時刻 t_2 では、

$$i_2(t_2) = \frac{nE_o}{L_2}(t_2-t_1) = \frac{nE_o}{L_2}\cdot\frac{e_i}{E_i+nE_o-e_i}T_{on} \tag{6}$$

となります。

③動作状態 3（t_2～t_3 期間）　Q_1：オフ、D_5：オフ、D_6：オン

等価回路は**図 5** になります。スイッチ Q_1 はオフしています。時刻 t_2 でダイオード D_5 がオフすると、入力電流 i_1 はコイル L_1、L_2 とダイオード D_6 を通って流れ、時間に対して直線的に減少します。その後、時刻 t_3 でゼロになります。

$$i_1 = i_2(t_2) + \frac{e_i-E_i}{L_1+L_2}(t-t_2) = \frac{nE_o}{L_2}\cdot\frac{e_i}{E_i+nE_o-e_i}T_{on} - \frac{E_i-e_i}{L_1+L_2}(t-t_2) \tag{7}$$

時刻 t_3 において $i_1=0$ とおくと、

$$i_1(t_3) = \frac{nE_o}{L_2}\cdot\frac{e_i}{E_i+nE_o-e_i}T_{on} - \frac{E_i-e_i}{L_1+L_2}(t_3-t_2) = 0$$

より、(t_3-t_2) が求められます。

$$(t_3-t_2) = \frac{L_1+L_2}{E_i-e_i}\cdot\frac{nE_o}{L_2}\cdot\frac{e_i}{E_i+nE_o-e_i}T_{on}$$

$$= \frac{L_1+L_2}{L_2}\cdot\frac{nE_o}{E_i-e_i}\cdot\frac{e_i}{E_i+nE_o-e_i}T_{on} \tag{8}$$

④ T_1 期間における入力電流の平均値 $\bar{i}_1$

①～③の結果をもとに、$\bar{i}_1$ を求めると以下のようになります。

$$\bar{i}_1 \cong \frac{i_1(t_1)\{T_{on}+(t_2-t_1)+(t_3-t_2)\}}{2T_S}$$

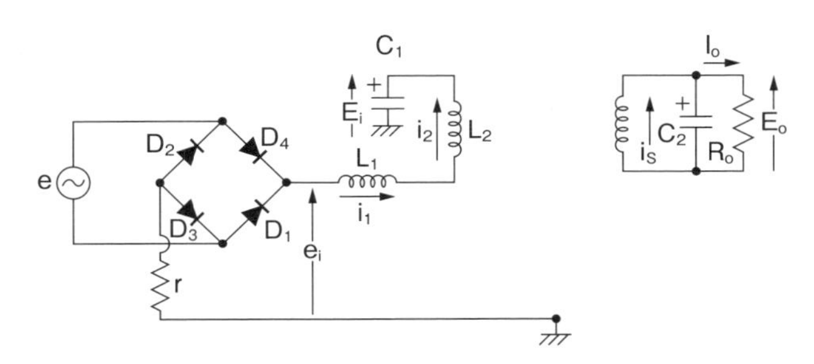

図 5　T_1 期間の動作状態 3（t_2～t_3 期間）における等価回路

$$=\frac{e_i}{2L_1}\cdot\frac{T_{on}}{T_S}\left(T_{on}+\frac{e_i}{E_i+nE_o-e_i}T_{on}+\frac{L_1+L_2}{L_2}\cdot\frac{nE_o}{E_i-e_i}\cdot\frac{e_i}{E_i+nE_o-e_i}T_{on}\right)$$

$$=\frac{e_i}{2L_1}\cdot\frac{T_{on}^2}{T_S}\left\{1+\frac{e_i}{E_i+nE_o-e_i}\left(1+\frac{L_1+L_2}{L_2}\cdot\frac{nE_o}{E_i-e_i}\right)\right\} \tag{9}$$

(2)　T_2 期間

入力電圧 e_i が T_1 期間より高くなり、入力電流 i_1 がゼロになる期間がなくなり連続的になります。動作波形を**図6**に示しますが、D_5 と D_6 の動作を入れると、動作状態は5つに分けることができます（**表3**参照）。各動作状態について検討し、入力電流 i_1 の一周期間（Ts）における平均値 $\bar{i}_1$ を求めます。

①動作状態1（t_0～t_1' 期間）　Q_1：オン、D_5：オン、D_6：オン

等価回路は**図7**になります。Q_1、D_5、D_6 ともにオンしており、コイル L_1 とダイオード D_5 の直列回路に入力電圧 e_i が加わります。また、コイル L_2 とダイオード D_6 の直列回路には逆方向の電圧 E_i が加わります。その結果、時刻 t_0 以降は、入力電流 i_1 は直線的に上昇し、電流 i_2 は直線的に下降します。このときの i_1 と i_2 は式(10)と式(11)で与えられます。

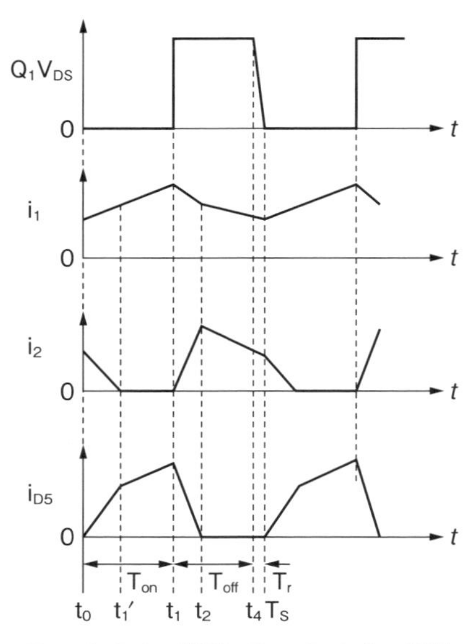

T_{on}：Q_1のオン期間、T_{off}：Q_1のオフ期間、T_r：共振期間

図6　T_2 期間における動作波形

表3　T_2 期間における動作状態

動作状態1	t_0～t_1' 期間
動作状態2	t_1'～t_1 期間
動作状態3	t_1～t_2 期間
動作状態4	t_2～t_4 期間
動作状態5	t_4～T_S 期間

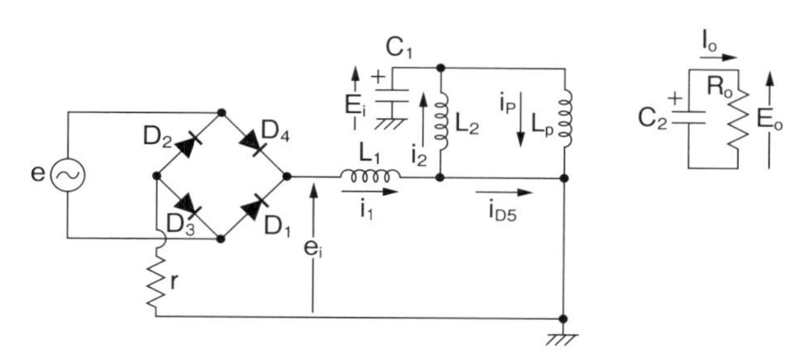

図 7　T_2 期間の動作状態 1（t_0〜t_1′ 期間）における等価回路

$$i_1=i_1(t_0)+\frac{e_i}{L_1}t \tag{10}$$

$$i_2=i_1(t_0)-\frac{E_i}{L_2}t \tag{11}$$

②動作状態 2（t_1′〜t_1 期間）　Q_1：オン、D_5：オン、D_6：オフ

等価回路は図 2(a)になります。スイッチ Q_1 はオンしています。時刻 t_1′ でダイオード D_6 はオフしますが、D_5 はオンしており、式(10)の i_1 がコイル L_1 を通って流れます。時刻 t_1 では i_1 は、

$$i_1(t_1)=i_1(t_0)+\frac{e_i}{L_1}T_{on} \tag{12}$$

となります。

③動作状態 3（t_1〜t_2 期間）　Q_1：オフ、D_5：オン、D_6：オン

等価回路は図 2(b)になります。時刻 t_1 でスイッチ Q_1 がオフします。コイル L_1 とダイオード D_5 の直列回路に逆方向の電圧 $\{(E_i+nE_o)-e_i\}$ が加えられるために、i_{D5} は直線的に減少し、時刻 t_2 でダイオード D_5 はオフします。

$$i_1=i_1(t_1)+\frac{e_i-(E_i+nE_o)}{L_1}(t-t_1)=i_1(t_0)+\frac{e_i}{L_1}T_{on}-\frac{(E_i+nE_o)-e_i}{L_1}(t-t_1) \tag{13}$$

$$i_2=\frac{nE_o}{L_2}(t-t_1) \tag{14}$$

$$\begin{aligned} i_{D5}&=i_1-i_2=i_1(t_1)-\left\{\frac{(E_i+nE_o)-e_i}{L_1}+\frac{nE_o}{L_2}\right\}(t-t_1)\\ &=i_1(t_0)+\frac{e_i}{L_1}T_{on}-\left\{\frac{(E_i+nE_o)-e_i}{L_1}+\frac{nE_o}{L_2}\right\}(t-t_1) \end{aligned} \tag{15}$$

時刻 t_2 では、i_1 と i_2 は等しく、

$$i_1(t_2)=i_2(t_2)=\frac{nE_o}{L_2}(t_2-t_1) \tag{16}$$

となります。また、時刻 t_2 において $i_{D5}=0$ とおくと、(t_2-t_1) が求められます。

$$(t_2-t_1)=\frac{i_1(t_0)+\dfrac{e_i}{L_1}T_{on}}{\dfrac{(E_i+nE_o)-e_i}{L_1}+\dfrac{nE_o}{L_2}} \tag{17}$$

④動作状態４（t_2～t_4 期間）　Q_1：オフ、D_5：オフ、D_6：オン

等価回路は図５に同じになります。スイッチ Q_1 はオフしています。時刻 t_2 でダイオード D_5 がオフすると、入力電流 i_1 はコイル L_1、L_2 とダイオード D_6 を通って流れ、時間に対して直線的に減少します。この期間における、i_1 と i_2 は等しく、入力電流 i_1 は式(18)になります。

$$i_1=i_2(t_2)-\frac{E_i-e_i}{L_1+L_2}(t-t_2)=\frac{nE_o}{L_2}(t_2-t_1)-\frac{E_i-e_i}{L_1+L_2}(t-t_2) \tag{18}$$

また、式(18)から時刻 t_4 における $i_1(t_4)$ を求めることができます。

$$i_1(t_4)=\frac{nE_o}{L_2}(t_2-t_1)-\frac{E_i-e_i}{L_1+L_2}(t_4-t_2)=\frac{nE_o}{L_2}(t_2-t_1)-\frac{E_i-e_i}{L_1+L_2}\{T_{off}-(t_2-t_1)\}$$

$$=\left(\frac{nE_o}{L_2}+\frac{E_i-e_i}{L_1+L_2}\right)(t_2-t_1)-\frac{E_i-e_i}{L_1+L_2}T_{off} \tag{19}$$

式(19)に式(17)を代入し、共振期間 Tr が短くこれを無視し、$i_1(t_4)=i_1(t_0)$ とすると $i_1(t_4)$ は、

$$i_1(t_4)=i_1(t_0)=\frac{\dfrac{L_1}{L_1+L_2}\cdot\dfrac{e_i}{L_1}T_{on}-\dfrac{E_i-e_i}{L_1+L_2}T_{off}}{1-\dfrac{L_1}{L_1+L_2}}=\frac{e_iT_{on}-(E_i-e_i)T_{off}}{L_2}$$

$$=\frac{e_i(T_{on}+T_{off})-E_iT_{off}}{L_2} \tag{20}$$

となります。

⑤ T_2 期間における入力電流の平均値 $\bar{i}_1$

①～④の結果をもとに、$\bar{i}_1$ を求めると以下のようになります。

$$\bar{i}_1 \cong \frac{i_1(t_0)+i_1(t_1)}{2} = \frac{i_1(t_0)+i_1(t_0)+\dfrac{e_i}{L_1}T_{on}}{2} = i_1(t_0)+\frac{e_i}{2L_1}T_{on}$$

$$= \frac{e_i(T_{on}+T_{off})-E_i T_{off}}{L_2} + \frac{e_i}{2L_1}T_{on} \quad (21)$$

(3) T_3 期間

入力電圧 e_i が T_2 期間より高くなり、ダイオード D_5 と D_6 は常にオンとなります（共振期間を除きます）。動作波形を**図8**に示しますが、D_5 と D_6 の動作を入れると、動作状態は3つに分けることができます（**表4**参照）。各動作状態について検討し、入力電流 i_1 の一周期間（Ts）における平均値 $\bar{i}_1$ を求めます。

①動作状態1（t_0〜t_1 期間） Q_1：オン、D_5：オン、D_6：オン

等価回路は図7に同じになります。Q_1、D_5、D_6 ともにオンしており、コイル L_1 とダイオード D_5 の直列回路に入力電圧 e_i が加わります。また、コイル L_2 とダイオード D_6 の直列回路には逆方向の電圧 E_i が加わります。その結果、時刻 t_0 以降は、入力電流 i_1 は直線的に上昇し、電流 i_2 は直線的に下降します。このと

表4 T_3 期間における動作状態

動作状態1	t_0〜t_1 期間
動作状態2	t_1〜t_4 期間
動作状態3	t_4〜T_S 期間

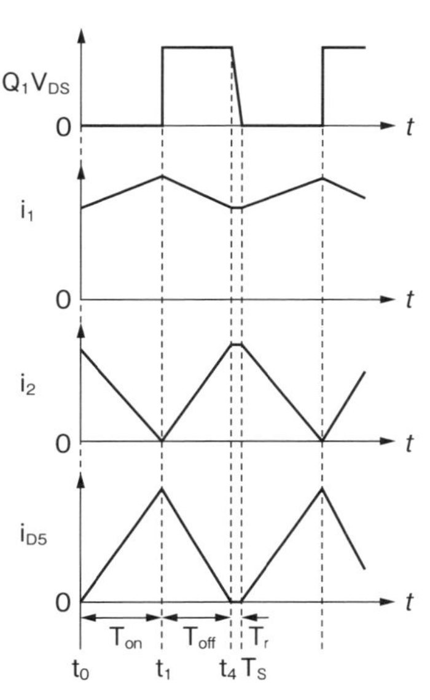

T_{on}：Q_1のオン期間、T_{off}：Q_1のオフ期間、
T_r：共振期間

図8 T_3 期間における動作波形

きの $i_1(t_0)$ は、

$$i_1(t_0)=i_2(t_0)=\frac{nE_o}{L_2}T_{off} \tag{22}$$

となります。また、$i_1(t_1)$ は、

$$i_1=i_1(t_0)+\frac{e_i}{L_1}t=\frac{nE_o}{L_2}T_{off}+\frac{e_i}{L_1}t$$

$$i_1(t_1)=i_1(t_0)+\frac{e_i}{L_1}T_{on}=\frac{nE_o}{L_2}T_{off}+\frac{e_i}{L_1}T_{on} \tag{23}$$

となります。

② T_3 期間における入力電流の平均値 $\bar{i}_1$

①の結果をもとに、$\bar{i}_1$ を求めると以下のようになります。共振期間 Tr が短く、これを無視します。

$$\bar{i}_1 \cong \frac{i_1(t_0)+i_1(t_1)}{2}=\frac{nE_o}{L_2}T_{off}+\frac{e_i}{2L_1}T_{on} \tag{24}$$

以上で求めた T_1、T_2、T_3 期間における入力電流（コイル L_1 を流れる電流）の平均値 $\bar{i}_1$ は**図9**のようになります。波形は正弦波状になるために、高調波電流が減少し、力率が高くなります。

高力率部分共振リンギングチョーク形コンバータを以下の条件下で動作させたときの交流入力電流の波形、力率、高調波電流の発生量、AC–DC 効率および平滑コンデンサ C_1 の電圧を**図10**から**図14**に示します。なお、交流入力電流波形、力率、AC–DC 効率、平滑コンデンサ C_1 の電圧については従来回路（コンデンサインプット形ブリッジ整流回路と部分共振リンギングチョーク形コンバータを組合せた回路）との比較で示しています。

交流電圧 ＝100 V/50 Hz、E_o＝125 V、入力電力 ＝50～125 W、C_1＝1,000 μF、C_2＝390 μF、C_r＝680 pF、L_1＝1 mH、L_2＝250 μH、T_1 の L_P＝175 μH、T_1 の巻線比 n(N_1/N_2)＝15 t/14 t。

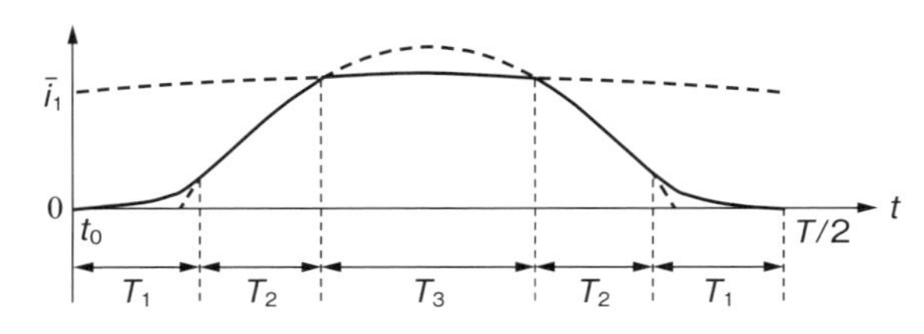

図9　高力率部分共振リンギングチョーク形コンバータの入力電流波形（計算結果）

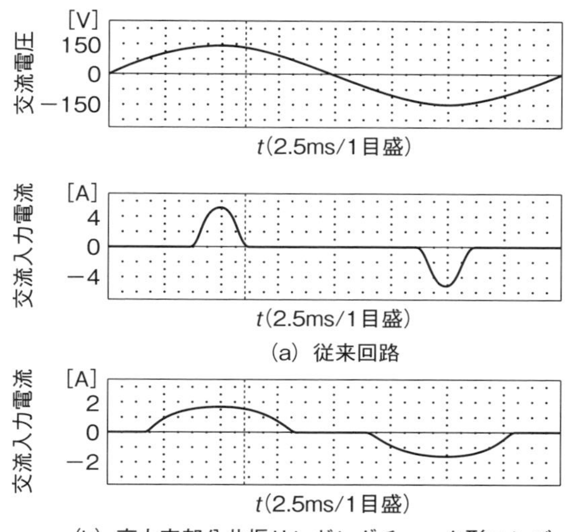

(a) 従来回路

(b) 高力率部分共振リンギングチョーク形コンバータ
交流電圧：100V/50Hz、入力電力：100W

従来回路に比較して、交流入力電流の流れている時間が伸び、正弦波に近づいています。

図 10　高力率部分共振リンギングチョーク形コンバータの入力電流波形

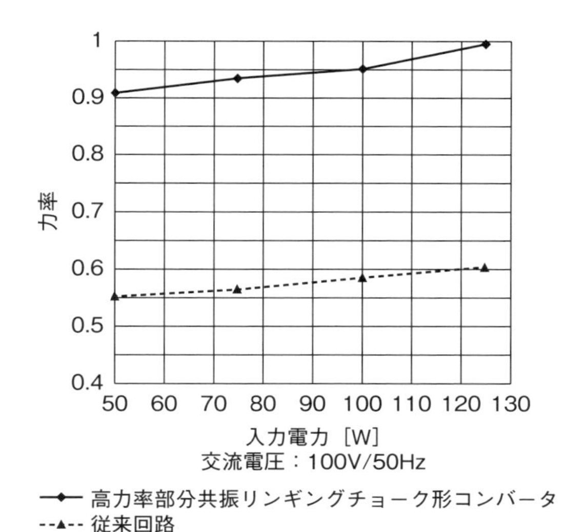

0.9以上の高い力率を得ることができます。

図 11　力率

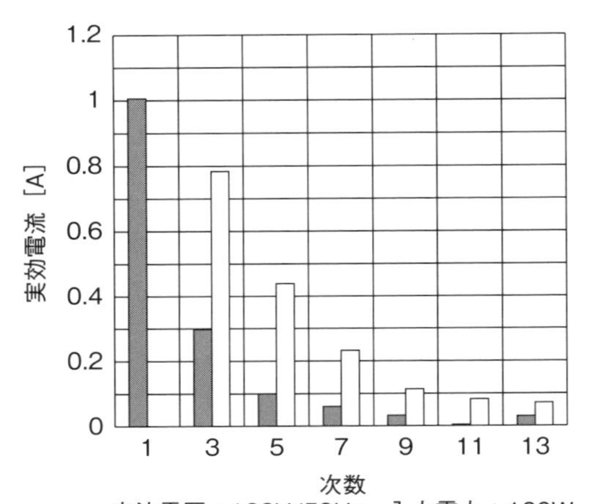

高調波電流の発生量は、最大でもクラスD機器の限度の45%以下になります。

図 12　高調波電流の発生量

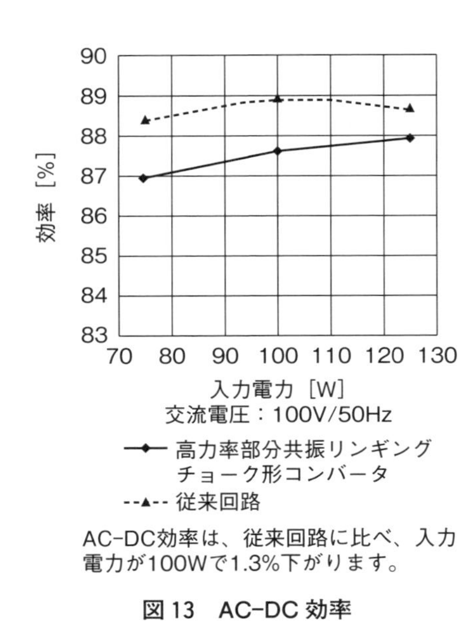

AC-DC効率は、従来回路に比べ、入力電力が100Wで1.3%下がります。

図 13　AC-DC 効率

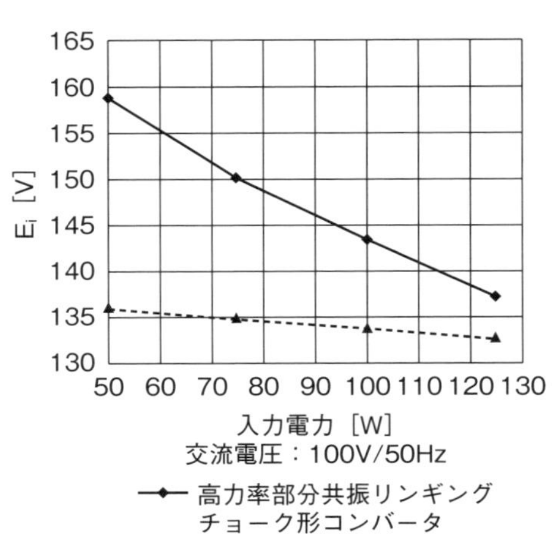

軽負荷になると、平滑コンデンサの電圧E_iが昇圧されます。

図 14　平滑コンデンサの電圧 E_i

5-20　高力率電流共振形コンバータで高調波電流を対策する

図 1 は高力率電流共振形コンバータの構成を示します。4.20 節で説明した電流共振形コンバータに、コイル L_1 と L_2、ダイオード D_5、コンデンサ C_2、C_3、C_4 が新たに追加されています。また、平滑コンデンサ C_1 の接続を図 1 の位置に変更しています。この方式は DC–DC コンバータが 1 つしかなく、1 コンバータ方式に分類されます。

高力率電流共振形コンバータは以下に述べる特徴があり、電流共振形コンバータを使用したいろいろな電気・電子機器に応用することができます。

（長所）

- DC–DC コンバータは 1 つであり、部品点数が少なく、安価である。
- 高調波電流の発生量が少なく、0.95 以上の高い力率を得ることができる。
- 昇圧形力率改善回路に比べて、ノイズが少ない。

（短所）

- 交流電圧のワイド入力（AC100～240 V）対応が困難です。
- 平滑コンデンサ C_1 の電圧（E_i）が昇圧されるために、C_1 の耐圧を上げる必要がある。
- 力率改善機能を追加したときの効率の低下は、入力電力が 125 W で 3.9 %あり少なくない。追加した部品の損失と、ドレイン電流が増えスイッチ Q_1 と Q_2 の損失が増加したことに起因するものです。スイッチを、定格電流が大きくオン抵抗の小さい MOSFET に変更するなどして、改善する必要があ

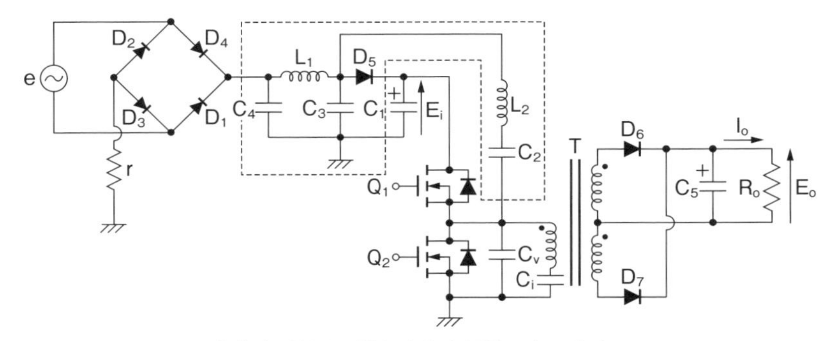

図 1　高力率電流共振形コンバータの構成

ります。

高力率電流共振形コンバータの一周期間における動作状態は、基本的に電流共振形コンバータに同じです。4.20節の表1と図2を参照してください。DC−DCコンバータとしての動作については省略し、力率改善回路としての動作について説明します。力率改善回路としての動作状態は、**表1**のように2つに分けることができます。そのときの等価回路を**図2**と**図3**に示します。

スイッチQ_1とQ_2が時比率0.5で交互にオンするために、コイルL_2には図の向きにスイッチング周期の交流電流i_2が流れます。コンデンサC_2には、電流i_2を積分した交流電圧ΔV_{C3}が生じ、この電圧が入力電圧e_iに加算され、電圧V_{C3}としてダイオードD_5のアノードに加えられます。

表1　力率改善回路としての動作状態

	動作状態1	動作状態2
Q_1	on	off
Q_2	off	on

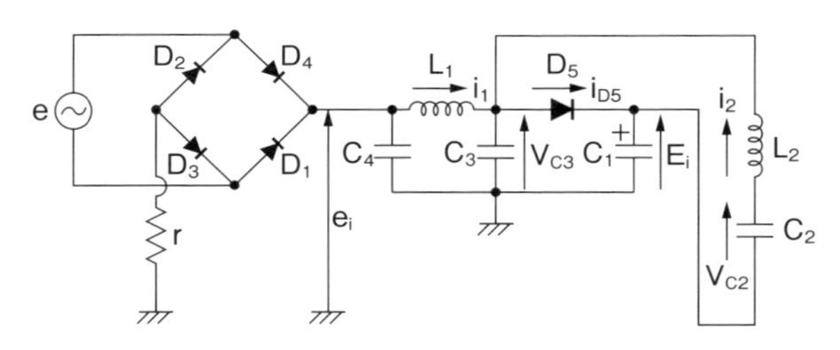

DC-DCコンバータ回路の動作は省略しています。

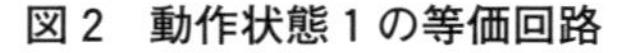

図2　動作状態1の等価回路

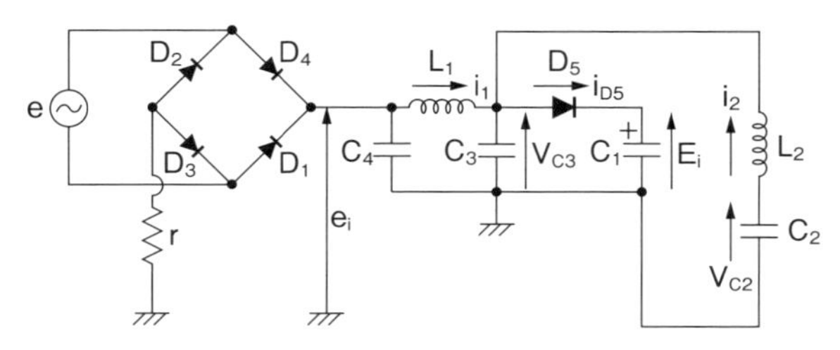

DC-DCコンバータ回路の動作は省略しています。

図3　動作状態2の等価回路

$$V_{C3}=e_i+\Delta V_{C3} \tag{1}$$

動作状態1の期間に電流 i_2 の電圧源になるのは、L_2 と C_2 の直列回路に加えられている直流電圧、すなわち平滑コンデンサ C_1 の電圧 E_i と入力電圧 e_i の電位差 (E_i-e_i) です。このために、交流電源の周期の位相で見ると、i_2 と ΔV_{C3} は、この電位差 (E_i-e_i) が最大になる0と π（$t=T/2$）で最大になり、電位差 (E_i-e_i) が最小になる $\pi/2$（$t=T/4$）で最小になります。言いかえると、i_2 と ΔV_{C3} は入力電圧 e_i が最小となる0と π（$t=T/2$）で最大になり、e_i が最大となる $\pi/2$（$t=T/4$）で最小になります。その結果、式(1)で与えられる電圧 V_{C3} は一周期間にわたり平均化され、正極側ピーク値の包絡線はほぼ台形になります。この電圧 V_{C3} がダイオード D_5 のアノードに供給されるために、入力電圧 e_i の低い位相でも D_5 が導通し、i_{D5} が流れます。電流 i_2 は無効電流であるために、i_{D5} の平均値は入力電流 i_1 に等しく、したがって、入力電流 i_1 も入力電圧 e_i の小さい位相でも流れることになります。以上の動作により、入力電流が交流電源のほぼ全周期にわたって流れることになり、高調波電流が減り、力率が上がります。なお、図中のコイル L_1 は入力側と出力側を切り離すためのもので、低周波の入力電圧 e_i を通過させ、高周波の ΔV_{C3} が交流電源側に伝わるのを阻止する役目を果たしています。

高力率電流共振形コンバータを下記の条件下で動作させたときの交流入力電流の波形、力率、高調波電流の発生量、AC–DC効率および平滑コンデンサ C_1 の電圧（入力電圧）E_i を**図4**から**図8**に示します。なお、力率、AC–DC効率、平

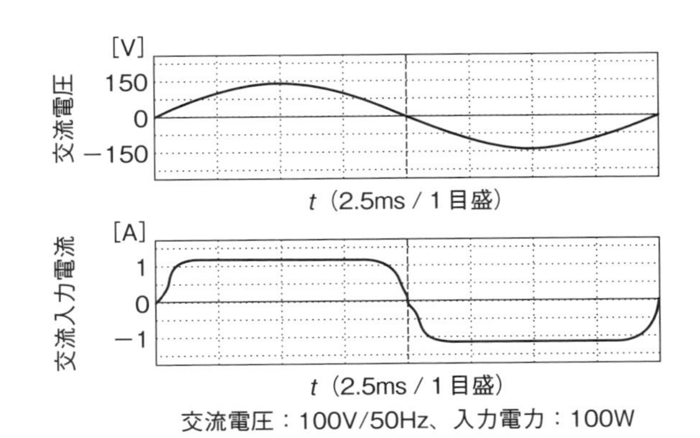

台形に近い波形ですが、交流電源の全周期間にわたって流れています。

図4　高力率電流共振形コンバータの入力電流波形

滑コンデンサ C_1 の電圧、については従来回路（コンデンサインプット形ブリッジ整流回路と電流共振形コンバータを組合せた回路）との比較で示しています。

交流電圧 ＝100 V/50 Hz、出力電圧 E_o＝125 V、消費電力 ＝100～175 W、C＝1,500 μF、C_2＝0.0375 μF、C_3＝0.01 μF、C_4＝0.075 μF、C_5＝220 μF、

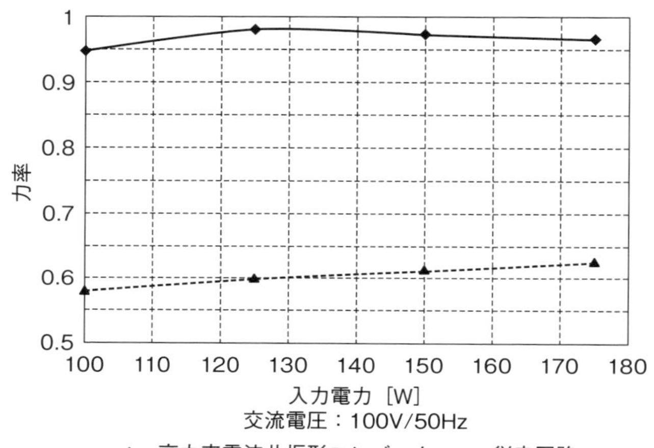

0.95 以上の高い力率を得ることができます。

図5　力率

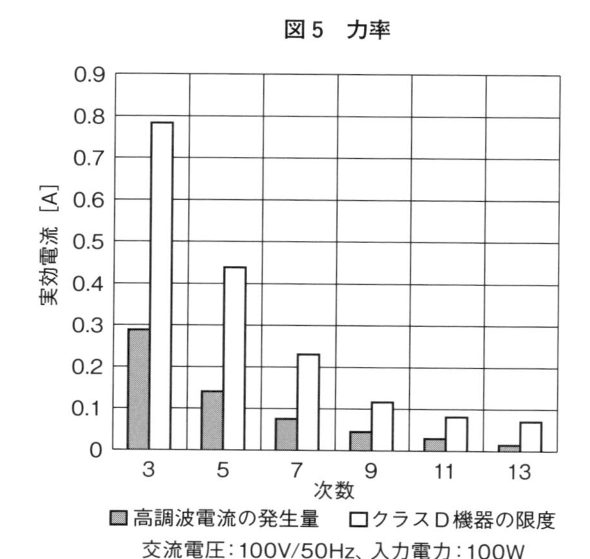

高調波電流の発生量は、最大でもクラスD機器の限度の 40% 以下になります。

図6　高調波電流の発生量

C_i＝0.18 μF、C_V＝2,500 pF、L_3＝1 mH、L_2＝130 μH、T_1 のコアサイズ：EER42、L_p＝42.5 μH、リーケージインダクタンス L_l＝15 μH、巻線比 n＝N_1/N_2＝13 t/19 t、線径：一次巻線 ϕ0.1×100、二次巻線 ϕ0.1×30。

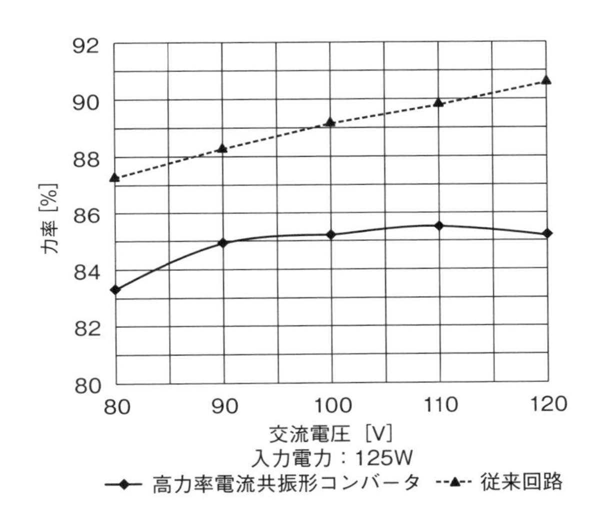

AC-DC 効率は、従来回路に比べ約 3%～4% 悪化します。スイッチをオン抵抗の小さい MOSFET に変更するなどして、改善する必要があります。

図 7　AC-DC 効率

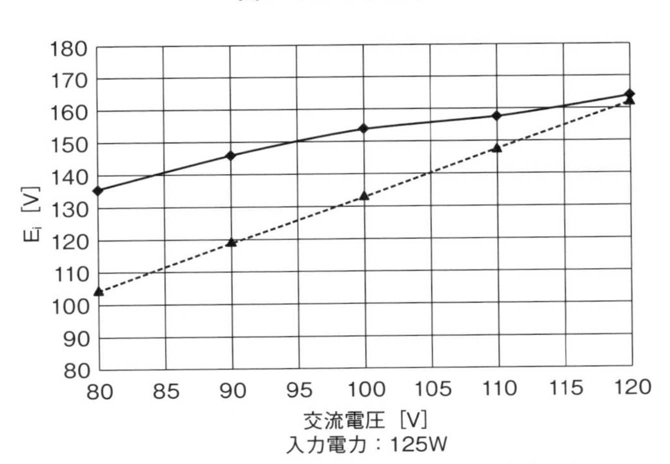

平滑コンデンサ C_1 の電圧 E_i は昇圧されます。

図 8　平滑コンデンサ C_1 の電圧 E_i

参考・引用図書および資料

1．原田耕介、ほか2名『スイッチングコンバータの基礎』コロナ社（2007年）
2．森田浩一『スイッチング電源セミナーテキスト』日本能率協会（2013年）
3．落合政司『スイッチング電源の原理と設計』オーム社（2015年）
4．原田耕介、ほか2名『基礎電子回路』コロナ社（1985年）
5．電験問題研究会『電研第2種合格テキスト第4巻水力発電・変電の4週間』電気書院（1990年）
6．電気共同研究会　高調波対策専門委員会「電気共同研究　第46巻2号　電力系統における高調波とその対策」(1990)
7．落合政司、松尾博文「信学論　Vol. J84–B No. 4　異種の電気および電子機器を併用したときの高調波電流について」(2001)
8．通産省　資源エネルギー庁　公益事業部「高圧又は特別高圧で受電する需要家の高調波抑制対策ガイドライン」(1994)
9．通産省　資源エネルギー庁　公益事業部「家電・汎用品高調波抑制対策ガイドライン」(2000)
10. (社)電気学会「家電・汎用品高調波抑制対策ガイドライン実施状況報告」(2000)
11. (財)電気安全環境研究所 高調波問題検討委員会「高調波技術マニュアル」(2001)
12. JIS C 61000–3–2(2011)「電磁両立性—第3–2部：限度値—高調波電流発生限度値」(2011)
13. 落合政司「特許第3260024号　電源回路」(2001)
14. 落合政司「特開2001–136739号　電源回路」(2001)
15. 落合政司「特許第3498870号　交流直流変換電源回路」(2003)
16. Masashi Ochiai, Hirofumi Matsuo「An AC/DC Converter With High Power Factor」IEEE Transactions on Industrial Electronics, Vol. 50, No. 2, pp. 356–361, April 2003.
17. 落合政司「群馬大学 アナログ集積回路研究会講演会テキスト」2011年～2017年
　① 電源回路の基礎とスイッチングコンバータの原理
　② スイッチング電源回路の原理（中級）
　③ 電源高調波ひずみの基礎と対策方法

④　状態平均化法による矩形波コンバータの動作特性解析
⑤　スイッチングコンバータの設計法
⑥　電流共振形コンバータの設計法

著者紹介

落合政司（おちあい　まさし）

長崎大学大学院　生産科学研究科　博士課程修了
工学博士

元群馬大学　客員教授（2012年度～2017年度）
芝浦工業大学　非常勤講師（2014年度～）
東洋大学　非常勤講師（2017年度～）
小山高専　非常勤講師（2011年度～）

16歳のころ

シッカリ学べる！
「スイッチング電源回路」の設計入門　NDC 541

2018年 5 月28日　初版１刷発行　（定価はカバーに表示してあります）

© 著　者　落合　政司
発行者　井水　治博
発行所　日刊工業新聞社
〒103-8548
東京都中央区日本橋小網町 14-1
電　話　書籍編集部　03（5644）7490
販売・管理部　03（5644）7410
ＦＡＸ　03（5644）7400
振替口座　00190-2-186076
ＵＲＬ　http://pub.nikkan.co.jp/
e-mail　info@media.nikkan.co.jp
印刷・製本　美研プリンティング㈱

落丁・乱丁本はお取り替えいたします。　2018 Printied in Japan

ISBN 978-4-526-07851-4　C3054